中国地质调查成果 CGS2021-010

扬子陆块及周缘地质矿产调查工程丛书

桐柏-大别地区
金银矿床地质与找矿方向

彭三国　朱　江　吴昌雄　刘兴平　等　著

科 学 出 版 社

北　京

内 容 简 介

本书系统整理桐柏-大别地区地、物、化、金银矿产及科学研究资料，评述研究区内外金银矿产调查勘查研究现状与找矿进展，深化区域成矿地质背景认识，解剖老湾、黑龙潭、陈林沟等典型金银矿床，总结该区金银矿床成矿规律、控矿因素、成因机制、综合信息找矿模型，划分出河南围山城-湖北小林等6个金银多金属矿找矿远景区，详细分析各找矿远景区的金银成矿地质条件与特征，并指出下一步找矿方向。

本书可供在武当-桐柏-大别成矿带及邻区从事地质工作，特别是金银矿产调查、勘查、科研、管理等有关人员参考阅读。

图书在版编目（CIP）数据

桐柏-大别地区金银矿床地质与找矿方向/彭三国等著. —北京：科学出版社，2021.11
（扬子陆块及周缘地质矿产调查工程丛书）
ISBN 978-7-03-070708-6

Ⅰ.①桐… Ⅱ.①彭… Ⅲ.①金矿床-矿山地质-中国 ②金矿床-找矿-中国 ③银矿床-矿山地质-中国 ④银矿床-找矿-中国 Ⅳ.①P618.5

中国版本图书馆 CIP 数据核字(2021)第238236号

责任编辑：何 念/责任校对：高 嵘
责任印制：彭 超/封面设计：耕者设计工作室

科学出版社出版
北京东黄城根北街16号
邮政编码：100717
http://www.sciencep.com
武汉精一佳印刷有限公司印刷
科学出版社发行 各地新华书店经销
*
开本：787×1092 1/16
2021年11月第 一 版 印张：12 1/4
2021年11月第一次印刷 字数：291 000
定价：158.00元
（如有印装质量问题，我社负责调换）

“扬子陆块及周缘地质矿产调查工程丛书”
编　委　会

《桐柏-大别地区金银矿床地质与找矿方向》

编　写　组

彭三国　朱　江　吴昌雄　刘兴平

李一鸣　彭练红　蒋之飞　周　豹

石先滨　朱　金　邹院兵

前　　言

桐柏-大别地区地处我国中部，跨鄂豫皖三省。该区夹持于华北和扬子地块之间，是秦岭复合造山带的东延部分。区内地层发育较全，岩浆活动频繁，变质作用强烈，地质构造极其复杂，大别地区是世界上超高压变质地体出露规模最大、保存最好的地区之一。该区具有多期成矿构造旋回，成矿建造多样，成矿作用复杂，形成了一系列不同成因的矿床，尤其是与燕山期岩浆作用有关的斑岩型、热液脉型大型-超大型矿床。迄今为止，在该区已发现金、钼、铜、铅锌等矿床（点）500余处，先后评价了河南老湾金矿、破山银矿等一批矿产地。近年来以世界第二大资源量的安徽沙坪沟斑岩型钼矿为代表的超大型矿床的发现，表明该区成矿地质条件极其优越、找矿潜力巨大。

为充分发挥公益性地质工作的基础和先行作用，中国地质调查局审时度势及时组织武汉地质调查中心（牵头）、南京地质调查中心、天津地质调查中心，联合湖北省地质调查院、安徽省地质调查院、河南省地质调查院等单位在全面分析该区地质工作程度、成矿条件和找矿潜力基础上，于2011年提出了“武当-桐柏-大别成矿带”；2012年经充分论证，将其列为全国第20个国家级重点成矿区带；2013年在“地质矿产调查评价”专项中启动了“武当-桐柏-大别成矿带地质矿产调查”计划项目；2016～2018年继续在“扬子陆块及周缘地质矿产调查”工程中安排实施“武当-桐柏-大别成矿带武当-随枣地区地质矿产调查”二级项目。

2012～2018年，区内国家公益性地质矿产调查评价工作成绩斐然。新发现了湖北省天宝超大型铌-稀土矿等一大批矿产地，圈定了安徽省金寨鲜花岭金钼铅锌等百余处找矿靶区，厘定了湖北省大洪山地区新元古代增生造山过程，深化了金银、铜钼铅锌、三稀（稀有、稀土、稀散）等主要矿产成因与区域成矿规律等一批重要的地质矿产调查与研究成果，较好地拉动了有关省级地勘基金、社会等资金的及时跟进。在桐柏地区金银矿、武当南部地区铌钽稀土矿等矿产勘查上取得了重大突破，使得武当-桐柏-大别地区地质找矿工作迈上了一个新的台阶。

金银矿是武当-桐柏-大别成矿带的优势矿产，桐柏-大别地区是国内重要的金银矿产集中区，在该区先后评价了河南老湾金矿、破山银矿，湖北黑龙潭金矿、白云金矿、陈林沟金矿等一批大中型金银矿床。近年来，在公益性地质调查工作引领下，有关省级地勘基金、社会等资金资助有关单位新发现了金城金矿、薄刀岭银矿、邢川金矿、枣扒银钼矿、张湾金矿、双庙关金矿等一批金银矿（床）产地，特别是河南桐柏地区老湾金矿带深部与外围找矿取得了重大突破，新增金金属资源储量超过208 t，成为全国近几年金银找矿的一大亮点。

有关桐柏-大别地区金银矿研究工作也得到了进一步深入，获得了老湾、黑龙潭等典型金银矿床的成岩成矿年代学、同位素地球化学、成矿温度等方面的一批新数据，研究了区域金银矿床、成矿规律、控矿因素、成因机制、综合信息找矿模型，重新圈定出河南围山城-湖北小林等 6 个金银多金属矿找矿远景区，指出了下一步找矿方向。

为充分交流相关成果与认识，更好地服务于桐柏-大别地区地质找矿工作，经商议，本书作者联合相关单位，将这几年在桐柏-大别地区金银矿产找矿实践与研究中积累的成果编著成本书，分享给相关一线的地质工作者，旨在为该区下一步地质找矿工作提供有益的参考资料与借鉴，为金银找矿发挥一定的促进作用。

本书共六章。第一章简要介绍研究区基本情况，评述研究区金银矿调查、勘查与研究现状，重点梳理金银矿研究与找矿进展；第二章全面总结区域地质背景，包括地层、构造、岩浆岩、变质岩区域物化遥特征；第三章从矿区地质背景、矿床地质特征、矿床成因及成矿要素 4 个维度详细剖析 8 个典型金银矿床；第四章初步总结区域金银成矿规律；第五章基本厘定本区金银矿床的控矿的因素、找矿标志与综合信息找矿模型；第六章划分出 6 个金银多金属找矿远景区，详细阐述其成矿地质背景、物化遥异常特征、矿产特征及资源潜力与找矿方向。

本书由中国地质调查局武汉地质调查中心牵头组织编写，联合湖北省地质调查院、湖北省地质局第六地质大队等单位共同完成。参与编写工作或提供相关资料的单位还有河南省地质矿产勘查开发局第三地质矿产调查院、河南省地质矿产勘查开发局第一地质勘查院、河南省地质调查院、湖北省地质局第八地质大队、安徽省地质矿产勘查局三一三地质队、安徽省地质调查院、中国地质大学（武汉）、长江大学等。

本书主要编写人员有彭三国、朱江、吴昌雄、刘兴平、李一鸣、彭练红、蒋之飞、周豹、石先滨、朱金、邹院兵。河南省地质矿产勘查开发局第三地质矿产调查院唐相伟、河南省地质矿产勘查开发局第一地质勘查院陈建立提供了第一章第四节调查勘查研究工作现状与找矿进展方面的资料。本书由彭三国、朱江统编定稿。

本书由中国地质调查局地质矿产调查评价专项“扬子陆块及其周缘地质矿产调查”工程所设二级项目“武当-桐柏-大别成矿带武当-随枣地区地质矿产调查”资助出版。河南省地质矿产勘查开发局第三地质矿产调查院杨泽强总工程师等对本书提出了宝贵的修改意见。在此向为本书出版提供大力支持的有关单位、领导与行业专家表示衷心的感谢！本书可供在武当-桐柏-大别成矿带及邻区从事地质工作，特别是金银矿产调查、勘查、科研、管理等有关人员参考阅读。

由于作者水平有限，难免有疏漏之处，恳请广大读者多提宝贵意见，我们将不胜感激，并致以衷心的感谢！

彭三国　等

2020 年 7 月 20 日

目　　录

第一章 绪 论

本章简要介绍研究区范围及自然经济地理概况，在系统研究与整理桐柏-大别地区地、物、化、金银矿产及科学研究资料的基础上，分析区域地质工作现状，特别是研究区内外金银矿产调查、勘查、研究等工作的现状与进展，重点叙述研究区内金银矿地质找矿工作与最新成果。

第一节 研究区范围及自然经济地理概况

研究区位于湖北与河南两省交界地区，大地构造位置属桐柏-（西）大别造山带。根据区内金银矿产出分布特征，结合近几年的工作重点区域，研究区范围大致定在：青峰-襄樊-广济断裂以北，确山-合肥断裂以南，湖北罗田大崎山穹窿以西，湖北襄阳-河南南阳盆地以东，是第20个国家级成矿带“武当-桐柏-大别成矿带”（彭三国 等，2013，2012a，2012b）的主体中间部分，不包括武当地区和安徽省区域，面积约5.6万km^2。但考虑到地质单元的整体性及成矿带有关工作的相关性与连续性，本书中所述的“桐柏-大别地区”包括成矿带的安徽省区域（即包括东大别地区和北淮阳安徽段）。研究区的行政域主要涉及河南省南阳市、信阳市，湖北省襄阳市、荆门市、随州市、孝感市、黄冈市等。

研究区交通发达，京港高铁、京广铁路、京九铁路、京珠高速、大广高速、随岳高速、107国道呈南北向直贯全区，近北西（东）西向的有汉十（高）铁路、合武高铁、沪陕铁路，沪陕高速、汉十高速、麻竹高速等铁路、公路。区内的黄土线、张界线、鲁艾线、悟宣线、三宣线等省县级公路基本形成“三纵三横”的公路网络，乡乡通油路、村村通公路。

研究区内属中低山-丘陵地貌，总体表现为中部高、两侧低的趋势，中部为中低山-丘陵（桐柏山、鸡公山、灵山、天台山、龟峰山等），三侧为盆地（平罗盆地、吴城盆地、南阳盆地及江汉盆地），海拔一般为200～600 m。区内水系较发育，汉水、淮河水系河流顺地势自北西向南东均汇入长江。

研究区属北亚热带季风气候，冬季受西北冷气团的影响，夏季受东南、西南季风控制，形成冬冷、夏热、冬干、夏湿的气候特征。该区雨量充沛，光照充足，四季分明，无霜期较长，严寒酷暑短。年平均气温为15.7℃，极端最高气温为41.5℃，极端最低气温为-14.5℃（1969年1月31日）。无霜期平均为236.4天。年均总日照为1 998.8 h，占可照时数的45%。年平均降水量为1 116.2 mm，夏季降水量占年总降水量的一半。年平均降雪日为 8.3 天。年平相对湿度为 77%。主要风向为北风，年平均风力 3 级。区内植被良好，森林覆盖率达 51.3%。

区内矿产资源丰富，桐柏-信阳-襄阳-随州-孝感地区工业建设条件优越，经济较发达，已形成以金银多金属矿开发为龙头，铜铅锌等金属矿产和石油、天然气、天然碱、石膏、萤石、磷、夕线石、钾长石、石材等非金属矿产的矿产资源产业格局，是我国“中部崛起”的重要战略支点。

研究区农作物以粮油作物为主，兼有其他经济作物。粮食以水稻、小麦为主，油料以花生为主，经济作物以烟叶为主。主要农特产品有板栗、花生、茶叶、乌桕、水果、银杏等。

第二节　区域地质调查工作现状及评述

桐柏-大别地区是中国中部的一个重要地质与成矿单元，历来为地质学家所重视，地质工作历史悠久。早在 20 世纪 20～30 年代就有先辈在该区开展地质考察、找矿与科学研究工作，20 世纪 50 年代中后期以区域地质调查为主的地质工作逐步展开，80 年代由于在大别造山带以含柯石英、微粒金刚石的榴辉岩为标志的超高压变质带的确定，国内外地质学家纷至沓来，大别造山带成为全球超高压变质带研究的热点地区。

国土资源大调查以来，由于该区没有列入国家重要成矿带，国家地质工作投入较少，但从 2012 年正式设立武当-桐柏-大别国家级成矿带以来，地质工作显著增加，实施了一批区域地质矿产调查项目，湖北、河南、安徽三省地勘基金的投入也明显加大，区域地质矿产调查与评价的程度大大提高。

一、区域地质矿产调查

1∶25 万区域地质调查以修测编图为主。1999～2006 年已先后完成区内襄樊市（现称襄阳市）幅、荆门市幅、随州市幅、孝感市幅、信阳市幅、麻城市幅、枣阳市幅、六安市幅、太湖县幅等图幅。目前仅有南边的武汉市幅及跨省界边角图幅等少部分区域未修编。

1∶20 万区域地质与矿产调查工作始于 20 世纪 50 年代，至“六五”前全面完成。

1∶5 万区域地质调查始于 20 世纪 70 年代初期，主要部署在地质走廊和重点成矿区（带），基岩区基本完成，未工作图幅中绝大部分为第四系覆盖区。

2006 年开始，特别是自 2011 年开始筹备，到 2013 年正式设立国家级成矿带以来，区域地质矿产调查工作得到了明显加强，到 2018 年底，据不完全统计桐柏-大别地区（不包括武当地区）实施项目 21 个，约 60 个图幅（表 1-1）（彭三国 等，2018）。

表 1-1　2011～2018 年国家"地质矿产调查评价"专项资金在桐柏-大别地区部署开展的区域地质矿产调查类项目一览表

序号	工作周期/年	项目名称与工作内容	项目性质	承担单位
1	2012～2014	河南 1∶5 万官庄幅、泌阳幅、平氏幅、马道幅区域地质矿产调查	1∶5 万区域地质矿产调查	河南省地质矿产勘查开发局第三地质矿产调查院
2	2012～2014	河南唐河县周阁-社旗县饶良地区铁铜镍矿产远景调查	矿产远景调查	河南省地质矿产勘查开发局第一地质勘查院
3	2011～2013	河南桐柏北部地区矿产地质调查	1∶5 万矿产地质调查	河南省地质矿产勘查开发局第三地质矿产调查院
4	2012～2015	河南新县南部钼多金属矿产地质调查	1∶5 万矿产地质调查	河南省地质调查院
5	2013～2015	河南商城-段集地区矿产地质调查	1∶5 万矿产地质调查	河南省地质调查院
6	2013～2015	安徽 1∶5 万姚李镇等 5 幅区域地质矿产调查	1∶5 万区域地质矿产调查	安徽省地质调查院
7	2012～2014	安徽省金寨县银水寺-鲜花岭地区金、银、铅锌多金属矿远景调查	矿产远景调查	安徽省地质矿产勘查局三一三地质队
8	2014～2016	安徽省宿松-太湖地区金多金属矿矿产地质调查	1∶5 万矿产地质调查	安徽省地质调查院、安徽省地质矿产勘查局三一一地质队
9	2011～2013	湖北蕲春狮子口地区矿产地质调查	1∶5 万矿产地质调查	湖北省地质调查院
10	2011～2013	湖北 1∶5 万宋埠幅、新洲县幅、淋山河幅、团风镇幅区域地质调查	1∶5 万区域地质调查	湖北省地质调查院
11	2014～2016	湖北 1∶5 万大悟、丰店、小河镇、四姑墩 4 幅区域地质调查	1∶5 万区域地质调查	湖北省地质调查院
12	2013～2015	湖北木子店-吴家店地区矿产地质调查	1∶5 万矿产地质调查	中国地质调查局武汉地质调查中心
13	2013～2015	湖北广水-大悟地区矿产地质调查	1∶5 万矿产地质调查	湖北省地质矿产勘查开发局鄂东北地质大队
14	2013～2015	湖北殷店-草店地区矿产地质调查	1∶5 万矿产地质调查	湖北省地质矿产勘查开发局鄂西北地质矿产调查所
15	2013～2015	湖北随州-枣阳北部七尖峰地区铜钼矿矿产地质调查	1∶5 万矿产地质调查	湖北省地质调查院
16	2014～2016	湖北麻城福田河-白果镇地区矿产地质调查	1∶5 万矿产地质调查	湖北省地质调查院
17	2016～2018	湖北 1∶5 万长寿店、钟祥、东桥镇幅区域地质调查	1∶5 万区域地质调查	中国地质调查局武汉地质调查中心

续表

序号	工作周期/年	项目名称与工作内容	项目性质	承担单位
18	2016～2018	湖北1∶5万长岗店、均川、古城畈、客店坡、三阳店幅区域地质调查	1∶5万区域地质调查	湖北省地质调查院
19	2018～2018	湖北1∶5万板凳岗幅区域地质调查	1∶5万区域地质调查	湖北省地质调查院
20	2016～2018	湖北1∶5万天河口、厉山镇幅矿产地质调查。	1∶5万矿产地质调查	湖北省地质调查院
21	2016～2018	湖北1∶5万宣化店地区矿产地质调查	1∶5万矿产地质调查	中国地质调查局武汉地质调查中心

注：不包括成矿带武当地区部署开展的项目

区调项目主要是针对部分重点地区（即地质情况复杂、遗留地质问题多、基础地质有所突破、配合地质找矿突破行动的地区）来开展。通过区域地质调查，建立了区内自太古宙以来的地层层序和区域构造格架，基本厘定了岩浆活动期次，为区内后续地质与矿产勘查工作提供了十分重要的基础资料。

1∶5万矿产地质与远景调查工作，2006年以来已完成图幅大约占全部图幅的45.6%。查明了成矿地质背景条件，圈定了一大批物化遥异常，新发现数百个矿（化）点，提交了两路口钨矿等一大批矿产地。

二、区域物化探调查

（一）区域物探工作

1. 区域重力调查

区域重力调查工作始于1961年，由原地质部、原石油工业部、原冶金工业部、原第二工业机械部下属有关单位开展了1∶10万～1∶50万扫面工作。20世纪80年代，按原地质矿产部统一要求，有计划地部署和开展了区域重力扫面工作，以1∶20万～1∶50万比例尺为主。截至2005年，以1∶20万区域重力调查为主体的工作已覆盖整个研究区。1∶5万区域重力调查，仅作为探查深部的地质矿产特征布置在北部河南省南阳桐柏、信阳和湖北省随州七尖峰等地区，完成面积约1 250 km^2。

2. 磁法测量

区内区域航空磁测工作起步较早，基本由原地质部航空物探遥感中心（航测队103、107、901、904、908队）及湖北省航测队等单位于1958～1989年完成。工作目的以磁性铁矿普查，基性、超基性岩体的圈定，以及寻找铜、镍、铬等成矿有利地段为主。航磁工作比例尺：湖北省主要为 1∶5 万，少量为 1∶10 万、1∶20 万和 1∶100 万；河南省为 1∶20 万全覆盖，周党幅全幅、宣化店幅东部做了 1∶5 万及部分 1∶2.5 万。各单位研究区或不同工作比例尺探测范围虽有部分重叠或间隙，但基本覆盖全区。

研究区内 1∶5 万～1∶2.5 万航磁工作面积 57 435 km^2（表 1-2）。

表 1-2 研究区大比例尺航磁工作程度一览表

序号	工区名称	比例尺	飞测时间/年	控制面积/km^2	备注
1	黄陂麻城	1∶5 万	1973	2 587 5 788	未编写航磁报告
2	大别山	1∶5 万	1974	9 276	
3	英罗	1∶5 万	1975	4 566	
4	桐柏山东段 大别山西段	1∶5 万	1975	11 446	
5	随枣大洪山	1∶5 万	1979	10 683	
6	京山孝感	1∶5 万	1980	10 123	
7	武汉	1∶5 万	1983	1 656	无厘米纸卷图
8	周党	1∶2.5 万	1960	450	
9	周党幅全幅 宣化店东部	1∶5 万	1981	860	仅供参考
合计				57 435	

注：不包括安徽省、湖北省武当地区部署开展的工作

近年来，为配合地质找矿工作，局部地区开展了 1∶5 万高精度地磁测量，主要是湖北随州-枣阳、广水-大悟，河南桐柏，安徽金寨等矿产集中区，总面积约 1 万 km^2。1∶5 万高精度磁测工作程度与 1∶5 万重力调查一样，远远不能满足目前广泛开展的地质找矿工作需要，是今后找矿工作应该加强的工作内容之一。

（二）区域化探工作

1. 1∶20 万区域地球化学勘查

1∶20 万区域地球化学勘查始于 20 世纪 80 年代，方法包括 1∶20 万水系沉积物测量和 1∶20 万土壤地球化学测量，现已覆盖除南襄盆地等平原区以外的全区。

2. 1∶5 万地球化学普查

1∶5 万地球化学普查从 20 世纪 80 年代陆续展开，鄂豫皖三省工作区域以省界为界，

水系沉积物测量按 1∶5 万图幅展开。1∶5 万土壤地球化学测量主要在随北、桐柏、大别山南部等地区开展。

由于 1999 年之前，1∶20 万土壤地球化学测量、1∶5 万土壤地球化学测量多是伴随 1∶20 万区域地质调查及 1∶5 万综合地质调查开展的，采样方法受局限，所获得的地球化学资料多是半定量光谱分析结果，仅供参考。1999 年以后，特别是近几年的矿产地质调查同步开展的 1∶5 万地球化学调查成果则较规范，分析元素达 16～22 种，分析精度较高。

（三）自然重砂测量

1. 1∶20 万区域自然重砂测量

区内丘陵山区 1∶20 万区域自然重砂测量于 20 世纪 80 年代前均已完成。

2. 1∶5 万自然重砂测量

1∶5 万自然重砂测量涉及 45 个 1∶5 万图幅，由于工作时间较早，资料基本形成于 20 世纪 70 年代。近 20 年自然重砂测量工作因无人员等原因基本停止。

三、区域遥感地质调查

区内遥感地质工作始于 20 世纪 70 年代末至 80 年代初，早期的遥感地质工作主要应用于 1∶20 万区域地质调查中遥感地质解译方面，已完成了 1∶50 万遥感地质编图和 1∶20 万区域遥感地质解译。

80 年代中期以后，大规模开展的 1∶5 万区域地质调查工作，均应用了遥感地质解译，特别是 1999 年新一轮国土资源大调查以来，1∶25 万和 1∶5 万区域地质调查、矿产远景调查、矿产资源评价等项目，都不同程度地运用 TM/ETM、SPOT、ALOS、IKONOS 等主流遥感数据，开展了地质解译和遥感找矿工作。

2007～2011 年，开展的全国性矿产资源潜力评价项目，利用 ETM+/TM 数据开展了遥感异常信息提取工作，为矿产资源潜力评价提供了遥感信息。

2013～2015 年，本成矿带设置了“武当-桐柏-大别成矿带多元信息提取与深部找矿预测”工作项目，在面上进行了遥感解译，提取了羟基与铁染等遥感地质矿产信息。

2006～2018 年，区域地质矿产调查项目均按图幅开展了遥感解译，也提取了羟基与铁染等遥感地质矿产信息。

四、矿产勘查与评价

20 世纪 50 年代以来，区内开展了大量矿产勘查工作。

60～70 年代，鄂豫皖三省地质局区调队相继开展并完成了全区 1∶20 万区域地质和矿产调查工作，发现了一大批新的矿点和重砂、物化探异常，为区内地质工作奠定了良好的基础。鄂豫皖三省地质局地质队对区内铁、金、银、铬、镍、铜、铅、锌、磷、石墨、稀土等固体矿产开展了局部的普查工作（石油、天然气略）。

70 年代至 80 年代初，鄂豫皖三省地质局系统加强了对金、银、铁、多金属矿的勘查，相继发现并勘探了围山城金银多金属矿、破山银矿、老湾金矿等多个矿床。

1999 年启动的新一轮国土资源大调查以来，桐柏-大别地区公益性资金相继安排实施了“随枣北部地区金银矿调查评价”“湖北大悟-芳畈地区铜金矿调查评价”“河南桐柏地区银多金属调查评价”“安徽金寨县银沙地区铅锌、钼矿勘查”等一批矿种调查评价与矿产勘查项目。1999～2011 年完成矿产调查、勘查项目见表 1-3。设立武当-桐柏-大别成矿带以来，资金投入明显加大，2012～2018 年完成的矿产地质调查项目参见表 1-1。

表 1-3 1999～2011 年桐柏-大别地区矿产调查勘查项目一览表

序号	项目名称	工作单位	工作范围		实施时间/年	类型
1	湖北随州-枣阳北部地区银金矿评价	湖北省地质调查院	112°45′E～115°00′E	31°00′N～32°25′N	2000～2003	评价
2	湖北大悟芳畈铜多金属矿评价	湖北省地质调查院	113°34′17″E～114°16′53″E	31°05′31″N～31°57′50″N	2003～2005	评价
3	湖北省大别山南部地区高纯硅资源调查评价	中国建筑材料工业地质勘查中心湖北总队	115°02′E～115°11′E	30°46′N～30°56′N	2004～2005	评价
4	湖北省孝昌地区小河-青山口地区多金属矿普查	中国地质调查局武汉地质调查中心	114°02′56″E～114°06′53″E	31°13′10″N～31°21′08″N	2006	普查
5	河南省桐柏地区银多金属调查评价	河南省地质调查院	113°11′00″E～113°33′30″E	32°28′00″N～32°37′00″N	1999～2001	评价
6	河南省平氏-竹沟地区铅锌银矿评价	河南省地质调查院	113°11′00″E～113°58′00″E	32°27′00″N～32°50′00″N	2002～2005	评价
7	1∶5 万苏仙石-金寨县（省内部分）区域矿产调查	安徽省地质矿产勘查局三一三地质队	115°30′00″E～116°00′00″E	31°40′00″N～31°50′00″N	2003～2006	矿调
8	1∶5 万南溪、七邻（北半幅）、达权店（省内部分）区域矿产调查	安徽省地质矿产勘查局三一三地质队	115°30′00″E～115°45′00″E	31°40′00″N～31°20′00″N	2004～2007	矿调
9	1∶5 万张广河（省内北半幅）、霍山县、诸佛庵区域矿产调查	安徽省地质矿产勘查局三一三地质队	115°20′00″E～116°30′00″E	31°30′00″N～31°20′00″N	2005～2008	矿调
10	金寨县银沙地区铅锌、钼矿勘查	安徽省地质矿产勘查局三一三地质队	115°29′00″E～115°30′00″E	31°32′30″N～31°33′30″N	2008～2011	勘查

注：不包括武当地区部署开展的工作

国家公益性地质矿产调查评价项目取得较好的调查成果，也有力地拉动了鄂豫皖三省利用中央地质勘查基金、省级地质勘查基金及社会资金等积极跟进开展矿产勘查评价工作，工作程度多为预查-普查，少数达到详查，个别达到勘探。主要涉及钼、金、铅锌、银、铜、镍、钛、铁、三稀、磷、锰、碱、芒硝、石膏等矿种，以及部分建材矿种，均取得了良好的找矿成果。

特别是钼金（银）多金属矿勘查取得了重大找矿突破。2005 年以来，河南省先后评价了“商城县汤家坪大型钼矿”和“光山县千鹅冲超大型钼矿”，老湾金矿带新增金金属资源储量超过 208 t。2008 年，安徽省地质矿产勘查局三一三地质队在沙坪沟地区发现了超大型的斑岩型钼矿，到 2011 年提交了（332）+（333）钼金属资源量 245 万 t，实现了大别山北麓东段钼矿找矿的重大突破。

1977 年以来，区内主要矿产勘查所取得的重要成果列于表 1-4。

表 1-4 研究区重要矿产勘查成果一览表

序号	项目名称	工作单位	报告时间/年	工作程度	勘探成果	
					矿种	规模
1	湖北省大悟县黄麦岭磷矿区地质勘探	湖北省地质局第六地质大队	1977～1983	详细勘探	磷	大型
2	湖北省大悟县宣化板仓萤石矿		1977～1980	初勘	萤石	中型
3	红安县华河萤石矿	冶金部中南地质勘查局第四地质大队	1971～1973	初勘	萤石	大型
4	湖北省枣阳县大阜山金红石地质详查-勘探	湖北省地质矿产局第八地质大队	1976～1978	详细勘探	金红石	大型
5	湖北省随州柳林重晶石矿勘探		1983～1990	详查	重晶石	大型
6	河南省破山银矿详细勘探	河南省地质矿产勘查开发局第三地质矿产调查院	1981～1982	详细勘探	银、金、铅、锌	超大型
7	河南省银洞坡金矿东段详细勘探		1986～1991		金	大型
8	河南省银洞坡金矿西段勘探		1994～1995	勘探	金	大型
9	河南省皇城山银矿初步勘探		1983～1987	初勘	银	中型
10	河南省老湾金矿区详查		1988～1998	详查	金	大型
11	河南省山县凉亭断裂带银金矿普查		2005～2007	普查	银	中型
					金	中型
12	河南省唐河县周庵铜镍矿详查～勘探	河南省地质矿产勘查开发局第一地质勘查院	2004～2008	勘探	镍	大型
					铜	中型

续表

序号	项目名称	工作单位	报告时间/年	工作程度	勘探成果	
					矿种	规模
13	商城县汤家坪矿区钼矿勘查	河南省地质矿产勘查开发局第三地质矿产调查院	2005～2009	勘探	钼	大型
14	光山县千鹅冲矿区钼矿勘查		2005～2010	勘探	钼	超大型
15	金寨县银沙地区铅锌、钼矿勘查	安徽省地质矿产勘查局三一三地质队	2008～2011	勘探	钼	超大型
16	随州市汪家新集安子沟钠长石矿	湖北省地质矿产勘查开发局第八地质大队	1995～1997	普查	钠长石	超大型
17	孝感市应城膏矿	湖北非金属地质公司	1980	勘探	石膏	超大型
18	河南省南召县云阳—泌阳县羊册金红石矿	河南省地质调查院	2001	预查	金红石	超大型
19	随州市沈家老湾钾长石矿	湖北省地质调查院	2006	普查	钾长石	大型
20	随州市覃家门铁矿	湖北省地质矿产勘查开发局武汉地质工程勘察院	2012	详查	铁	大型
21	云梦县云梦石膏矿	湖北省地质矿产勘查开发局鄂东北地质大队	1996	普查	石膏	大型
22	桐柏县安棚天然碱矿	河南省地质局第十二地质队	1978	详查	天然碱	大型
23	桐柏县吴城天然碱矿	河南省地质局第十二地质队	1975	勘探	天然碱	大型
24	信阳市尖山萤石矿	河南省地质矿产勘查开发局第三地质矿产调查队	2010	勘探	萤石	大型
25	湖北云应盐矿	湖北省地质矿产勘查开发局鄂东北地质大队	2007	勘探	盐	大型
26	桐柏县上上河金矿区	河南省地质矿产勘查开发局第一地质勘查院	1995～2017	勘探	金	大型
27	桐柏县大河（刘山岩）铜锌矿	河南省地质矿产勘查开发局第三地质矿产调查院	1968～2013	勘探	铜、锌	中型
28	河南省桐柏县杨堂凹银矿	河南省地质调查院	2002	普查	银	中型
29	泌阳县月儿湾金矿区	河南省地质矿产勘查开发局第三地质调查队	1995	普查	金	中型
30	河南省桐柏县魏沟银铅矿	河南省地质调查院	2002	普查	银、铅	中型
31	河南省桐柏县银洞岭银矿	河南省地质矿产厅第三地质调查队	1998	详查	银	中型

续表

序号	项目名称	工作单位	报告时间/年	工作程度	勘探成果	
					矿种	规模
32	河南省桐柏县老洞坡银矿	河南省地质调查院	2002	普查	银	中型
33	信阳市平桥区天目沟银多金属矿	河南省地质调查院	2005	普查	银多金属	中型
34	河南省桐柏县破山银矿区详细勘探	河南省地质矿产局第三地质调查队	1984	详细勘探	银、金	大型
35	河南省桐柏县银洞坡金矿区东段详细勘探	河南省地质矿产局第三地质调查队	1986	详细勘探	金、银	大型
36	河南省桐柏县银洞坡矿区西段金矿勘探	河南省地质矿产厅第三地质调查队	1994	勘探	金、银	大型

注：数据来自湖北、河南、安徽省矿产资源储量简表，2018

第三节 区域金银矿研究现状与工作进展

一、区域金银矿研究现状概述

桐柏-大别地区从元古宙至中生代经历了漫长的构造历史演化过程，发育以金、银、铜锌为成矿特色的大量矿产资源。其独特的金银多金属成矿作用吸引了研究者的广泛关注，也形成了大量的研究成果（表 1-5）。区内的典型金银矿床包括老湾金矿、破山银矿、银洞坡金矿、银洞岭银矿、薄刀岭银金矿、皇城山银矿、金城金矿和黑龙潭金矿、白云金矿、陈林沟金矿等。不同层次的地质研究者从不同角度对这些典型矿床、有关金银成矿某一科学问题开展了大量的、不同程度的研究工作。以下从成矿物质来源、成矿流体、成岩成矿时代、矿床成因和成矿机制、成矿规律等五个方面对区域金银矿床研究进行概述。

表 1-5 桐柏-大别地区金银矿综合研究成果一览表

序号	成果资料名称	完成单位	时间/年	工作性质
1	河南省桐柏县围山城一带金、银多金属矿床成矿控制因素及找矿方向	河南省地质矿产局第三地质调查队	1983	综合研究
2	武当山-桐柏山-大别山金银及多金属成矿带成矿远景区划	湖北省地质矿产局	1984	综合研究
3	河南省成矿条件和成因类型研究	河南省地质矿产局地质科学研究所	1986	综合研究
4	湖北大悟-蕲春一带金银矿类型及找矿方向研究	湖北省地质矿产局第六地质大队	1988	综合研究

续表

序号	成果资料名称	完成单位	时间/年	工作性质
5	河南省桐柏县老湾含金韧性剪切带大比例尺成矿预测	河南省地质矿产厅第三地质调查队、第四地质调查队	1990	综合研究
6	湖北省桐柏-大别地区花岗岩类成因类型及含金性研究报告	湖北省地质实验研究所	1990	综合研究
7	湖北省新城-黄陂断裂带新城-合河段构造地质特征及其对金矿的控制作用	湖北省地质科学研究所、湖北省地质矿产局第八地质大队	1990	综合研究
8	湖北省随州红石地区构造地质特征、金银矿化控矿条件、成因及远景评价研究	中国地质大学（武汉）	1990	综合研究
9	湖北省随枣北部地区地球化学特征及成矿预测	湖北省地质矿产局第八地质大队	1990	综合研究
10	河南金矿概论	罗铭玖等	1991	综合研究
11	湖北省红安县七里坪-麻城市大河铺地区环形构造及矿产研究总结报告	湖北省地质矿产局区域地质矿产调查所	1991	综合研究
12	新城-黄陂断裂带新城-合河段构造地质特征及其对金矿的控制作用研究	湖北省地质矿产局第八地质大队	1991	综合研究
13	湖北省桐柏山-大别山地区花岗岩类成因类型及含金性研究	湖北省地质科学研究所	1991	综合研究
14	河南省金矿地质研究现状与发展动向	河南省地质矿产局地质科学研究所，姚国伟等	1992	综合研究
15	湖北省随州市黑龙潭-汪家湾金矿田地球化学特征研究报告	湖北省地质矿产局第八地质大队	1992	综合研究
16	桐柏-大别地区构造演化及其对矿产控制研究报告	中国地质科学院宜昌地质矿产研究所	1992	综合研究
17	华北古板块南缘铜金成矿条件及预测	河南有色矿产地质研究所	1993	综合研究
18	湖北省随州市北部金（银）成矿地质条件及找矿方向研究	湖北省地质矿产局地质科学研究所	1993	综合研究
19	桐柏-大别地区剪切带阵列与金矿成矿关系研究报告	中国地质大学（武汉）	1993	综合研究
20	鄂北地区金银成矿区划报告	湖北省地质矿产局第八地质大队	1993	综合研究
21	湖北省桐柏山-大别山地区元古宙地层序列及含矿性研究	湖北省地质矿产局区域地质矿产调查所	1993	综合研究
22	河南大别山北坡金银多金属矿成矿地质条件及成矿预测	中国地质大学（武汉），河南省地质矿产厅第三地质调查队	1993	综合研究
23	桐柏-大别造山带（北坡）金矿地质、地球物理、地球化学找矿模型评价指标的研究及预测	河南省地质矿产厅第三地质调查队	1993	综合研究
24	桐柏山-大别山地区元古宙地层层序及含矿性研究	湖北省地质矿产局区域地质矿产调查所	1995	综合研究

续表

序号	成果资料名称	完成单位	时间/年	工作性质
25	枣阳-随州南部地区金银及多金属找矿信息分析与预测	湖北省地质矿产局第八地质大队	1996	综合研究
26	桐柏-大别地区金矿成矿条件及成矿预测	马启波等	1996	综合研究
27	湖北枣阳王家大山-随州吴山金银多金属成矿预测及找金靶区优选	中国地质大学（武汉）	1996	综合研究
28	湖北省大别山区 1∶5 万区调片区总结报告及图件	湖北省地质调查院	1999	综合研究
29	湖北省金矿资源潜力评价成果报告	湖北省地质调查院	2011	综合研究
30	河南省金矿资源潜力评价成果报告	河南省地质调查院	2011	综合研究
31	河南省金矿预测类型分布图（1∶500 000）	河南省地质调查院	2011	综合研究
32	安徽省北淮阳地区内生金、多金属找矿研究	安徽省地质矿产勘查局三一三地质队	2012	综合研究
33	湖北省矿产资源潜力评价	湖北省地质调查院	2013	综合研究
34	武当-桐柏-大别成矿带成矿地质特征与找矿方向专著	中国地质调查局武汉地质调查中	2013	综合研究
35	安徽北淮阳地区成矿规律研究与成矿预测报告	安徽省地质调查院	2014	研究
36	武当-桐柏-大别成矿带资源远景调查评价（安徽段）成果报告	中国地质调查局南京地质调查中心	2014	综合研究
37	武当-桐柏-大别成矿带资源远景调查评价（河南段）成果报告	中国地质调查局天津地质调查中心	2014	综合研究
38	武当-桐柏-大别成矿带基础地质综合研究成果报告	中国地质调查局武汉地质调查中	2015	综合研究
39	武当-桐柏-大别成矿带资源远景调查评价成果报告	中国地质调查局武汉地质调查中	2015	综合研究
40	武当-桐柏-大别成矿带多元信息提取与深部找矿预测成果报告	中国地质调查局武汉地质调查中心	2015	综合研究
41	武当-随州地区火山杂岩带组成与成矿关系研究成果报告	中国地质科学院矿产资源研究所	2015	综合研究
42	“武当-桐柏-大别成矿带地质矿产调查与研究”《岩石矿物学杂志》（论文专辑）	中国地质调查局武汉地质调查中心	2017	综合研究
43	武当-桐柏-大别成矿带武当-随枣地区岩浆岩同位素年代学与地球化学调查成果报告	中国地质调查局武汉地质调查中心	2018	综合研究
44	武当-桐柏-大别成矿带武当-随枣地区地质矿产调查成果集成与地质图更新成果报告	中国地质调查局武汉地质调查中心	2018	综合研究
45	武当-桐柏-大别成矿带地质矿产调查“十二五”进展与成果集成专著	中国地质调查局武汉地质调查中心	2018	综合研究
46	桐柏-大别地区造山型金多金属矿地质特征、成因与找矿成果报告	中国地质调查局武汉地质调查中心	2018	综合研究

（一）成矿物质来源

通过对老湾金矿床、矿区花岗岩体和围岩的铅同位素研究，结果表明燕山晚期形成的老湾花岗岩为矿床形成提供了成矿热液和主要的成矿物质（潘成荣和岳书仓，2002）；老湾金矿区内的龟山岩组是原始矿源层，其形成过程中成矿元素被初步富集，区内的中生代酸性岩是前寒武纪结晶基底部分熔融的产物，硫、铅同位素指示成矿物质主要来源于地层（谢巧勤 等，2005；张宗恒 等，2002a）；通过对老湾金矿床相关地质体全岩和单矿物的稀土元素研究，表明主成矿阶段石英和黄铁矿的稀土元素总量、特征值及配分曲线都类似于花岗岩石英，显示主成矿阶段的成矿物质主要来源于老湾花岗岩体；硫同位素研究表明老湾金矿床的硫同位素组成具深源岩浆硫的特征，硫的来源比较单一，均一化程度比较高；铅同位素研究表明铅主要来源于与造山作用有关的深源，有少量壳源铅的加入，老湾金矿属中-低温热液构造蚀变岩型金矿床（陈良 等，2009）。

围山城金银成矿带中围岩歪头山岩组的铅同位素组成与矿石铅在铅模式图上两者关系十分接近，指示歪头山岩组梁湾花岗岩体为围山城成矿带提供了部分铅源及成矿物质，铅具有混源特征。围岩歪头山岩组和梁湾花岗岩体共同为成矿带提供了铅源及成矿物质（李红梅 等，2009）。

对罗山县金城金矿床矿石的硫、铅同位素分析认为，载金黄铁矿中的铅主要来源于浒湾岩组围岩，燕山晚期岩浆热液活动也提供一部分成矿物质（刘洪 等，2013）。黑龙潭-封江金矿田受区内地层、花岗岩浆热源及脆-韧性剪切带构成的三位一体的联合控制，为成矿作用提供成矿物质、热流体及其运移通道和沉积空间，是矿田的主要控矿因素（李书涛，1996）；通过对黑龙潭、合河金矿、王家大山和吴山金矿等典型矿床中的矿体及围岩的岩矿石微量元素分析对比研究，金矿床的成矿物质可能来源于围岩变质地层和七尖峰花岗岩体。印支期的陆内造山运动及伸展走滑构造体系为矿床的主成矿期；燕山期的七尖峰岩体既为矿床的叠加富集提供了热源，同时也提供了部分成矿物质（冷双梁 等，2015）。

（二）成矿流体

老湾金矿床流体包裹体研究表明，成矿流体具有中-低温度、低盐度和低密度特征，流体包裹体液相成分中富含 K^+、Na^+，二者比值显示成矿流体主要为岩浆水。对矿床、围岩和老湾花岗岩的稀土元素研究认为，成矿物质主要来源于围岩和花岗岩（谢巧勤 等，2003）；成矿流体具低盐度、弱碱性及较高矿化度的混合水特点，金主要是以金硫、金硅络合物形式迁移，其次是被硅胶吸附呈胶体状态迁移。在迁移过程中由于天水的加入，改变了介质的物理化学条件，因而金在有利的空间聚积成矿（方国松和侯海燕，2004）；通过对老湾金矿床的上上河矿段的矿床地质和成矿流体地球化学研究，认为成矿过程划分为石英粗粒自形黄铁矿（I）、石英细粒半自形-他形黄铁矿（II）、石英多金属硫化物（III）及石英碳酸盐（IV）四个阶段。第 I 阶段成矿流体以岩浆热液为主，第 II 阶段成矿流体中有少量大气降水加入，第 III 阶段成矿流体中大气降水的比例明显提高（寇少

磊 等，2016）。

河南破山银矿床的成矿流体属于中温、低盐度、低密度、富 CO_2 的 K^+-SO_4^{2-} 型流体，成矿早–中阶段以变质流体为主，晚阶段逐渐演化为以大气水为主。成矿物质主要来自歪头山岩组（张静 等，2008a；李红梅 等，2008）。河南银洞坡金矿的成矿流体为低盐度富 CO_2 的流体，主成矿阶段发生了流体不混溶作用，成矿温度为 270～300℃，成矿压力为 54～126 MPa，成矿深度约为 5.2 km（曾威 等，2016）。

研究罗山县金城金矿床各阶段石英和萤石中流体包裹体及石英氢氧同位素特征表明，该金矿床的成矿流体分中低温、中低盐度、低密度体系共三个阶段。氢氧同位素分析表明初始成矿流体来源自岩浆热液，后期有大气降水加入；各阶段的流体具有沿韧性剪切带从深部到浅部，从高温到低温，从高压到低压运移和演化的趋势，最终在浅部构造有利部位富集成矿（刘洪 等，2012）。

黑龙潭金矿区石英脉型矿体、早期破碎带蚀变岩型矿体流体包裹体均一温度在空间上都显示由深部到浅部温度由高到低的趋势，指示成矿流体是从深部向上运移的。对于石英脉型矿体，在水平面上，均一温度还显示出由西往东由高到低的变化，说明黑龙潭金矿床成矿流体由西往东运移，主要来自西边的岩浆热液（胡起生 等，2003）。通过黑龙潭金矿北西缘王家台金多金属矿区的石英氢氧同位素分析数据对矿床成因进行探讨，王家台金多金属矿区成矿流体的 $\delta^{18}O_{H_2O}$ 值介于 5.9‰～7.7‰，δD_{H_2O} 值介于−5.6‰～−64.5‰，成矿流体主要来源于岩浆水（周豹，2018）。

（三）成岩成矿时代

在区域典型金银矿床的成岩成矿时代方面前人开展了大量工作。其中，对典型金银矿床周缘的岩浆岩形成时限主要运用锆石 U-Pb 年代学方法；对成矿时代主要利用金银矿床中热液矿物钾长石、绢云母和石英 $^{40}Ar/^{39}Ar$ 法、黄铁矿的 Rb-Sr 法等进行测年。

前人通过对老湾花岗岩体锆石 SHRIMP U-Pb 测年，获得 U-Pb 年龄为（132.5±2.4）Ma，比较可靠地限定了老湾花岗岩体形成时代属于燕山中期，结合区域构造–岩浆活动时间，认为在燕山中期，桐柏及其邻区存在比较重要的构造–岩浆事件，老湾花岗岩体是这次构造–岩浆事件的产物（刘翼飞 等，2008）。通过对老湾金矿含金石英脉中淡绿色条带状白云母 $^{40}Ar/^{39}Ar$ 定年，得出成矿年龄为（138.0±2.0）Ma，与区域上金矿的推测成矿时代一致（张冠 等，2008a）；老湾金矿花岗斑岩锆石 U-Pb 同位素年龄为（138.9±3.3）Ma，综合分析认为老湾金矿带金多金属成矿作用与燕山期浅成岩浆作用具有密切的时空关系和成因联系（杨梅珍 等，2014）。

通过对银洞坡金矿和破山银矿部分矿石样品的绢云母进行 K-Ar 法测年，获得银洞坡金矿年龄为（119.5±3.6）Ma，破山银矿年龄为（103.6±4.5）Ma，围山城矿带应主要形成于 140～100 Ma，属于中生代燕山期（张静 等，2008b）。通过对桐柏围山城地区主要金银矿床内的蚀变矿物开展 $^{40}Ar/^{39}Ar$ 年代学研究，银洞坡金矿床含金石英脉中绢云母的 $^{40}Ar/^{39}Ar$ 成矿年龄为（373±13）Ma，破山银矿床内蚀变云斜煌岩的黑云母 $^{40}Ar/^{39}Ar$ 成矿年龄为（128.4±3.5）Ma，银洞岭银矿床矿化蚀变岩中绢云母的 $^{40}Ar/^{39}Ar$

成矿年龄为（377.8±5.7）Ma，这些年龄基本上代表了矿床的形成时代。围山城地区主要金银矿床均属于造山型金银矿床（蔡光耀和安芳，2018；江思宏 等 2009a；陈衍景，2006）。

大别造山带轴部大崎山穹窿内的陈林沟金矿床的矿石矿物流体包裹体 Rb-Sr 同位素年龄和郭云坳金矿矿体围岩的钾长石 K-Ar 同位素年代分别为（123.0±11）Ma 和 103.0 Ma（杜建国 等，2000）；结合高精度年代学数据显示大别造山带中生代岩浆岩形成时间比较集中且没有明显的间断，成岩年龄介于 110～150 Ma，峰值为 125～134 Ma，结合在大崎山穹窿南缘的彭家楼矿化富集区中可见大量的含金石英脉切穿了燕山期浅肉红色细粒二长花岗岩的现象，说明陈林沟金矿区的成矿时代晚于成岩时代，且再与武当-桐柏-大别成矿带上其他金矿床的成矿时代对比分析，认为陈林沟金矿成矿年龄可能为 130 Ma 左右，成矿时代属于燕山晚期（邹院兵 等，2018）。

（四）矿床成因和成矿机制

桐柏-大别地区构造演化复杂、矿床成因类型多样，成因研究也是矿床学研究的重点领域，结合典型矿床的区域产出背景进行综合分析，对于区内的找矿标志和找矿方向都具有重要的指示意义。

老湾花岗岩为矿床的形成提供了部分热源、水源及成矿物质，矿床成因类型为剪切带型（张宗恒 等，2002a）；通过对北淮阳构造带内老湾金矿区构造变形过程中的物质迁移、流体变化及其与成矿关系的初步研究，认为老湾金矿是一受韧性剪切带控制、与岩浆作用有关的构造蚀变岩（岩浆热液）型金矿床（刘文灿 等，2003）；认为老湾金矿是与韧性剪切带有关的金矿床，成矿发生在剪切带的脆-韧性剪切变形之后，金矿化部位往往是在脆-韧性变形带的张性、张剪性裂隙或强弱变形过渡地带的扩容空间，成矿作用具多阶段复合叠加特点（林锐华 等，2010）；老湾金矿床赋存于中元古界龟山岩组的斜长角闪片岩、斜长角山岩及变质石英岩中，矿体主要受强应变带控制，发育有硅化、黄铁矿化、绢云母化、碳酸盐化等蚀变，分析认为矿床成因属构造蚀变-中低温热液矿床（薛梦菲 等，2017）。结合银洞坡金矿区矿石的硫、铅同位素特征得出该金矿的成矿物质来源于歪头山组，银洞坡金矿属于典型的层控造山型金矿，并形成于扬子与华北大陆板块的碰撞体质（邱正杰 等，2015；张静 等，2006）。结合黑龙潭金矿区各类岩矿石金丰度变化，硫铅氢氧等同位素组成，以及稀土和微量元素特征、成矿流体等研究，认为该金矿床的形成可能与燕山期持续伸展阶段大规模构造-岩浆活动有关，燕山期中酸性岩浆活动为金矿成矿提供了主要矿源和热源（彭三国 等，2017）。

（五）成矿规律

桐柏-大别地区变质地体中的脉状金银成矿具有“多源、多期叠加，时空集中”等显著特征，其形成不是单一成矿事件的产物，而是多期成矿作用叠加的结果；此外，早期形成的金矿床还可能由于后期构造热事件的影响，被破坏或形成新的矿体。

燕山期高位岩浆活动和脆-韧性断裂构造耦合是老湾金矿床关键的成矿要素，该矿床主要控矿因素包括：脆-韧性剪切带、龟山岩组变火山-沉积岩系和同构造中酸性侵入岩体；围山城金银矿集区的典型矿床地质特征和同位素年代学研究表明，银洞坡金矿床和破山银矿床形成于早白垩世陆内环境，金、银成矿与白垩纪构造-岩浆活动关系密切，高背景地层的分散金、银元素为成矿提供了良好的物质基础和矿源。金、银矿体的空间展布受层位控制明显；早白垩世浅成岩浆活动和脆-韧性断裂构造耦合（挤压-伸展转化）是金城金矿成矿的关键因素。对于黑龙潭、卸甲沟金矿，首先青白口纪—震旦纪的火山活动为成矿提供了物质来源，到加里东期后一系列地质事件使得金银矿初步富集，印支期陆内造山运动为金银矿床的主成矿期，燕山期由于七尖峰复合岩体侵位，发生的近南北向、北东向的脆性断裂形成金多金属等矿床，同时对早期与北西向构造带相关的金银矿进行叠加改造，形成品位更富的石英脉型矿体

北淮阳中生代火山岩带中还分布有一系列与中酸性火山活动有关的浅成低温热液型金银矿床。强烈的酸性火山活动是金、银成矿的最重要因素。岩浆热液上升产生的局部应力同热液断裂作用形成枝杈状裂隙系统，该系统是酸性流体-岩石相互作用和矿质沉淀的有利场所。皇城山银矿主要控矿因素包括白垩纪强烈酸性火山活动和枝杈状火山裂隙系统。

二、金银矿地质研究工作进展

（一）金银成矿年代学格架研究进展

通过采用 Rb-Sr 和 U-Pb 等直接或间接测年方法，进一步限定了桐柏-大别地区典型金银矿床成矿时限，为认识区域金银成矿峰期和成矿地质背景积累了资料。获得黑龙潭金矿床成矿时间为（133±3）Ma。获得金城金矿床成矿相关花岗岩脉锆石 U-Pb 年龄为（133±1）Ma，与区域内韧性剪切带活动时限一致。获得皇城山银矿床和东溪金矿床成矿时间分别为（133.4±1.5）Ma 和（126.7±1.4）Ma，与北淮阳带白垩纪火山事件有关。

对于七尖峰岩体成岩年龄研究，前人主要是通过全岩 Rb-Sr 法、黑云母 K-Ar 法、磷灰石 U-Pb 法、单锆石 U-Pb 法或 LA-ICP-MS 法等进行测定（表 1-6）。在七尖峰岩体周缘通过对黑龙潭金矿主成矿期石英流体包裹体 Rb-Sr 同位素测年，获得该金矿石英 Rb-Sr 等时线年龄为（132.6±2.7）Ma，表明该金矿床形成于早白垩世中期（燕山中晚期），石英（$^{87}Sr/^{86}Sr$）$_i$ 值暗示成矿物质可能来源于壳幔混合源区。燕山期中酸性岩浆活动为本区金矿成矿提供了主要矿源和热源。通过对黑龙潭北西缘王家台金多金属矿含黑钨矿石英脉中流体包裹体 Rb-Sr 同位素测年，得到该金矿年龄为（142±3.0）Ma，结合前人对邻区黑龙潭金矿床中蚀变岩型矿石的绢云母 K-Ar 同位素测年分析和主成矿期的石英包裹体 Rb-Sr 同位素测年分析，得出成矿年龄为 143.2～130 Ma，大致属于燕山中晚期；区域上合河金矿、卸甲沟金矿的主成矿期矿石的绢云母 K-Ar 同位素测年的成矿年龄为 132.79～128.24 Ma，相当于燕山中晚期，认为该区域金矿成矿时代为燕山中晚期。

表 1-6 桐柏-大别地区七尖峰岩体同位素测年统计表

编号	采样位置	样品岩性	测试方法	年龄/Ma	资料来源
1	外带	斑状黑云角闪二长花岗岩	全岩 Rb-Sr 法	232±23	湖北省地质矿产局第八地质大队（1987）
2	中带	斑状黑云二长花岗岩		140±58	
3	外带	斑状黑云二长花岗岩	黑云母 K-Ar 法	175	河南省地质局区域地质测量队（1968）
4	外带	斑状黑云角闪二长花岗岩	磷灰石 U-Pb 法	115	湖北省地质矿产局第八地质大队综合研究室（1990）
5	中带	含斑中粒二长花岗岩		200	
6	外带	斑状二长花岗岩	单锆石 U-Pb 法	127	湖北省地质局区域地质测量队（1982）
7	内带	中粒二长花岗岩		262	
8	外带	斑状黑云二长花岗岩	LA-ICP-MS 法	133	陈玲等（2012）
9	外带	斑状黑云二长花岗岩		141±0.98	陈超等（2018）

（二）金银矿床成矿机制和成因类型研究进展

基于典型矿床研究，认为桐柏-大别地区金银矿床成因类型主要包括受构造控制的岩浆热液型金银矿（如黑龙潭金矿、白云金矿等）和浅成低温热液型金银矿（如皇城山银矿床和东溪金矿床）。通过对金城金矿、银洞坡金矿、黑龙潭金矿、皇城山银矿、东溪金矿等典型矿床开展矿床特征、成矿流体及成矿岩体等方面的研究，获得系列进展。

对受构造控制的岩浆热液型脉状金银矿床研究认为：金城金矿床主成矿阶段流体温度为 240～160℃，属于中低温、中低盐度、低密度流体体系，初始成矿流体来自岩浆热液，后期有大气降水加入。黑龙潭金矿床石英中流体包裹体均一温度为 330～170℃，属中高温、低盐度、富 CO_2 的 H_2O-CO_2-NaCl 流体体系。围山城矿集区银洞坡金矿床主成矿阶段可能发生了流体不混溶作用，相关温度区间为 300～270℃。

对浅成低温热液型金银矿床研究认为：皇城山银矿床成矿流体属地表弥散性流体体系，石英脉中流体包裹体不发育，成矿流体具低温（<200℃）、低盐度（<5% $NaCl_{eq}$）特征（杨梅珍 等，2011）。东溪金矿床早阶段成矿流体温度介于 128～172℃，晚阶段（主成矿阶段）成矿流体温度介于 105～160℃。成矿流体具低温、低盐度特征。加热循环的大气降水对流可能是引起金属元素富集、沉淀的主要机制。

（三）区域白垩纪深部动力学过程与金银成矿的联系

大别山地区早白垩世大规模岩浆作用可分为三个阶段：早阶段（>133 Ma）的花岗岩具有高 Sr 低 Y 的地球化学特征，普遍含角闪石，被认为形成于加厚基性下地壳（>50 km）的部分熔融；中阶段（133～125 Ma）未发生形变的花岗岩和大规模火山岩不再具有高 Sr/Y 比特征，认为是地壳物质在小于 35 km 下地壳发生部分熔融的产物（朱江 等，2017）；晚阶段（125～110 Ma）岩浆岩主要类型为霞石正长岩、正长岩和钾长花岗斑岩等，形成于强烈的岩石圈伸展背景。

与区域构造-岩浆演化相对应，大别山白垩纪成矿作用也可分为三个阶段，各阶段成矿作用各具特色：①岩浆热液型脉状金银矿床成矿时间多集中于 140～130 Ma；②浅成低温热液型金银矿床成矿主要发生在 133～125 Ma；③125～105 Ma 期间形成了大别山最具特色的大型-超大型斑岩型钼矿床，该期成矿相关的岩浆岩成因具 A 型或分异 I 型特征。研究区受构造控制的岩浆热液型金银矿成矿峰期为 138～130 Ma，形成于挤压-伸展转化环境；浅成低温热液型金银矿成矿峰期为 133～125 Ma，形成于加厚下地壳拆沉阶段。

第四节 金银矿地质找矿工作现状与新进展

前人一系列地质找矿和综合研究工作表明：研究区成矿地质条件优越，陆内碰撞造山带的活动为成矿作用提供独特的地质构造环境。区内金银矿不仅是现实优势矿种，而且具有点多、面广、复杂、资源潜力大等特征。

在已有成果资料的基础上，笔者系统总结了研究区金银矿成矿地质条件、矿床成因及成矿规律和资源潜力，综合认为：①对含金银丰度不高但高于区域背景值的含金银建造应予以足够的重视；②多层次滑脱构造上的滑动系是金银矿形成的最有利构造环境，成矿与脆-韧性、韧-脆性及脆性活动阶段有关，控制了不同矿化类型，空间上存在垂直和水平分带规律；③花岗岩为成矿提供了必要的热动力条件和部分物质来源；④总结的金银矿综合找矿预测标志可以作为进一步找矿的有效手段。这些地质背景、成矿规律、找矿方法理论等认知成果对区内金银找矿工作具有重要的指导意义和参考价值。

一、金银矿地质找矿工作现状

本区地质找矿工作起步较早，累计投入了大量的区域地质调查、物探、化探、遥感、矿产勘查和综合研究等工作，积累了较丰富的地质、矿产勘查等资料，取得了较丰富的找矿成果。一些重点地区，特别是河南桐柏老湾金矿带、围山城金银矿带的矿产勘查评价工作从未停滞，部分点上的找矿评价工作也在零星间断开展。

就研究全区而言，自 2013 年被正式设立为国家级成矿带以来，国家地质工作才得以显著增加，河南、湖北、安徽三省地勘基金跟进投入也明显加大，取得的金银矿等矿产勘查评价成果也较多，主要地质找矿工作成果见表 1-7（河南省地质矿产勘查开发局，2005a）。

表 1-7 研究区金银矿主要地质找矿工作成果简表

序号	成果资料名称	完成单位	时间	工作性质
1	河南桐柏县老湾矿区金矿普查（76-78）	河南省地质局地质八队	1976	普查
2	河南桐柏县围山城金银矿带化探找矿	武汉地质学院化探实习队	1977	预查
3	湖北省随县养麦冲汞金矿点地质报告	湖北省革命委员会地质局第八地质大队	1979	普查
4	河南桐柏县银洞坡矿区金银矿详细普查	河南省地质局地质八队	1979	详查

续表

序号	成果资料名称	完成单位	时间	工作性质
5	湖北省大悟县白云矿区金矿详细普查地质报告	湖北省地质局第六地质大队	1980	详查
6	河南光山县马畈地区黄金普查	河南省地质局地质十队	1980	普查
7	湖北省大悟县白云金矿区蜜蜂岩矿段初步普查地质报告	湖北省地质局第六地质大队	1981	普查
8	河南省破山银矿详细勘探报告	河南省地质矿产勘查局第三地质调查队	1982	勘探
9	湖北省大悟县白云金矿区 I 号矿体初勘地质报告	湖北省地质矿产局鄂东北地质大队	1984	详查
10	湖北省蕲春县石人寨金矿区详细普查地质报告	湖北省地质矿产局鄂东北地质大队	1986	详查
11	湖北省靳春县砂金初查地质报告	湖北省地质矿产局鄂东北地质大队	1986	普查
12	湖北省大悟县白云金矿区 II 号含矿体详细普查地质报告和补充报告	湖北省地质矿产局鄂东北地质大队	1986	普查
13	河南省皇城山银矿初步勘探报告	河南省地质矿产勘查局第三地质调查队	1987	初勘
14	湖北省随州市红石地区银金及多金属普查总结报告	湖北省地质矿产局第八地质大队	1987	普查
15	湖北省大悟县白云金矿区 II 号含矿体详细普查补充地质报告	湖北省地质矿产局鄂东北地质大队	1988	普查
16	湖北省罗田县陈林沟金矿初步普查地质报告	湖北省地质矿产局鄂东北地质大队	1988	普查
17	湖北省黄冈县魏家上湾金矿初步普查地质报告	湖北省地质矿产局鄂东北地质大队	1988	普查
18	湖北省随州荞麦市冲金矿点普查地质报告	湖北省地质矿产局第八地质大队	1989	普查
19	湖北省大悟县张家湾金矿点详查报告	核工业中南地勘局三 O 九大队	1989	详查
20	湖北省罗田县黄土岭地区金矿普查地质报告	湖北省地质矿产局鄂东北地质大队	1990	普查
21	湖北省新城-黄陂断裂带新城-合河段构造地质特征及其对金矿的控制作用	湖北省地质科学研究所、湖北省地质矿产局第八地质大队	1990	详查
22	湖北省黄梅县界岭金矿普查地质报告	湖北省地质矿产局鄂东北地质大队	1991	普查
23	湖北省广济县花桥金矿区普查地质报告	湖北省地质矿产局鄂东北地质大队	1991	普查
24	湖北省随州市合河金矿普查地质报告	湖北省地质矿产局第八地质大队	1991	普查
25	湖北省随州市黑龙潭金矿普查地质报告	湖北省地质矿产局第八地质大队	1991	普查
26	河南省银洞坡金矿东段详细勘探报告	河南省地质矿产勘查局第三地质调查队	1991	勘探
27	河南省光山县凉亭金矿区普查	河南省地质矿产勘查局第三地质调查队	1991	普查
28	湖北省随州市封江金矿普查地质报告	湖北省地质矿产局第八地质大队	1992	普查
29	湖北省随州市黑龙潭金矿详查地质报告	湖北省地质矿产局第八地质大队	1992	详查
30	湖北省大悟县白云金矿区X2号含矿体普查地质报告	湖北省地质矿产局鄂东北地质大队	1992	普查
31	湖北省随州市新城金矿普查地质报告	湖北省地质矿产局第八地质大队	1992	普查
32	河南省桐柏县杨树沟（小银洞岭）金矿普查	河南省地质矿产勘查局第三地质调查队	1992	普查
33	湖北省大悟县白云金矿区Ⅷ号矿体详细普查地质报告	湖北省地质矿产局鄂东北地质大队	1993	勘探

续表

序号	成果资料名称	完成单位	时间	工作性质
34	湖北省枣阳市王家大山金矿普查地质报告	湖北省地质矿产局第八地质大队	1993	普查
35	河南省银洞坡金矿西段勘探报告	河南省地质矿产勘查局第三地质调查队	1994	勘探
36	湖北省随州市楼房凹金矿普查地质报告	湖北省地质矿产厅第八地质大队	1995	普查
37	河南省光山县孙堰矿区金矿普查-详查	河南省地质矿产勘查局第三地质调查队	1994～1995	普查-详查
38	湖北省随州市太山庙金异常III级查证简报	湖北省地质矿产厅第八地质大队	1998	矿点检查
39	河南省老湾金矿区详查报告	河南省地质矿产勘查局第三地质调查队	1998	详查
40	湖北省随州市新玉皇顶黄金重砂异常II级查证报告	湖北省地质矿产厅第八地质大队	1998	异常查证
41	湖北省随州市荞麦冲金矿普查地质报告	湖北省地质矿产勘查开发局第八地质大队	1999	普查
42	随州市红石地区1/5万土壤地球化学普查报告	湖北省地质矿产勘查开发局地球物理技术研究院	2001	普查
43	河南省桐柏地区银多金属调查评价报告	河南省地质调查院	2001	评价
44	湖北省红安县檀树岗岩金普查区地质工作总结	中国人民武装警察部队黄金第九支队	2002	普查
45	湖北随州-枣阳北部地区银金矿评价报告	湖北省地质调查院	2003	评价
46	河南省桐柏县上上河金矿床外围金矿普查报告	河南省地质矿产勘查开发局第一地质勘查院	2004	普查
47	河南省光山县凉亭断裂带银金矿普查	河南省地质矿产勘查开发局第三地质调查队	2005	普查
48	湖北省随州市万和镇枣园金矿区2004年度资源储量检测地质报告	湖北省随州市国土资源局	2004	普查
49	河南省新县吴陈河-光山县金矿普查	河南省核工业地质局	2005	普查
50	河南省新县吴陈河-光山县金矿普查	河南省有色金属地质勘查总院	2006	普查
51	湖北省罗田县响水潭地区金多金属矿普查-详查地质报告	湖北省地质矿产勘查开发局第六地质大队	2006	详查
52	新城-黄陂断裂带西段南侧王儿庄金矿普查地质报告	湖北省地质矿产勘查开发局第八地质大队	2006	普查
53	湖北省孝昌地区小河-青山口地区多金属矿普查	中国地质调查局武汉地质调查中心	2006	普查
54	湖北省大悟县大坡顶金矿普查报告	湖北省地质矿产勘查开发局第六地质大队	2008	普查
55	湖北省浠水县郭家大湾矿区金矿资源储量结算地质报告	湖北省浠水县国土资源局	2008	普查
56	湖北大悟芳畈铜多金属矿评价成果报告	湖北省地质调查院	2008	评价
57	湖北省红安县七里坪银矿地质普查报告	中国冶金地质总局中南地质勘查院	2008	普查
58	湖北省随州市大石桥矿区金矿普查报告	湖北省地质矿产勘查开发局第八地质大队	2011	普查
59	河南桐柏北部地区矿产地质调查成果报告	河南省地质矿产勘查开发局第三地质矿产调查院	2013	矿调

续表

序号	成果资料名称	完成单位	时间	工作性质
60	湖北省红安县七里坪矿区金银多金属矿普查报告	湖北省地质矿产勘查开发局第六地质大队	2013	普查
61	安徽省金寨县银水寺-鲜花岭地区金、银、铅锌多金属矿远景调查成果报告	安徽省地质调查院	2014	矿调
62	湖北省随州枣阳北部地区银金矿普查报告	湖北省地质局第八地质大队	2015	普查
63	河南商城-段集地区矿产地质调查成果报告	河南省地质调查院	2015	矿调
64	湖北木子店-吴家店地区矿产地质调查成果报告	中国地质调查局武汉地质调查中心	2015	矿调
65	湖北广水-大悟地区矿产地质调查成果报告	湖北省地质局第六地质大队	2015	矿调
66	湖北殷店-草店地区矿产地质调查成果报告	湖北省地质局第八地质大队	2015	矿调
67	湖北随州-枣阳北部七尖峰地区铜钼矿矿产地质调查成果报告	湖北省地质调查院	2015	矿调
68	安徽省宿松-太湖地区金多金属矿矿产地质调查成果报告	安徽省地质调查院、安徽省地质矿产勘查局三一一地质队	2016	矿调
69	湖北1∶5万大悟等4幅区域地质调查成果报告	湖北省地质调查院	2016	区调
70	湖北麻城福田河-白果镇地区矿产地质调查成果报告	湖北省地质调查院	2016	矿调
71	湖北省随县楼子湾矿区金多金属矿预查成果报告	湖北省地质局第八地质大队	2018	预查
72	湖北省随县姑嫂岭矿区金多金属矿预查报告	湖北省地质局第八地质大队	2018	预查
73	湖北省随县太山庙矿区金多金属矿预查成果报告	湖北省地质局第八地质大队	2018	预查
74	湖北省大悟县莲塘地区金多金属矿普查报告	湖北省核工业地质调查院	2018	普查
75	湖北省随州市贯庄-洛阳店地区铜金矿调查评价成果报告	湖北省地质调查院	2018	评价
76	湖北省罗田县1∶5万九资河幅、张家咀幅矿产远景调查成果报告	湖北省地质调查院	2018	矿调
77	湖北大悟宣化店地区1∶5万矿产地质调查报告	中国地质调查局武汉地质调查中心	2018	矿调
78	湖北随州天河口-历山地区 1∶5 万地质矿产调查成果报告	湖北省地质调查院	2018	矿调
79	湖北1∶5万长岗店、均川、客店坡、古城畈、三阳店幅区域地质调查成果报告	湖北省地质调查院	2018	区调
80	湖北省随县黑龙潭-汪家湾深部及外围矿区金多金属矿普查报告	湖北省地质局第八地质大队	2019	普查
81	湖北省随县老堰窝矿区金多金属矿普查报告	湖北省地质局第八地质大队	2019	普查
82	湖北省随州市大洪山-三里岗地区铜金矿调查评价成果报告	湖北省地质局第八地质大队	2019	评价
83	湖北省随枣北部环七尖峰岩体钼铜金矿调查评价成果报告	湖北省地质局第八地质大队	2019	评价

二、金银矿地质找矿工作新进展

2000～2010 年，特别是 2013 年本区被列为国家级成矿带以来，本区区域地质矿产调查工作显著增加，金银作为成矿带的主攻优势矿种，河南、湖北二省级地勘基金针对金银找矿勘查评价工作一直放在重要的位置，共同取得了长足的进步，下面分区进行简要介绍。

（一）河南老湾、围山城地区金银矿找矿工作

本区属桐柏金银铜多金属成矿带（IV-66-2）。区内金银矿床分布较多，代表性矿床有老湾金矿床、破山银矿床、银洞坡金银矿床等，大致可分为南部老湾金银铜锌多金属矿带、北部围山城金银矿带。

（1）桐柏老湾金银铜锌多金属矿带，从魏庄至北杨庄沿北西西走向长十余千米，中部矿化最强，包括彭家老庄、上上河、老湾等多个矿段，老湾金矿是该带最重要的矿床（图 1-1）（杨梅珍 等，2014）。金银赋矿地层为中元古界龟山岩组，与金银矿成矿作用密切相关的岩浆作用为燕山期老湾黑云二长花岗岩，控矿构造为老湾韧脆性剪切带。1998

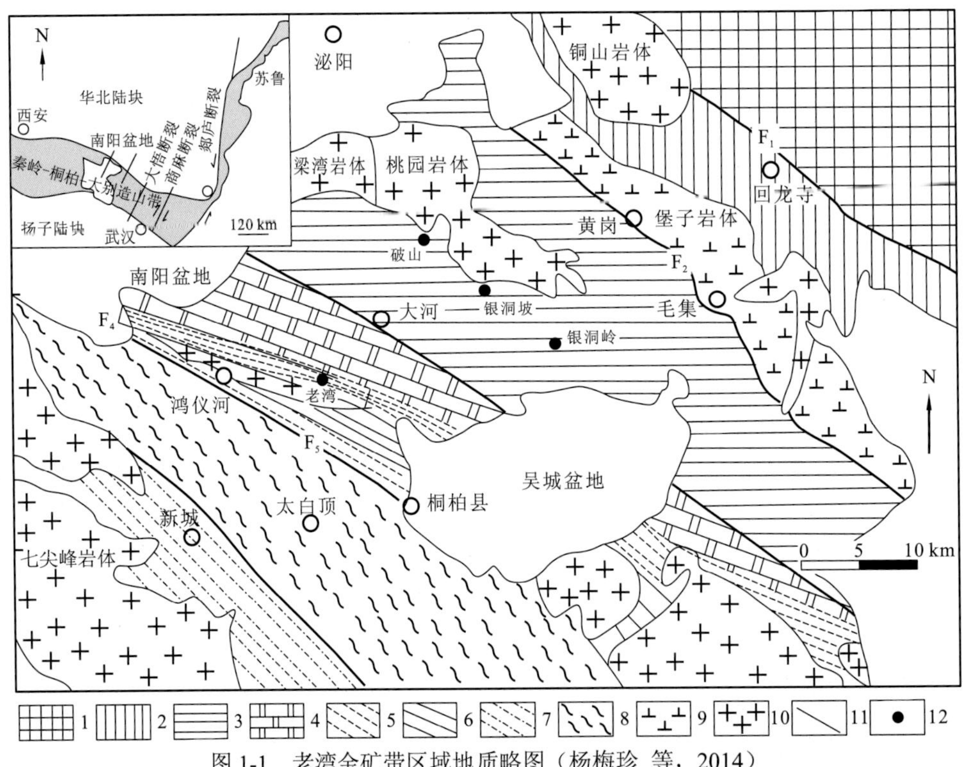

图 1-1　老湾金矿带区域地质略图（杨梅珍 等，2014）

1.中元古界南湾岩组黑云斜长片岩、云母石英片岩；2.中元古界龟山岩组斜长角闪片岩、云母石英片岩（龟-梅剪切带）；3.中元古界宽坪群云母石英片岩、黑云斜长角闪片岩及石英岩、大理岩；4.中元古界二郎坪群斜长角闪片岩、变粒岩及含碳云母石英片岩、大理岩；5.古元古界秦岭群片麻岩及大理岩；6.古元古界熊耳群变火山岩系；7.中元古界—新太古界桐柏变质片麻杂岩；8.高压岩片；9.闪长岩；10.花岗岩；11.断裂；12.金、银矿床

年提交矿床详查成果后，河南省地质矿产勘查开发局第一地质勘查院在其深部及外围又相继开展了多个省部级勘查项目。2004～2011 年，开展了“河南省桐柏县老湾金矿接替资源勘查”项目，提交金金属资源量 45 t；2011～2019 年，河南省地质勘查基金、桐柏县老湾金矿、河南省地质矿产勘查开发局第一地质勘查院三方组建找矿联盟，累计投入勘查资金 1.59 亿元，实施钻探 11.5×10^4 m，完成了“河南省桐柏县老湾金矿深部及外围预普查”，提出的“老湾花岗岩体覆盖于龟山岩组之上，岩体下部有金矿体”重要观点得到验证，并实现了找矿重大突破，提交金金属资源量超过 208 t（陈建立，2019；陈建立 等，2019），成为河南省迄今为止发现的最大金矿床，规模位列全国第四位，潜在经济价值超过 600 亿元，使该地区成为继小秦岭、熊耳山-外方山之后河南省第三大黄金勘查开发基地。预测该区总金金属资源量可达 500 t，银金属资源量可达 5 000 t。

（2）围山城矿集区位于桐柏县城以北 35 km 处。矿集区内有破山特大型银矿床、银洞坡大型金矿床、银洞岭大型银矿床，以及夏老庄、郭老庄等金银矿点（图 1-2）（吴宏伟和任爱琴，2005）。

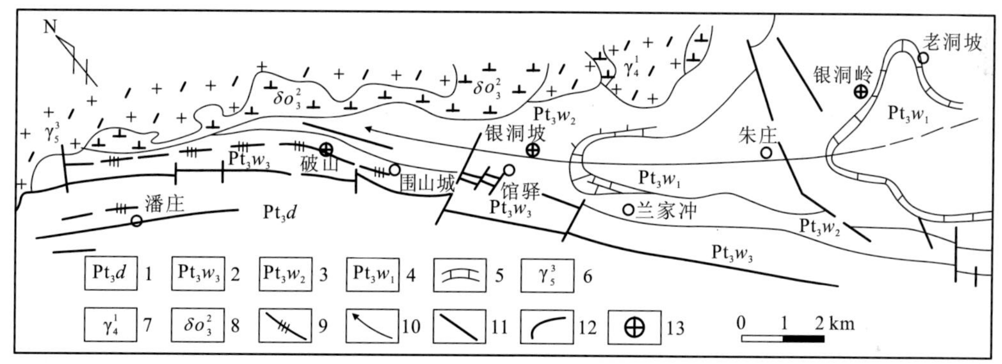

图 1-2 围山城矿金银矿带地质略图（吴宏伟和任爱琴，2005）

1.新元古界大栗树组；2.新元古界歪头山组上部；3.新元古界歪头山组中部；4.新元古界歪头山组下部；5.大理岩；6.梁湾二长花岗岩体；7.桃园二长花岗岩体；8.石英闪长岩；9.挤压破碎带；10.背斜轴线；11.断层；12.地质界线；13.大型金银矿

矿床工业类型为石英脉型，矿体赋存于新元古界歪头山岩组变质火山-沉积岩系的不同层位中。2010 年以来，河南省地质矿产勘查开发局第三地质矿产调查院在围山城地区相继开展了围山城金银矿深部及外围预-普查工作。至 2019 年 11 月底，共施工钻探 3.7×10^4 m，在原破山银矿 A1 号矿体及银洞坡金矿 52、1、3、3-1 号矿体深部均圈出厚大矿体，见矿最大埋深 1 100 m 左右。经初步估算新增（333）+（334?）金金属量 21.69 t，共生银金属量 433 t、铅金属量 83 439 t、锌金属量 80 109 t，取得显著的找矿效果。随着工作的持续推进，预计到 2020 年底该区将新增金金属资源量 30 t 以上。

（二）河南周党-湖北福田河一带金银矿找矿工作

区内金银矿床（点）分布较多，典型矿床有白石坡银多金属、皇城山银、薄刀岭银金、金城金、双庙关金等矿床（点）。近几年主要找矿进展如下。

（1）皇城山银矿床位于河南省罗山县，处于华北板块南部边缘与大别造山带的接合部位（图 1-3）。该矿发现于 20 世纪 80 年代，矿体赋存于受构造控制的次生石英岩脉中，探明 I 号、IV 号两个主要银矿体，初步勘探查明银金属量 353.3 t，银平均品位 365×10^{-6}，为一中型银矿。2010～2016 年，在矿区深部及外围开展了找矿工作，在原 0～8 线之间 -300 m 标高新发现第二成矿富集部位，见矿厚度为 0.31～1.94 m，平均厚度为 0.72 m，银品位为 40×10^{-6}～633×10^{-6}，平均品位为 199.81×10^{-6}，显示深部与外围找矿资源潜力大。

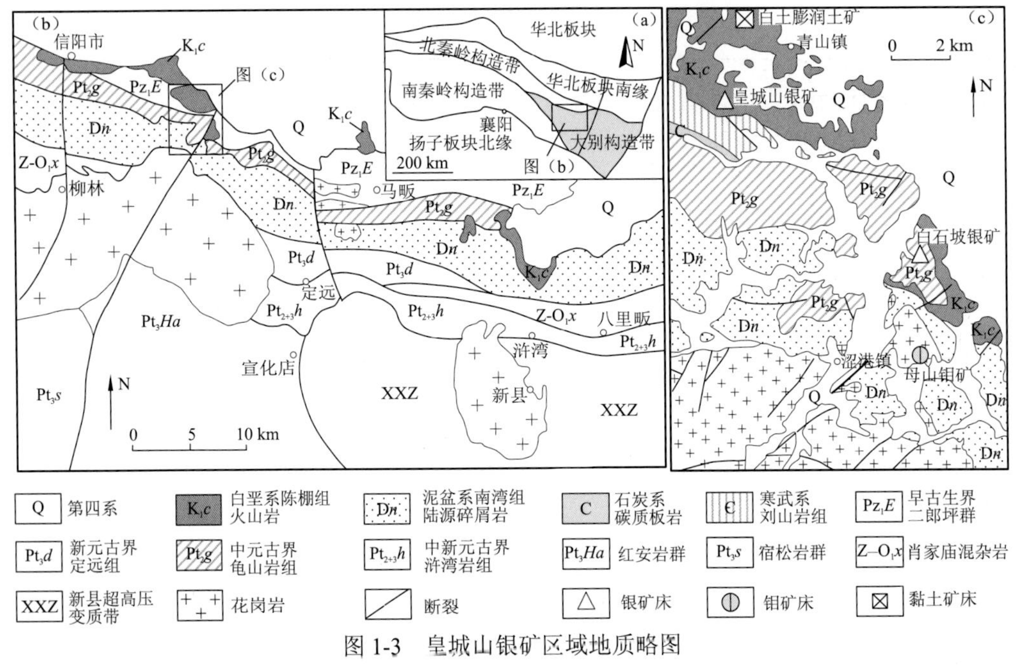

图 1-3　皇城山银矿区域地质略图

（2）薄刀岭银金矿床位于河南省光山县西南部，包括凉亭银金、孙堰金、余冲金三个矿段。从 20 世纪 80 年代起断续开展过较多物化探和预-普查工作，近几年又实施了河南省地质矿产勘查开发局局管重大项目，找矿取得重要进展。凉亭银金矿段共圈出 11 个矿体，其中 I 号银矿体规模最大（图 1-4）（王莹，2018），矿体呈似层状，长 1 700 m，平均厚度为 3.28 m，银平均品位为 103.37×10^{-6}，金平均品位为 1.03×10^{-6}。累计提交（332+333+334?）资源量：银 576 t，金 7.5 t。

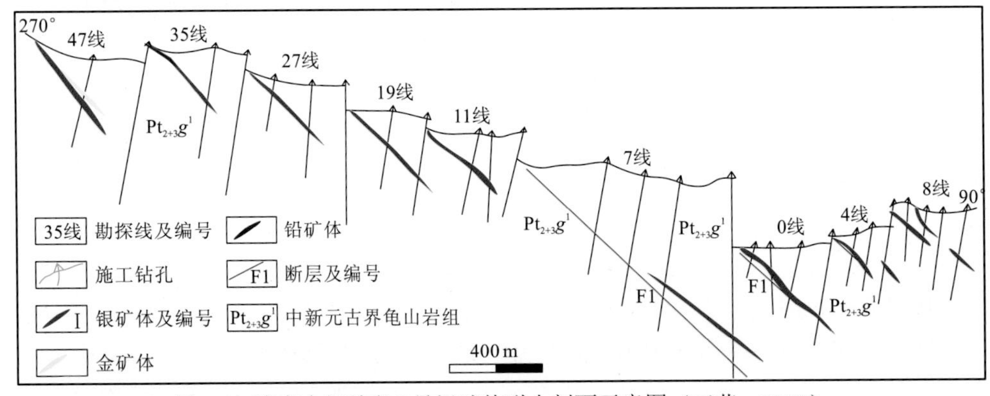

图 1-4　凉亭金银矿段 I 号银矿体联合剖面示意图（王莹，2018）

（3）金城金矿位于河南省罗山县，处于近东西向桐柏-商城区域性深大断裂南侧，燕山晚期灵山花岗岩体东部（图 1-5）。近东西向构造带控制了各类岩脉、地层分布及产状，以及多金属矿化的空间展布，赋矿围岩为苏家河（岩）群浒湾组中基性海相火山-沉积变质岩。矿山企业近几年投入了较大的勘探工作，查明工业金矿体 3 个，其中浅部矿体 2 个（I 号和 II 号），新发现深部矿体一条（IV 号），共查明（332+333）金金属资源量 5.07 t。预测在采矿证外西侧有较大的资源潜力。

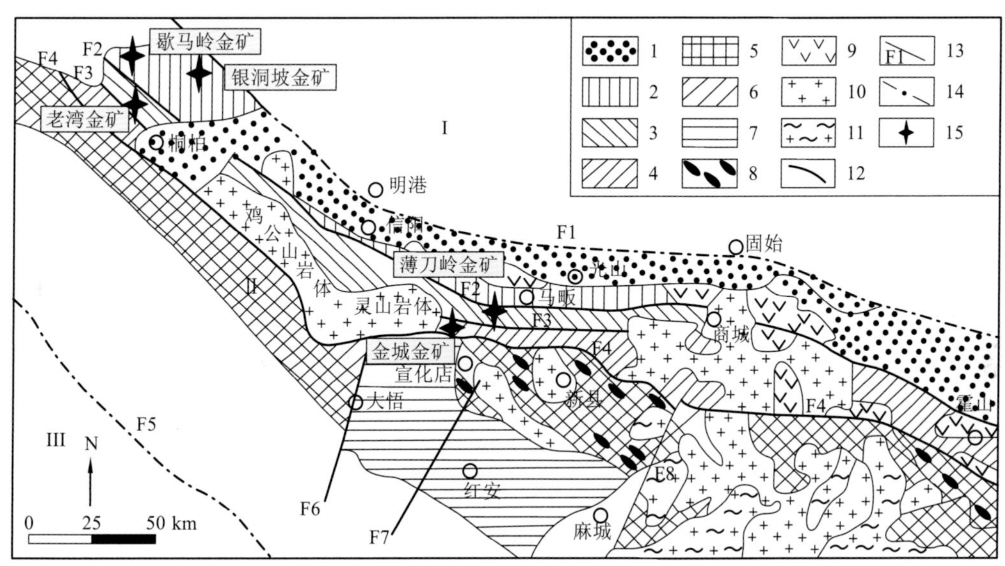

图 1-5 桐柏-大别地区区域地质略图（刘洪，2012；杨泽强，2007b）

1.中新生界（K—E）；2.古生界二郎坪群（Pz_1E）；3.中元古界龟山岩组（Pt_2g）；4.中元古界浒湾岩组（Pt_2h）、中元古界定（远）岩组（Pt_2d）；5.秦岭（岩）群（Pt_1Q）；6.桐柏-大别变质杂岩（Ar_3—Pt_1）；7.新元古界红安岩群（Pt_3Ha）；8.榴辉岩；9.白垩纪火山岩（K）；10.燕山期花岗岩；11.晋宁期花岗岩；12.地质界线；13.断裂集编号；14.大别山造山带边界；15.金城金矿位置；I.华北陆块区；II.大别造山带；III.扬子陆块区；F1.栾川-明港-固始断裂；F2.龟山-梅山断裂；F3.桐柏-商城断裂；F4.晓天-磨子潭贩断裂；F5.勉略-襄樊-广济断裂带；F6.大悟-涩港断裂；F7.陡山河断裂；F8.商城-麻城断裂

（4）2011～2020 年，中国地质调查局、湖北省地质勘查基金管理中心在湖北大悟大新-红安七里坪一带先后实施了“湖北省红安县七里坪矿区金银多金属矿普查”“湖北大悟宣化店地区矿产地质调查”“湖北省大悟县宣化店地区钨钼金矿调查评价”三个项目，新发现十余处金银找矿线索，其中老君山、楼子冲、天子岗和万家山 4 处金银矿化具较好的找矿潜力。

红安老君山金矿受北西西向断裂构造控制，圈出两个矿体。Au-I 号矿体长大于 150 m，厚 1.67 m，Au 平均品位为 3.89×10^{-6}，Ag 平均品位为 21.30×10^{-6}；Au-II 号矿体长约 200 m，厚 1.99 m，Au 平均品位为 1.17×10^{-6}，Ag 平均品位为 0.85×10^{-6}。二矿体合计估算金（334）（金属）资源量 324.94 kg，伴生银 592.2 kg。

大悟楼子冲金矿区（包括三钨店、莲塘、下畈、快活岭等矿点，为金城金矿南部湖北部分），金矿化受近东西向断裂控制，脆-韧性断裂构造的转化部位是成矿有利部位，金矿化带长大于 1 000 m，厚度为 0.5～1.7 m，品位为 1.09×10^{-6}～7.65×10^{-6}，最高为 22.80×10⁻⁶，平均品位为 3.89×10⁻⁶。预测本区金资源量可达中型以上规模。

大悟天子岗金矿检查区金矿（化）体赋存于破碎带中，控制金矿体长约 80 m，厚 0.8～2.4 m，品位为 0.2×10^{-6}～12.8×10^{-6}。在断裂转折、交汇膨大部位具有找矿潜力。

大悟万家山金矿检查区圈定 4 条金矿（化）体，金矿（化）体产在次级近南北向破碎蚀变带中，赋矿为黄铁矿化（褐铁矿化）硅化岩及黄铁矿化花岗碎裂岩。矿化体长 1～40 m，宽 0.2～2.3 m，品位为 0.28×10^{-6}～4.66×10^{-6}，成矿地质条件较有利，具有岩浆热液型金矿找矿潜力。

（5）2017～2020 年，湖北省地勘基金实施的“湖北省麻城市西张店地区金多金属矿调查评价”项目，提交了双庙关金矿、郑家塘金矿、大河铺金矿、大松树岗金矿等 4 处预-普查区，新发现麻城双庙关金矿产地。

麻城双庙关金矿受北东向和近东西向断裂构造控制（图 1-6），矿体产于褐铁矿化硅化蚀变的片麻状二长花岗岩中，初步圈定 8 个金银矿（化）体。其中 V 号金银矿体长约 240 m，斜深 80 m，厚 2.56 m，Au 平均品位为 11.89×10^{-6}，Ag 平均品位为 112.55×10^{-6}。VI 是矿体出露约 50 m，厚 0.44～0.64 m，Au 平均品位为 4.20×10^{-6}，Ag 平均品位为 33.3×10^{-6}。初步估算金（334）（金属）资源量 804.71 kg，该区具有寻找中型蚀变岩型金矿的潜力。

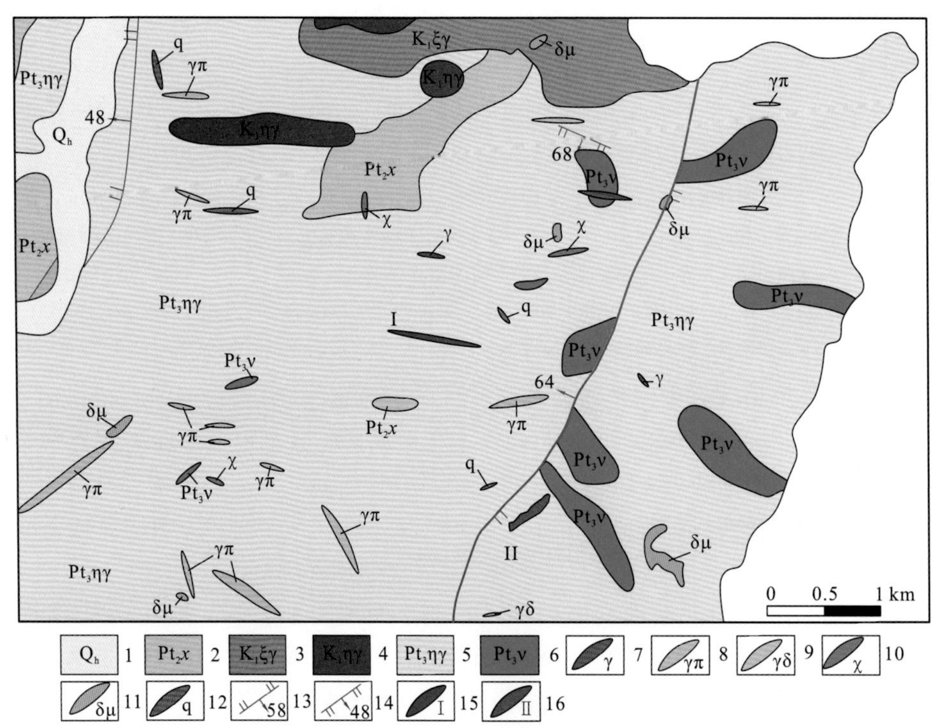

图 1-6　双庙关金矿矿产地质图（湖北省地质调查院，2017）

1.第四系全新统；2.中元古界西张店基性（岩）组；3.早白垩世中粒钾长花岗岩；4.早白垩世中粒二长花岗岩；5.新元古代片麻状黑云二长花岗岩；6.新元古代变辉长（绿）岩；7.花岗岩脉；8.花岗斑岩脉；9.花岗闪长岩脉；10.煌斑岩脉；11.闪长玢岩脉；12.石英脉；13.实测正断层；14.实测逆断层；15.金矿体及其编号；16.金矿化体及其编号

红安郑家塘金矿区圈定两个金矿体和一条金铅锌矿化蚀变岩带，I 号矿体赋存于褐铁矿化碎裂岩化硅化蚀变岩中，地表延伸达 300 m，控制倾向延伸 200 m，平均厚度为 0.93 m，金品位为 0.75×10^{-6}～27×10^{-6}。II 号矿体长约 1 km，厚 0.2～1.3 m，Au 品位为 0.65×10^{-6}～19×10^{-6}。脆性向塑性转化的硅化带是找矿有利部位，显示具有良好的金多金属矿找矿潜力。

麻城大河铺金铜矿区新发现 4 个金矿（化）体，其中 II 号金矿体赋存于褐铁矿化硅化蚀变岩中，长约 90 m，厚 0.97 m，Au 平均品位为 2.12×10^{-6}，具有较好的寻找铜、金矿资源潜力。麻城大松树岗金矿区圈定 5 个金矿（化）体，Au4 矿体地表延长大于 80 m，厚 1.54 m，Au 平均品位为 3.05×10^{-6}。Au5 矿化体长大于 80 m，厚 0.74 m，Au 平均品位为 1.81×10^{-6}。有望提交金矿预普查区 1 处。

（6）2012～2014 年，开展的“河南省新县南部地区矿产地质调查”新发现后湾、卡房二处铅锌金银多金属矿点，共估算银（金属）资源量 3.4 t，金（金属）资源量 157 kg，铅锌（333+334_1）资源量 6.7 万 t。

（三）随州-枣阳一带金银矿找矿工作

区内金银矿床（点）受到区域性新（城）-黄（陂）、吴山等深大断裂控制，主要产于新元古代变质地层中。可分为独立金矿、金银矿、金多金属矿床（图 1-7）。独立金矿床主要出现在构造蚀变岩型、爆发角砾岩型矿床中，如卸甲沟金矿；金银矿床主要出现在构造蚀岩型与石英脉型的复合型金矿床或石英脉型金矿床中，如黑龙潭金矿；金多金属矿床主要出现在蚀变岩型、石英脉型和夕卡岩型金矿床中，如王家大山金矿、吴山金矿等。近年来，区内金银矿找矿取得长足发展。

（1）在枣阳市新市镇北东新发现枣扒银钼矿，赋矿岩石主要为褐铁矿化石英脉、褐铁矿化蚀变岩，矿化强度与褐铁矿化强度成正比。初步估算经工程验证的银（334_1）（金属）资源量为 100.84 t，达到小型银矿产地规模。

（2）在枣阳市刘升镇东新发现草堰冲金银矿，矿体受北东向断裂构造控制，初步圈定 8 个金矿（化）体，初步估算（334）金（金属）资源量 1.81 t，银（金属）资源量 40.31 t，具有寻找蚀变岩型金矿、石英脉型金矿良好前景。

（3）在随州市黑龙潭金矿北西新发现王家台金银钨多金属矿，金银钨矿化产于北东—北东东向或北西向次级脆性断裂中，初步圈定 7 个金银钨多金属矿体。其中 III 号金银钨矿体长约 320 m，厚 0.90 m，Au 平均品位为 4.91×10^{-6}，Ag 平均品位为 136×10^{-6}，WO_3 质量分数为 1.02%。V 号金银钨矿体长约 340 m，厚 0.97 m，Au 平均品位为 2.01×10^{-6}，Ag 平均品位为 189×10^{-6}，WO_3 质量分数为 4.32%。矿床成因类型为与燕山期构造-岩浆热液作用有关的蚀变岩型、石英脉型金银钨多金属矿，是该区一个多金属新的组合找矿类型。

（4）在邢川水库金矿产于青白口系武当岩群及周楼花岗岩体北东向的邢川断裂构造蚀变带中，蚀变带发育强硅化、黄铁绢英岩化等蚀变，蚀变带长 10.5 km，宽 0.5～16 m。矿体地表延伸稳定，I 号矿体控制长 900 m，斜深 30 m，厚度 0.50～1.16 m，Au 品位为 1.25×10^{-6}～7.9×10^{-6}。II 号矿体控制长 210 m，斜深 23 m，厚度 0.40～1.1 m，Au 品位为 1.45×10^{-6}～3.79×10^{-6}。初步估算金金属资源量（334_1）1.217 t。

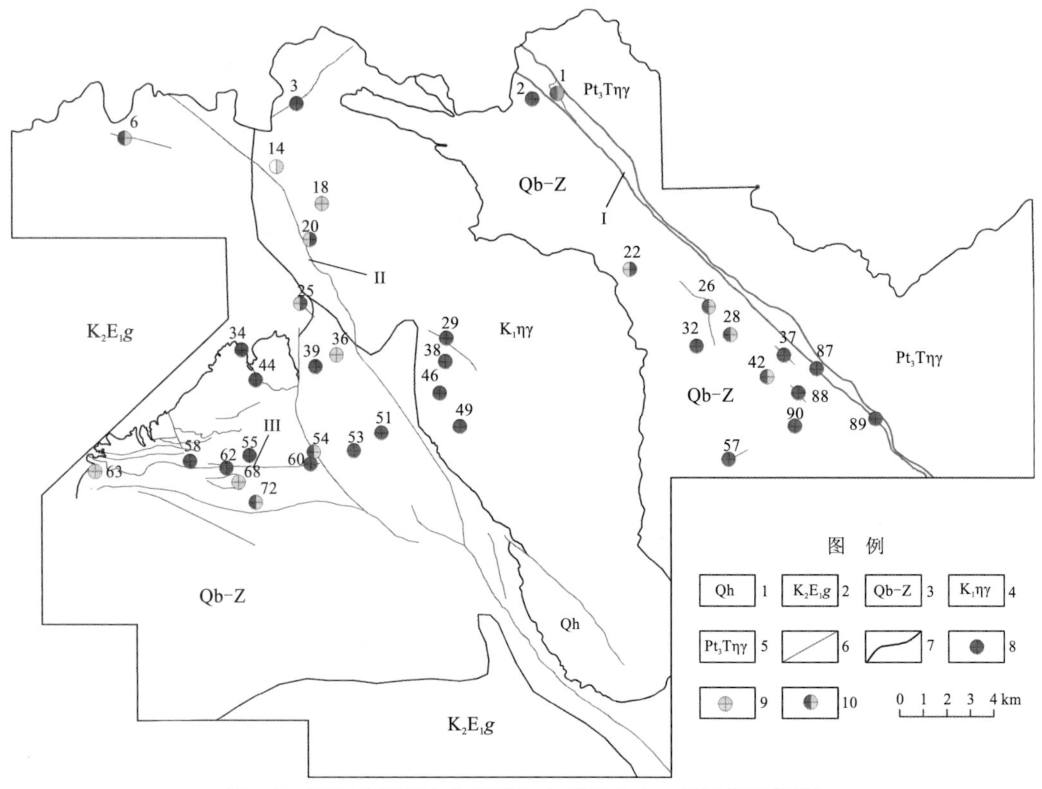

图 1-7 随枣北部环七尖峰地区金银矿分布与构造纲要简图

1.第四系全新统；2.上白垩统—古近系公安寨组；3.青白口系武当岩群—震旦系陡山沱组；4.早白垩世二长花岗岩；5.新元古界二长花岗岩；6.实测断层；7.实测整合界限；8.金矿床（点）；9.银矿（化）点；10.金银矿（化）点

（5）在枣阳市刘升镇王家大山金银矿新发现多条矿脉，主矿体长 115 m，延深大于 100 m，厚 0.33～1.96 m，Au 品位为 1.01×10^{-6}～39.2×10^{-6}，Ag 品位为 0.5×10^{-6}～57.5×10^{-6}，初步估算金 333+334 金属量 700 kg，预测具有中型金银矿资源潜力。

（6）在随州市淮河镇新发现张湾金矿，受北东向断裂构造控制，初步共圈定 10 个金矿体，初步估算金 333+334 金属量 531 kg，具有中型金矿找矿潜力。

（7）在随州市小林镇新发现小林金银矿，均分布于近南北向的断裂蚀变带中，共圈出银矿体 3 个，共估算银（$333+334_1$）金属量 10.75 t。结合地质与化探异常显示该区具有寻找小型或中型的银、金矿潜力。

（四）大磊山穹窿及周围金银矿找矿工作

本区处于桐柏-大别中间隆起带西南边缘断陷带中部，北西向新城-黄陂断裂与北东向大悟断裂交汇部位。区内 Au、Ag、Cu、Pb、Zn 等成矿元素较为丰富，划分出 3 个金银成矿远景区，有利于寻找蚀变岩型金银矿。已累计发现金银矿床（点）达百余处，代表性矿床有大悟县白云金矿床及万家山、三当湾、诸事万、徐家楼、白果树湾金矿床等，自 2010 年以来，除新发现多处矿（化）点外，突出找矿新进展是发现了大坡顶金矿。

大悟县大坡顶金矿位于大磊山穹窿的核部及东翼，邻近白云金矿床，区内变质变形作用强烈，断裂构造发育，金矿主要赋存于北西西向断裂带中，少数赋存于北北东向断裂带中（图 1-8）。共圈定金矿体 10 个，目前已估算的金资源量为 1.98 t，外围仍然有较大的资源潜力。

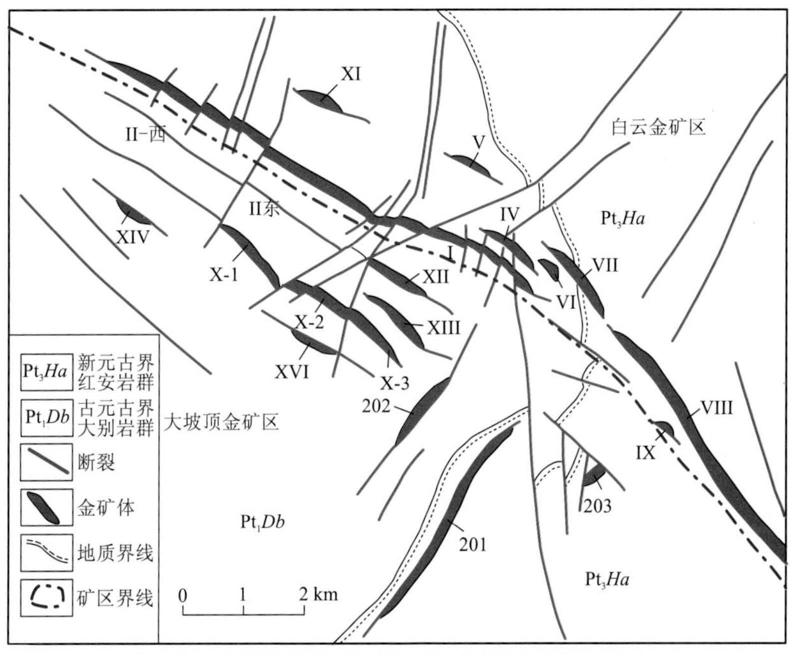

图 1-8　大坡顶金矿区地质简图（杜登文 等，2008）

（五）大崎山穹窿及周围金银矿找矿工作

大崎山穹窿处于桐柏-大别山造山带中部，团麻断裂东侧。穹窿及周围地区金的重砂、化探异常密集，异常面积大、浓度高、浓集中心明显，共发现金矿床、矿（化）点 52 处，代表性矿床有陈林沟、魏家上湾、祝家冲、郭云坳等金矿床（点）。金矿主要赋存于大崎山穹窿周边一系列放射状断裂构造内（图 1-9），金矿成矿作用与燕山期构造-岩浆演化密切相关（邹院兵，2019，2018；吴昌雄 等，2019a，2019b）。毛雪生（1990）圈出金 A 类找矿靶区 4 处，B 类找矿靶区 7 处，认为是寻找岩浆期后热液和重熔岩浆热液的断裂充填蚀变构造岩型及石英脉型金矿床的有利地区。

（1）2014～2020 年，湖北省地质勘查基金管理中心安排湖北省地质局第六地质大队在本区开展了金银多金属矿调查评价项目 1 个，金矿勘查项目 5 个。新圈定一批土壤、水系沉积物、重砂等黄金异常，新发现金鸡坳、彭家楼、程家山及姜家嘴-八字门金矿点等 10 处，雷家大湾、院墙边等矿化点 4 处。

金鸡坳金矿点圈定矿体 8 个，矿体长 60～380 m，延深一般较大，厚度一般 0.34～2.0 m，最厚 3.56 m；Au 品位为 1.0×10^{-6}～113.75×10^{-6}，最高为 150×10^{-6}，Ag 品位为 50×10^{-6}～150×10^{-6}，最高为 300×10^{-6}；提交金（金属）资源量 1.6 t。

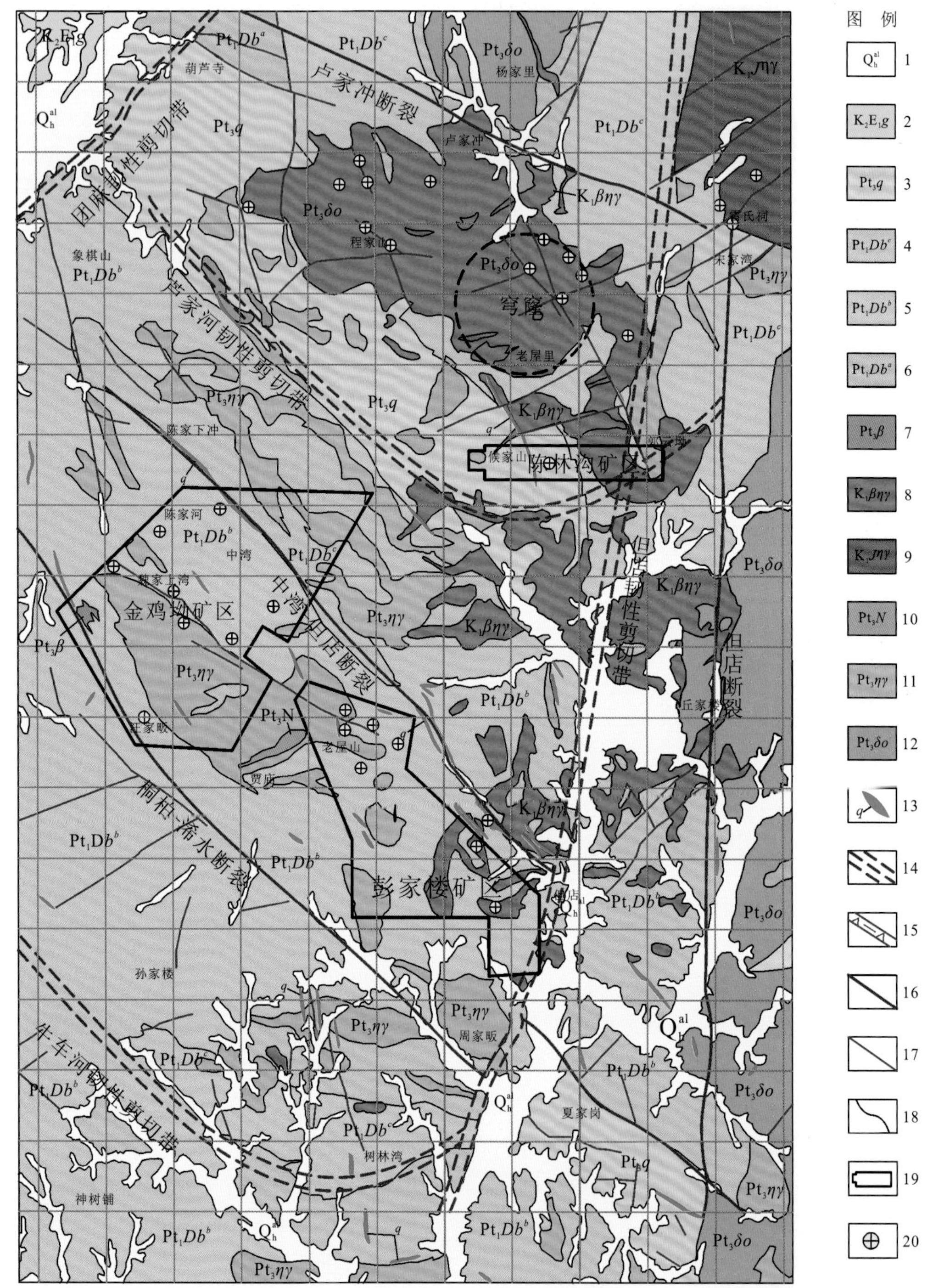

图 1-9 大崎山地区地质构造简图（湖北省地质局第六地质大队，2019）

1.全新统；2.上白垩统—古近系公安寨组；3.新元古界红安岩群七角山组；4.古元古界大别岩群变粒岩-大理岩组；5.古元古界大别岩群片麻岩-含铁岩组；6.古元古界大别岩群片麻岩-斜长角闪岩岩组；7.新元古代变玄武岩；8.早白垩世黑云二长花岗岩；9.早白垩世片麻状二长花岗岩；10.新元古代基性岩；11.新元古代二长花岗岩；12.新元古代英云闪长岩；13.石英脉；14.韧性剪切带；15.构造角砾岩带；16.实测主断裂；17.次级小断裂；18.实测地质界线；19.矿区位置；20.矿点

彭家楼金矿点圈定矿体 8 个，矿体长 40～200 m，延深一般大于延长，厚度 0.44～2.88 m，Au 品位为 1.07×10^{-6}～57.7×10^{-6}，最高为 192×10^{-6}，预计可提交金（金属）资源量大于 1.1 t。

程家山金矿点圈定矿体 4 个、矿化体 7 个，金矿体长 120～210 m，延深不等，一般大于 100 m，厚度为 0.82～3.27 m，Au 品位为 1.72×10^{-6}～7.07×10^{-6}，Ag 品位为 79.2×10^{-6}～95.6×10^{-6}。

姜家嘴-八字门金矿点圈定矿体 7 个，矿体长 80～400 m，最长 628 m，延深一般大于 100 m，厚度 0.57～0.98 m；Au 品位为 3.26×10^{-6}～14.1×10^{-6}，估算金（332+333+334）资源量为 643.29 kg，预测远景资源储量大于 1 t。

（2）在英山县南河镇新发现段家湾铜金矿，北西向韧性剪切带为区内控矿构造，圈定 1 个铜金矿体，矿体地表长 600 m，延深大于 50 m，平均厚度 0.95 m，Cu 品位为 0.46%～0.85%，Au 品位为 0.65×10^{-6}～2.23×10^{-6}。

第二章 区域地质背景

研究区大地构造位置位于华北和华南两大板块拼合部位。由太古宙至今，该区域经历了多期次、多阶段的碰撞-扩张-聚合的演化过程，发育多期成矿事件（吴元保和郑永飞，2013）。新元古代晚期－早中生代初期板块俯冲-碰撞的构造体制造就了秦岭造山带的基本构造格局（张国伟 等，2001，1997，1996）。由北自南，商丹和勉略两大缝合带将秦岭造山带分为北秦岭、南秦岭和华南板块三个构造单元。晚古生代早期商丹洋闭合，南秦岭地块与北秦岭地块（属华北板块南缘）拼合；在三叠纪，华南板块与南秦岭地块沿勉略带拼合，勉略洋盆闭合，秦岭造山带由此进入陆内演化阶段（Wu and Zheng，2013；Dong et al.，2011；Zheng，2008；张国伟 等，2001，1997，1996；河南省地质矿产厅，1996；湖北省地质矿产局，1996，1990；河南省地质矿产局，1989）。

第一节 地 层

研究区出露地层主要属于秦岭-大别地层区。区内地层位于确山-合肥断裂（F1）和青峰-襄樊-广济断裂（F2）之间，可进一步划分为三个地层分区：北秦岭地层分区（II_1）、南秦岭地层分区（II_2）和桐柏-大别地层分区（II_3）。研究区内主体出露北秦岭地层分区北淮阳地层小区、南秦岭地层分区随枣地层小区和桐柏-大别地层分区（图 2-1，陈公信 等，1996）。

一、北秦岭地层分区

该分区处于确山-合肥断裂（F1）与桐柏-磨子潭断裂（F4）之间，由断层（或剪切带）与其夹持的块体组成，存在多期次岩浆活动。以兰店-明港断裂（F9）为界划分为中秦岭和北淮阳两个地层小区。

研究区内主要出露北淮阳地层小区。该小区北界为兰店-明港断裂（F9）、南界为桐柏-磨子潭断裂（F4），大部分被第四系覆盖。光山-商城一带出露地层为龟山岩组中浅变质碎屑岩-火山岩系，寒武系—志留系中浅变质基性火山岩、碎屑岩夹碳酸岩岩系，泥盆系中浅变质碎屑岩系，石炭系碎屑岩系。各岩系间为断层接触(陈璘 等，2011)。

二、南秦岭地层分区

南秦岭地层分区呈北西条带状分布，南界为青峰-襄樊-广济断裂（F2），东界为新城-黄陂断裂（F5）。

研究区出露有部分南秦岭地层分区随枣地层小区（II_2^1），该地层小区呈北西向条带状展布，北东界为新城-黄陂断裂（F5），东南界为青峰-襄樊-广济断裂（F2）。出露最老地层为新元古界武当山岩群浅变质沉积-火山碎屑岩系。其上不整合覆盖新元古界南华系耀岭河群浅变质基性火山岩系，震旦系浅变质泥质碎屑岩-碳酸盐岩系，下古生界浅变质硅质岩-碎屑岩-基性火山岩系，上古生界泥盆系浅变质碎屑岩系。在中新生代盆地为红色碎屑-泥质岩系（陈璘 等，2011）。本小区缺失石炭系、二叠系、三叠系及下白垩统。

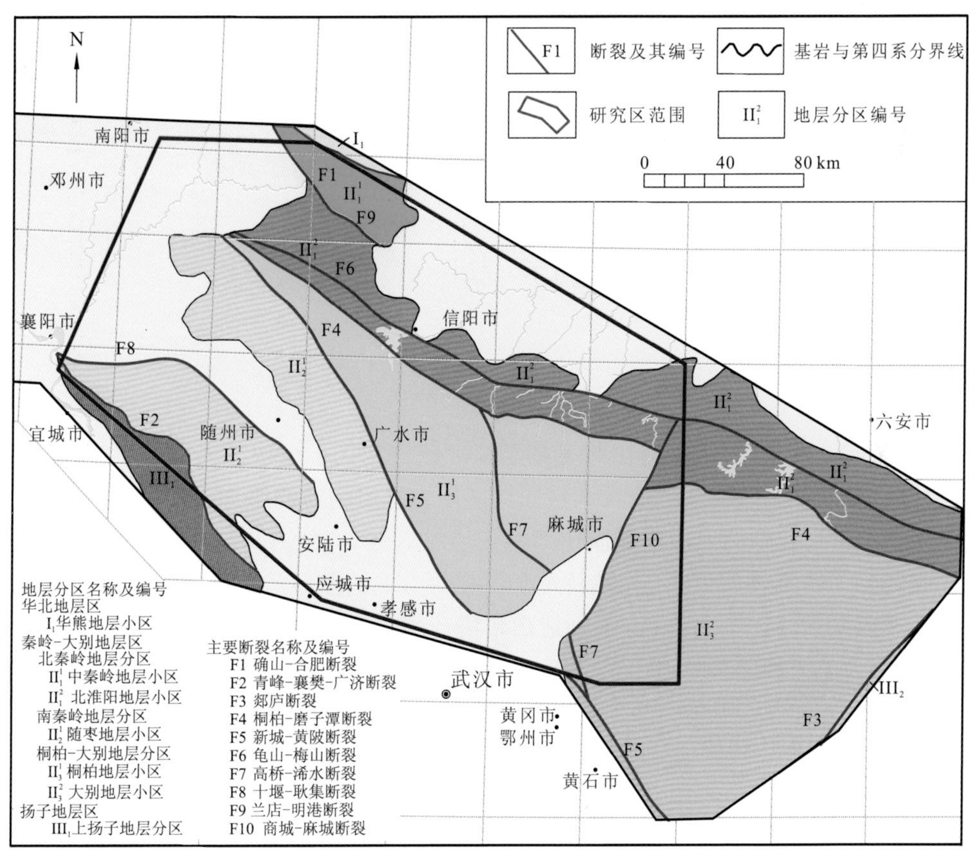

图 2-1 研究区地层分区示意图

三、桐柏-大别地层分区

桐柏-大别地层分区总体呈北西西向延伸，以商城-麻城断裂（F10）为界，西部为桐柏杂岩，东部为大别杂岩。

（一）桐柏地层小区

本小区平面上呈三角形分布，其北东边界为桐柏-磨子潭断裂（F4），西南界为新城-黄陂断裂（F5）。区内最老构造层为桐柏山地区新太古界—古元古界桐柏岩群深变质岩系，上覆岩系主要分布大悟-黄陂等地区，包括新元古界青白口系（武当岩群）的中、浅变质碎屑-火山岩系，震旦系中浅变质碎屑岩-碳酸盐岩系，下古生界中浅变质碎屑岩-火山岩系，中新生代红色碎屑-泥质岩系（陈璘 等，2011）。

（二）大别地层小区

该区段位于大别山地区，是一块长期隆升区，在平面上呈梯形。与西侧的桐柏地层小区以商城-麻城断裂（F10）为界，北界为桐柏-磨子潭断裂（F4），东南边界为郯庐断裂（F3），南与扬子地层以青峰-襄樊-广济断裂（F2）为界。本小区出露有区内最老的深变质岩系，变花岗岩-绿岩-碎屑岩序列。太古宇—古元古界大别山岩群，由一套深变质的表壳岩系组成，属层状无序地层。其上覆岩系主要分布在西部地段，为中元古界中深变质岩片麻岩系，新元古界青白口系—志留系红安群浅—中变质沉积-火山碎屑岩系，在复向斜槽部分布有新元古界震旦系浅变质碎屑岩-碳酸盐岩系（陈璘 等，2011）。

第二节　构　　造

一、构造单元划分

研究区所处的桐柏-大别造山带夹持于华北板块和扬子板块之间，是秦岭造山带的东延部分。多期复杂的构造改造及大量同构造增生岩浆物质的添加，使该区成为整个秦岭-大别造山带最复杂的地质构造演化部位（汤加富 等，2003；杨志华 等，2002；张国伟 等，2001）。依据物质组成、构造特征和演化等方面的差异，以桐柏-磨子潭断裂（F4）和新城-黄陂断裂（F5）将秦岭-大别造山带进一步划分为北淮阳构造带（II_1）、桐柏-大别构造带（II_2）和南秦岭造山带（II_3）3 个二级构造单元（表 2-1、图 2-2），涵盖 6 个三级构造单元。

表 2-1　研究区构造单元划分表

一级单元	二级单元	三级单元
华北板块（I）		
确山-合肥断裂（F1）		
秦岭-大别造山带（II）	北淮阳构造带（II_1）	光山-马畈构造亚带（II_1^1）
		龟山-梅山断裂（F6）
		周当-泼皮河构造亚带（II_1^2）

续表

一级单元	二级单元	三级单元
秦岭-大别造山带（II）	桐柏一磨子潭断裂（F4）	
	桐柏-大别构造带（II_2）	卡房-大别构造亚带（II_2^1）
		高桥-浠水断裂（F7）
		桐柏构造亚带（II_2^2）
	新城-黄陂断裂（F5）	
	南秦岭造山带（II_3）	北武当-随北构造亚带（II_3^1）
		十堰-耿集断裂（F8）
		武当-大狼山构造亚带（II_3^2）
青峰-襄樊-广济断裂（F2）		
扬子板块（III）		

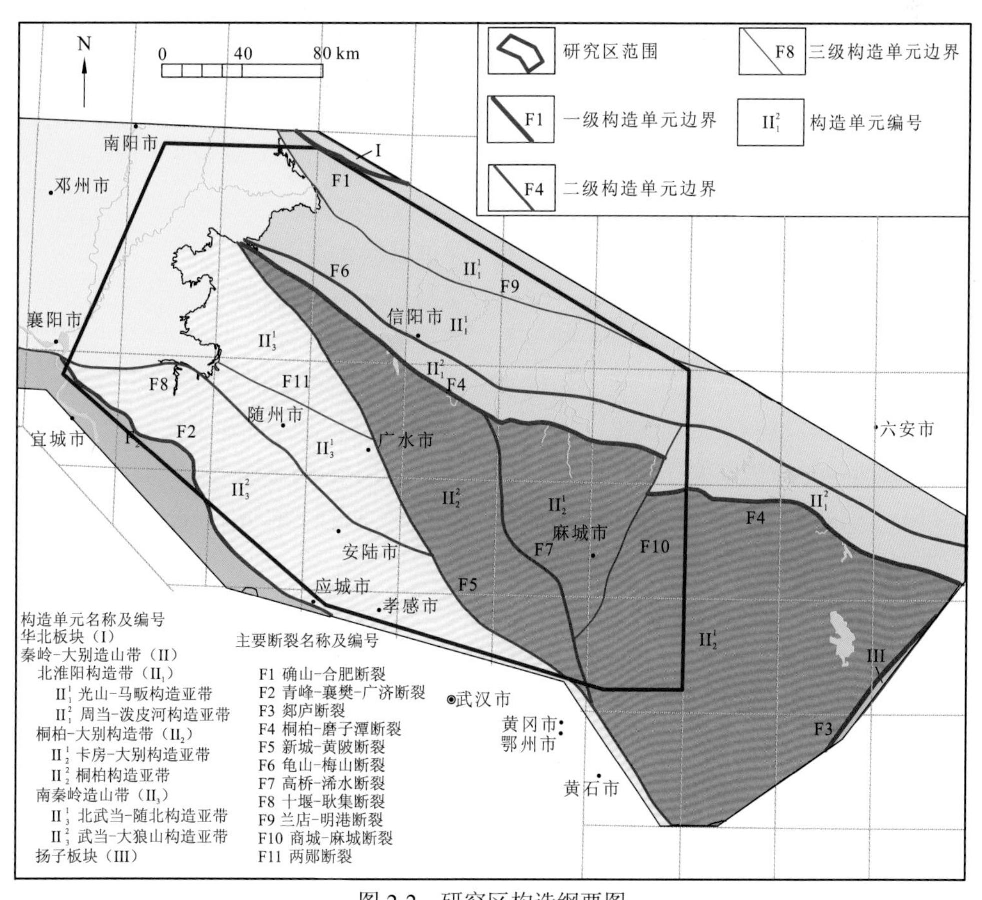

图 2-2 研究区构造纲要图

二、主要断裂构造概述

按照区域性断裂对区域构造格架、沉积作用、岩浆作用及成矿作用的控制意义划分为四个层次，即一级构造单元边界断裂、秦岭-大别造山带内二级构造单元边界断裂、三级构造单元边界断裂及其他具有重要意义的断裂。研究区一级构造单元边界断裂有确山-合肥断裂（F1）、青峰-襄樊-广济断裂（F2）（邓乾忠 等，2004）和郯庐断裂（F3），二级构造单元边界断裂有桐柏-磨子潭断裂（F4）和新城-黄陂断裂（F5），三级构造单元边界断裂有龟山-梅山断裂（F6）、高桥-浠水断裂（F7）。

研究区的二级、三级构造单元边界的主要断裂构造概述如下。

（一）二级构造单元边界断裂

1. 桐柏-磨子潭断裂带（F4）

北淮阳构造带与桐柏-大别变构造带的构造边界，分为两段，在安徽境内称磨子潭-晓天断裂带，是原佛子岭群、原卢镇关群与大别杂岩的接触带；在河南境内称内乡-桐柏-商城深断裂，其在南阳断陷盆地之西，延伸至陕西境内为山阳深断裂，所处构造位置与磨子潭-晓天断裂带对应。

磨子潭-晓天断裂西自豫皖交界的九峰尖北，向东经霍山县磨子潭、舒城县晓天，至庐江被郯庐断裂带所截。断裂带南侧为大别杂岩，北侧为原卢镇关群、原佛子岭群、石炭系，并切割晚侏罗世陆相火山盆地；沿断裂带发育有宽达 2～5 km 的糜棱岩带及玻化岩。断面北倾，倾角 50°～80°，上陡下缓，呈波状起伏。该断裂带主要是中生代形成的，出现多期活动，断裂带中糜棱岩被玻化岩切割，早期构造岩中的糜棱面理发生波状起伏，断层北盘显示多次滑落特征。断裂带南侧佛子岭岩群的发现及断层走向的不连续性，表明属非分划性构造界面，更不属板块碰撞缝合带。

内乡-桐柏-商城断裂走向 280°～310°，断面北倾，南盘为陡岭杂岩，北盘相当于原信阳群，所处构造位置与磨子潭-晓天断裂带对应。南阳断陷盆地之东，走向近东西向，向北倾斜，倾角 45°～85°，向东消失在商城花岗岩体中；南盘为原苏家河群，北盘为原信阳群。该断裂带糜棱岩化、片理化带很宽，在新县鸡公潭一带存在宽约数千米的构造片岩，且指示向北滑断特征。

2. 新城-黄陂断裂（F5）

为发育于桐柏-大别造山带南缘的一条巨大的以脆性为主的断裂带，区域上其西起新城，东至黄陂，长约 200 km。该断裂在区内具分支复合现象，由多条次级断裂组成（岩子河-李店断裂、岩子河-姚家店断裂等），向东与大悟芳畈-觅儿寺断裂相连。断裂带呈北西—南东向延伸，主断裂面倾向北东，倾角 60°～80°。区域航磁资料显示，深部断裂面仍向北东倾，倾角约 40°。局部受喜马拉雅期构造的影响，断面向南倾，倾角在 50°左右。断裂的南西侧，构造线走向为 NW60°左右，以脆（韧）性变形为特征，常表现为大型逆冲推覆断层和褶皱构造，共同组成区域上的褶冲式构造；北东侧构造线总体走向为 NW40°，以韧性变形为特征，表现为新元古代以来的盖层物质不整合盖在前期基底之上。各地层单位岩石变形十分强烈，主要表现为强烈顺层韧性剪切，形成透入性片（麻）理及无根褶皱；随着不断的挤压隆升，构造层次变浅，发育中浅层次的逆冲推覆构造，主要表现为三维空间上的强变形带与弱变形块体规律配置的特点。

（二）三级构造单元边界断裂

1. 龟山-梅山断裂（F6）

该断裂西起成（县）徽（县）盆地，东经商州、朱阳关、夏馆，潜过南阳盆地后，再穿过桐柏山北坡，经信阳龟山、安徽梅山，再向东被郯庐断裂带截切，延展 1 000 余 km，总体呈北西西向展布。该断裂带被南阳盆地分隔成两段：西段称为朱阳关-夏馆深断裂（研究区外），东段称为龟山-梅山深断裂（研究区内）。该断裂带构成东秦岭-大别山造山带北坡元古宇（断裂南侧）和下古生界（断裂北侧）的分界线，它除对元古宇、上古生界和中生界的发育和改造起着一定作用外，特别是对早古生代弧后盆地的形成和发展起着明显的控制作用。根据早古生代蛇绿混杂岩的分布和变形特征，以及深断裂带的产状分析，该断裂带可能是加里东末期弧后盆地闭合时洋壳消减的俯冲带。因此，它显然也是深切地壳达上地幔的一条规模巨大的深断裂带。

2. 高桥-浠水断裂（F7）

该断裂北西起于早白垩世灵山超单元花岗岩体，南东止于麻城-新洲盆地，长 100 km 左右，展布宽一般 0.5～2 km，局部可达 4～5 km。岩性由一系列剪切带及其间的透镜状或长条状岩片共同组成空间上三维网结状剪切系统。沿该构造带，不同的区段，产状各不相同。地球物理资料显示，该构造带为武汉幔隆与大别山幔陷之间的过渡带，线型特征明显，两侧重磁场异常的变化反映了剪切带深部特征及分划属性；另外，该构造带深部构造面总体北东倾，在河口-永佳河镇一带，由于受后期构造的改造，地表构造面向南倾，但向下发生反转，转为向北倾斜。因此，该剪切带总体走向为北西向，向北东倾斜。

3. 十堰-耿集断裂（F8）

该断裂又称白河公路断裂带，总体呈北西西向展布，延伸约 164 km。按延伸方向分为黄龙滩以西（西段）、黄龙滩-青徽铺（中段）、青徽铺以东（东段）三段。西段走向 270°～295°，断面倾向北，倾角 80°左右；中段走向 290°左右，断面倾向北，倾角 52°～71°；研究区出露的东段走向 325°，断面倾向北东，倾角 40°左右。断裂经历多期活动，印支期属韧性变形阶段，先是挤压推覆，后是右行走滑，燕山期以伸展为主，并发生脆性构造叠加，东段对中新生代红色盆地有控制作用，近期又表现为强度较弱的挤压特点。

第三节 岩 浆 岩

研究区岩浆岩发育。侵入岩大多数为花岗岩类，另有少量中基性侵入岩、超基性岩和碱性岩。火山岩类主要有玄武质、流纹质、英安质火山岩，少量超基性、粗面质和安山质火山岩。岩浆岩在时空上具较明显的规律性，并反映了该区域独特而复杂的构造-岩浆历史演化。

研究区是在复杂的前寒武纪演化基础上经历了奥陶纪—泥盆纪和三叠纪的两次造山作用，以及白垩纪以来的陆内造山过程而形成的“复合造山带”。该区从元古代—古生代—中生代都有岩浆岩的记录，造山带相邻的盆地内还出现过新生代幔源岩浆活动。在新元古代时期，岩浆岩年龄在 611～813 Ma，在桐柏、大别均有分布。此类岩石类型与新元古代的罗迪尼亚（Rodinia）超大陆裂解有关。大别地区岩石为中—高钾系列，主要为辉长闪长岩、花岗岩，也属于过铝质岩石。桐柏地区为中—低钾系列的中—基岩，为准铝质岩石。

早古生代的岩浆岩的时代主要集中于 399～507 Ma，空间上分布在商丹断裂以北的北秦岭和大别的部分地区（406～407 Ma）。早古生代的岩浆岩，突出表现为平行展布的两个岩浆岩带的特点。秦岭-桐柏-大别造山带的南北两侧分别发育了双峰式岩浆带（含过碱性花岗岩和基性岩墙群）和钙碱性岩浆带，这些岩浆带与高压—超高压变质带平行展布，它们提供了造山带与两侧克拉通拼合和裂解的重要记录，也为研究成矿带在空间上的衔接和转换提供了制约（陈玲 等，2012）。

中生代时期，分为三叠纪岩浆岩和早白垩世—晚侏罗世岩浆岩。秦岭-大别造山带三叠纪的岩浆岩主要分布在小秦岭-安康以西，小安线以东三叠纪的岩浆岩罕见。岩石类型主要为花岗岩，包括规模不等的岩体，它们的共同特点为高钾系列，为过铝质。年龄范围为 200～227 Ma。早白垩世—晚侏罗世岩浆岩在大别-豫西地区分布很广，与成矿关系密切。主要岩石类型有花岗岩类、正长岩类及少量基性岩类。它们的年龄集中在 115～143 Ma，含量较高，在硅-钾上有钾玄岩系列和高钾系列两个系列岩石类型。岩石基本都属于过铝质岩石，亚碱性—碱性岩石系列。

下面重点讨论研究区（扩展至桐柏-大别地区）岩浆岩。

一、太古宙岩浆岩

太古宙岩浆岩主要出露于桐柏大别地区造山带核部麻城市木子店镇-罗田县（英山县）北部，常因后期岩浆作用及构造作用的改造和影响，出露不完整。主要出露新太古代洗马河岩体、炉子岗片麻岩及 TTG 序列（1∶25 万麻城幅区调报告）。

炉子岗片麻岩分布于麻城市张家畈镇炉子岗一带，产出于造山带隆起核部绿岩-花岗岩区，出露面积 1 km^2 左右，呈不规则长条状、似层状、透镜状等形态；规模一般较小，与围岩的接触关系因强烈构造改造已难以确定性质。主要岩性有（变质）角闪斜长岩、透辉石斜长岩、石榴透辉石斜长岩、角闪岩、斜长角闪岩、辉石岩等。岩石类型复杂，以层状、似层状为特征，具岩浆结晶分异作用所特有的韵律结构、堆晶结构，其韵律结构由浅色细粒斜长石薄层（宽 0.5～1 cm）和深色角闪石、辉石互层显示，层间界线较清晰，成分渐变；堆晶结构由含量较多的角闪石、辉石大晶体间充填斜长石晶体所构成的集合体显示。

TTG 序列主要分布于麻城市张家畈镇一带，处于罗田隆起核部北西缘，残留体呈北西向展布，赋存于中生代花岗岩中，出露面积约 80 km^2，岩石遭受强烈的构造变形，形态边界极不规则，呈条带状、孤岛状出露。该岩石序列可划分为方家冲片麻岩、沈家山片麻岩和严家坳片麻岩。主体岩性为英云闪长质片麻岩（野外观察为黑云角闪斜长片麻岩及角闪黑云斜长片麻岩）、奥长花岗质片麻岩（野外观察为含黑云斜长片麻岩）和花岗闪长质片麻岩（野外观察为含角闪黑云斜长片麻岩）。

二、中元古代岩浆岩

中元古代侵入岩多呈厚薄不等的似层状、透镜状、团块状分布于卡房-龟峰山小区，呈星散状展布，包括大旗山岩体和汪铺岩体。

汪铺岩体主要分布于卡房-龟峰山地区，出露于汪铺、成家山、余家河、陶家边、伍家岗、万家畈等地，其他地域零散出露，总面积约 3.5 km^2。规模较小，呈透镜状或岩脉株产于花岗质片麻岩及中元古代地层中。主要岩石类型为（变）辉长岩，其次为（变）辉长辉绿岩，变质后多形成斜长角闪（片）岩，岩石呈绿色—灰绿色—深绿色，变余辉长（辉绿）结构、镶嵌结构及包含结构，弱片麻状—块状构造。

大旗山岩体野外产状多为透镜状、似层状、团块状，产于花岗质片麻岩及中元古代地层中，一般规模很小，总面积仅 0.5 km^2。岩石类型主要为（变）角闪石岩。

中元古代侵入岩具有基性—超基性演化特征。侵入体形态多样，数量多而规模小，其侵位与中元古代板块裂解有关，其成因被认为是来自上地幔的岩浆经结晶分异而最终构造定位。

三、新元古代岩浆岩

研究区内新元古代岩浆岩较为发育，是区域内一次重要的构造-岩浆活动峰期。其侵位年龄峰值为（740±10）Ma，并表现出岛弧岩浆岩组合特征，早前寒武纪具非统一多陆块分离拼合特征，中新元古代相应于格伦维尔期造山事件和罗迪尼亚超大陆全球性构造时期，秦岭区从扩张裂谷系与小洋盆兼杂并存的垂向加积增生构造体制向侧向增生为主的板块构造转换过渡，具有深刻地幔动力学背景（张国伟 等，2000）。

（一）基性—超基性侵入岩类

研究区的随州-枣阳地区，前寒武纪基底包括新元古代的变质火山-沉积岩系（随县群）以及大量的超镁铁质—镁铁质岩床群（董树文 等，2005）。其中，构成随县群的岩性包括变酸性火山岩、变沉积岩及少量的变基性火山岩。SHRIPM 锆石 U-Pb 法测得随州群中变质流纹英安质凝灰岩和变质粗面安山岩及超镁铁质—镁铁质岩床群中橄长岩的侵位年龄分别为（763±7）Ma、（741±7）Ma 和（632±6）Ma（薛怀民 等，2011）。在北淮阳构造带柳林-定远-王母观一线，断续分布着带状产出的辉长岩体，构成一条北西西向的基性岩带，以柳林岩体、王母观岩体为代表。桐柏山-大别地区的基性—超基性岩大多数属于无根岩体，可能为后期构造所为。该期基性—超基性岩主要为镁质超基性岩和含镁较高的铁质超基性岩，大多属正常系列，具地幔岩浆分异特点。

（二）中酸性侵入岩类

新元古代中酸性侵入岩多出露于桐柏-大别地区，主要有鲁家寨岩体、太阳脑岩体、大王寨岩体、浒湾岩体、双峰尖岩体和大磊山岩体等。鲁家寨岩体的锆石 LA-ICP-MS U-Pb 定年结果为（816±17）Ma（孙洋 等，2011）；浒湾岩体的锆石 SHRIMP 年龄为（762±15）Ma（MSWD=1.7）（杨坤光 等，2009）；大王寨岩体的全岩 Rb-Sr 年龄为 639 Ma，（马昌前 等，1992）；西大别红安地区出露的双峰尖岩体的锆石 U-Pb 年龄为（813±6）Ma（刘晓春 等，2005）及芳畈糜棱岩化钾长花岗岩的锆石 U-Pb 年龄为（629±15）Ma（杨巍然 等，2000），等等。近期在浒湾、新县地区获得大量 750～730 Ma 岛弧中酸性岩浆侵入年龄。该时期中酸性侵入岩可能形成于岛弧环境。

（三）火山岩

大别造山带主体部分由核心部位的前寒武纪深变质基底杂岩和其外缘的浅变质火山岩系所组成。大别山南北缘的中新元古代火山岩系，经浅变质作用但原岩特征保存较好，不整合于大别深变质基底杂岩之上，主要包括原“红安群”“苏家河群”中的变火山岩系。主要岩性包括变玄武岩、变玄武安山岩、变流纹岩、少量变英安岩和变粗安岩。其地球化学特征以钙碱性系列为主，有少量拉斑玄武岩系列、碱性玄武岩系列和钾玄岩系列。通过本次 LA-ICP-MS 锆石 U-Pb 测年研究，获得浒湾地区变花岗岩原岩的结晶年龄为（731.8±8.3）Ma。

四、早古生代岩浆岩

研究区早古生代岩浆作用比较强烈。北淮阳构造带（北部）和南秦岭构造带（南部）的岩浆岩特征表现出明显差异，揭示早古生代北部汇聚、南部伸展的构造地质背景。

北淮阳地区主要有马畈岩体、黄家湾岩体、铁佛寺岩体、桃园岩体及黄岗岩体，这些岩体呈北西向展布，岩体面理普遍比较发育，其产状与围岩中区域性面理基本一致，岩体面积在 20～60 km^2。其中马畈岩体由辉长闪长岩和闪长岩组成，多见闪长质包体及花岗细晶岩脉，岩体结晶年龄约为 460 Ma（马昌前 等，2004a）；黄家湾岩体为花岗岩，岩体中多见围岩捕虏体，发育闪长岩脉及花岗细晶岩脉，岩体结晶年龄约为 444 Ma（马

昌前 等，2004a)；桃园岩体岩性为英云闪长岩，U-Pb 年龄为 451 Ma(江思宏 等，2009b)；黄冈杂岩体呈北西向带状展布，北与宽坪群呈侵入接触，南与二朗坪群呈断层接触，出露面积约 294 km^2。杂岩体为同源岩浆分异而成的超基性—基性—中性—中酸性等一系列岩石单元组成，并以中性和中酸性岩石为主（张利 等，2002）。铁佛寺岩体为二长花岗岩、钾长花岗岩，为高钾钙碱性系列至钾玄岩系列。SHRIMP 锆石 U-Pb 定年获得了 436 Ma（张金阳 等，2007）的结晶年龄。

五、中生代岩浆岩

中生代侵入体构成桐柏-大别地区侵入岩的主体，侵入体年龄集中于早白垩世，仅有少量印支期斑岩体。各类侵入岩的特征是：侵入岩类型较多，从早到晚出露有石英闪长岩→镁铁质－超镁铁质岩/斑状二长花岗岩→细粒二长花岗岩/钾长花岗岩→（霞石）正长岩和花岗斑岩→各类岩脉，其中斑状二长花岗岩占桐柏-大别地区中生代侵入岩的绝大部分，其他类型的岩石出露较少。大量的 SHRIMP 和 LA ICP-MS 锆石 U-Pb 定年表明，桐柏-大别地区中生代侵入岩的岩浆活动集中于 110～140 Ma，中间值为 132 Ma（图 2-3）（陈玲 等，2012）。

桐柏-大别地区早白垩世岩浆活动揭示了壳幔作用关系和地球动力学背景。大别山北麓中生代中酸性岩浆岩与钼（多金属）成矿关系密切，如肖畈钼矿、大银尖钼矿、汤家坪钼矿等，均受中酸性小岩体和构造的双重控制。早白垩世花岗（斑）岩脉与金银（多金属）成矿关系密切，如老湾金矿、金城金矿、白云金矿等。

（一）基性—超基性侵入岩

基性岩浆活动在不同区域内的表现形式稍有不同：东大别核部地区主要表现形式为一系列基性—超基性小岩体、基性岩脉，西大别地区主要表现形式为中—基性岩脉。暗色微粒包体主要出露在北淮阳地区、南大别地区、西大别地区的花岗岩类中。辉石岩—辉长岩体呈小岩株，产出于大别山东北部，主要岩体分布于椒子、道士冲、祝家铺、任家湾、小河口及大别山核部的沙村、漆柱山和贾庙等地，锆石 U-Pb（SHRIMP 和 LA-ICP-MS）年龄集中于 125～130 Ma（张金阳 等，2007）。

基性—超基性岩体可分出三组岩性、成分和成因不同的类型：I 组辉石岩，富镁富钙、贫铝贫碱，富 Ni、Cr；II 组辉长岩，岩石富镁富钙富铝，CaO>MgO，富 Sr 贫 Ni、Cr；III 组辉长岩，岩石富镁，钙较低，CaO<MgO，Ni、Cr 较高（张金阳 等，2007）。

（二）中酸性侵入岩

中生代侵入岩构成桐柏-大别地区侵入岩的主体，特征是：侵入岩类型较多，不同岩性的岩石呈有规律的序列产出，从早到晚为石英闪长岩→镁铁质—超镁铁质岩/斑状二长花岗岩→细粒二长花岗岩/钾长花岗岩→（霞石）正长岩和花岗斑岩→各类岩脉，锆石

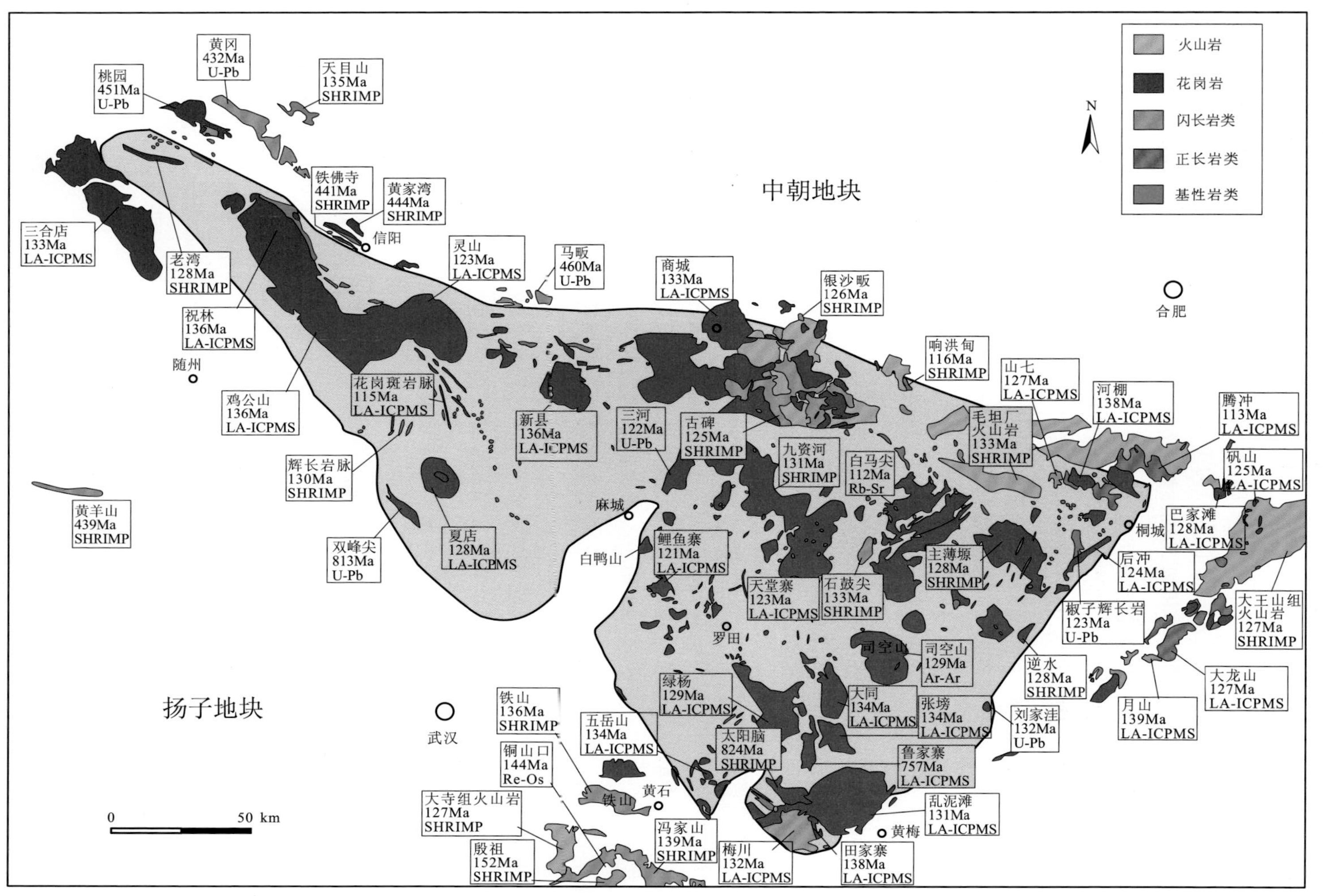

图 2-3 大别山地区岩浆岩年龄分布图（陈玲 等，2012）

定年结果基本与该序列一致，其中斑状二长花岗岩占桐柏-大别地区中生代侵入岩的绝大部分，其他类型的岩石出露较少。大量的 SHRIMP 和 LA-ICP-MS 锆石 U-Pb 测年结果表明，桐柏-大别地区中生代侵入岩岩浆活动集中于 110～140 Ma，而缺乏三叠纪岩浆活动的年龄。

岩石地球化学和高精度同位素年代学研究表明：①侵入年龄在 130～140 Ma 的中酸性侵入岩，多以岩基产出，具钙碱性和高钾钙碱性，表现出强烈亏损 HREE、高 Sr/Y 值和无明显 Eu 负异常特征，属埃达克质岩石，可能形成于加厚下地壳角闪岩或者含金红石榴辉岩的部分熔融。②在 130 Ma 之后形成的富硅富钾、呈岩株、岩脉产出的花岗岩类、正长岩类及基性岩脉，多数被认为是伸展构造体制下的产物。其成岩地球动力学背景是：加厚地壳底部被抽取大量的长英质熔体后发生榴辉岩化作用，促进岩石圈下部塌陷，软流圈上涌，幔源岩浆进一步在地壳内发生内侵，并产生富碱的基性脉状侵入体，即该类岩浆活动是在岩石圈塌陷和地壳伸展阶段侵位的（陈玲 等，2012）。

（三）火山岩

研究区火山岩分布见图 2-4（王世明，2011）。中生代火山岩广泛分布在北淮阳构造带形成北淮阳火山岩带，在造山带南部则很少见，在大别山核部的北大别岳西地区发现中生代桃园寨火山岩，出露面积大概为 15 km^2（周存亭 等，1998）。

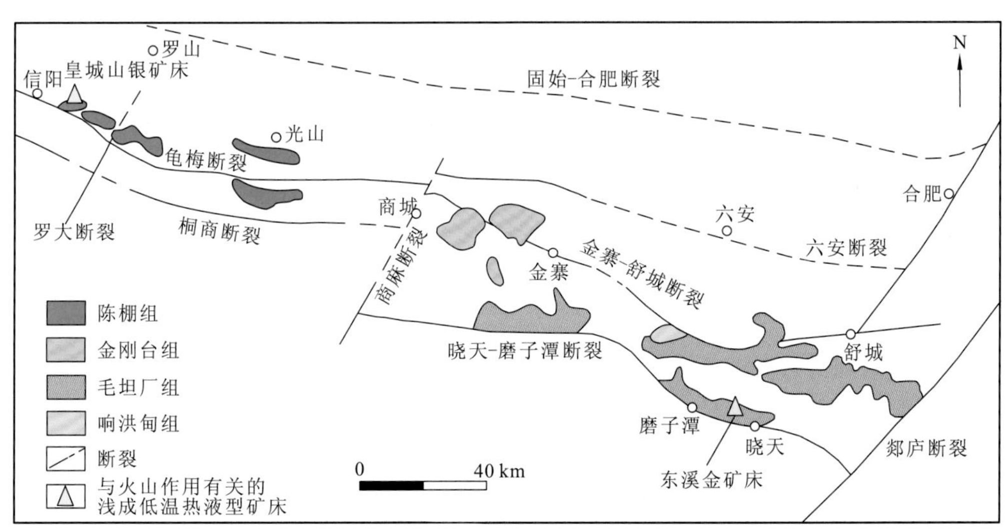

图 2-4　中生代大别山火山岩分布图（王世明，2011）

第四节　变　质　岩

变质作用是地壳演化的特定产物，它同地壳的形成和发展密切相关，探讨区域变质作用对了解地壳演化历史具有重要意义。研究区各构造单元的变质作用各具特色，可划分为随枣中低级变质带、桐柏-北淮阳变质复理石带和大别山高压/超高压变质带。

一、随枣中低级变质带

随枣中低级变质带主要包括武当岩群、耀岭河群和随县群，其岩性、岩相和变质程度是一致的，均达到绿片岩相。

随州地块变质带位于桐柏山造山带南缘的低温-高压变质带内，主要由新元古代的变质双峰式火山岩、变沉积岩（随县群）和大量的（变）超镁铁质—镁铁质岩床（墙）群构成。南侧被北西—南东走向的早古生代地层覆盖。随县群岩石经历过强烈的变形和蓝片岩相的低温-高压变质作用，但目前大多已退变为绿片岩相岩石组合，蓝片岩仅仅呈条带状残留于绿片岩中。岩性主要包括变酸性火山岩、变镁铁质火山岩和变沉积岩（薛怀民 等，2011）。从局部残留的火山岩结构可以看出，酸性火山岩的原岩以火山碎屑岩（包括角砾凝灰岩、凝灰角砾岩、熔结凝灰岩等）为主，其次为流纹岩，基性端元主要为玄武岩。

二、桐柏-北淮阳变质复理石带

（一）桐柏变质带

位于秦岭-桐柏-大别-苏鲁造山带的中部，向西越过南阳盆地与秦岭造山带相接，向东以大悟断裂为界与大别-苏鲁造山带相连。根据 1∶5 万地质填图和前人的研究结果（索书田 等，2001；钟增球 等，2001），桐柏山高压变质带被一系列近北西—南东向的韧性剪切带分割，南北成带的格局明显（图 2-5）（娄玉行，2005）。按照主要矿物组合和岩石构造的区别，从北到南可划分为南湾复理石变质带、构造混杂岩带、北部高压榴辉岩带、中部（桐柏山）高级变质杂岩带、南部高压榴辉岩带和蓝片岩—绿片岩带。这些岩石构造单元构成了桐柏山背斜的核部和两翼，并可以与大别山构造带的高压/超高压变质地体相对比（Liu et al.，2004）。

（1）南湾复理石变质带：夹持于松扒韧性剪切带与老湾韧性剪切带之间，相当于原信阳群南湾组。主要组成岩石为泥盆系二云石英片岩、白云石英片岩夹二云斜长片岩、黑云绿帘斜长变粒岩，局部夹绢云片岩、二云片岩，有变余砂状结构存在。其原岩形成于中泥盆世至晚泥盆世早期。

（2）构造混杂岩带：分布于肖家庙—杉树园一带，夹持于老湾韧性剪切带（北部）与尤庄-杨庄韧性剪切带（南部）之间，原定名为苏家河群定远组（基性火山岩和酸性火山碎屑岩组成），后取消定远组改建为肖家庙岩组。根据本次研究，在肖家庙组中厘定出了新元古代岩浆弧带、弧前碎屑岩、基性岩，新元古代岩浆弧包括安山岩、流纹岩、花岗岩。通过锆石 U-Pb LA-ICP-MS 定年结果显示：变基性侵入岩年龄为（752±10）Ma，岛弧花岗岩年龄为（745.3±4.7）Ma，流纹岩年龄为（731.8±8.3）Ma，安山岩年龄为（738.4±9.9）Ma。因此，肖家庙单元包含了形成时代与构造环境均不相同的多种岩石类型，是一个构造混杂岩带。其所属的变质相系为高绿片岩相铁铝榴石带。

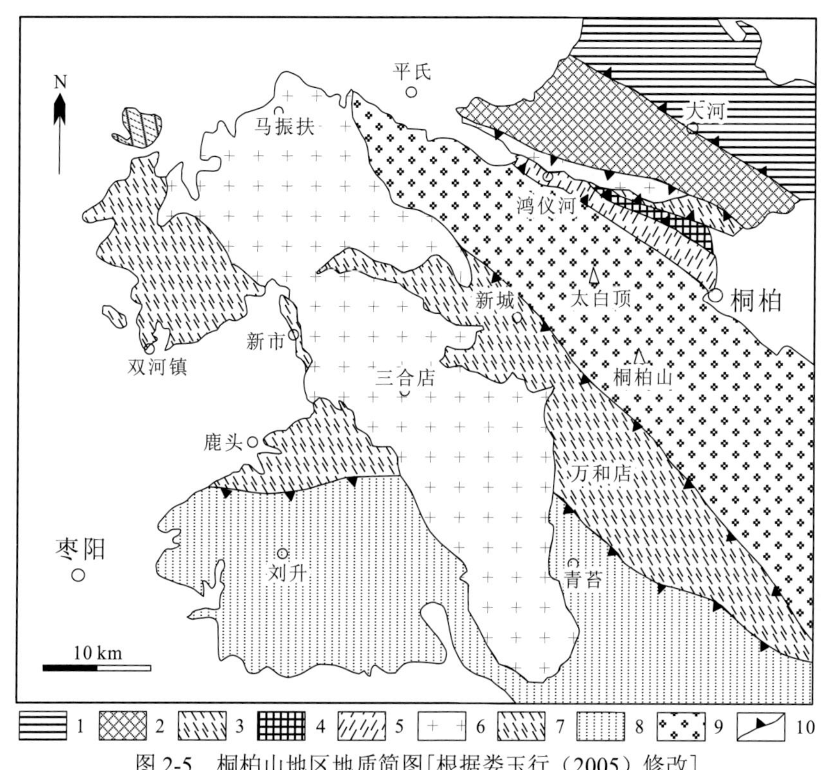

图 2-5　桐柏山地区地质简图[根据娄玉行（2005）修改]

1.二郎坪群；2.秦岭群；3.复理石变质带；4.构造混杂岩带；5.北部榴辉岩带；6.高级变质杂岩带；7.南部榴辉岩带；8.蓝片岩-绿片岩带；9.花岗岩；10.断裂

（3）北部高压榴辉岩带：规模较小，在南北两端与桐柏山高级变质杂岩带、肖家庙构造混杂岩带相接，北西止于南阳盆地，南东到吴城盆地。该带中的榴辉岩和退变质榴辉岩从东向西主要出露于谭家河、桐柏、固庙、鸿仪河和新集，其中保存最好的是桐柏榴辉岩和鸿仪河榴辉岩，其他地区的榴辉岩退变严重，其内未见绿辉石残留。榴辉岩的典型矿物组合为石榴石+绿辉石+角闪石+多硅白云母+石英+金红石±绿帘石，部分样品遭受到绿帘角闪岩相退变质作用的改造。Liu 等（2008）对南典型榴辉岩和变质辉长岩体进行 SHRIMP 锆石 U-Pb 定年，获得年龄约为 255 Ma。其榴辉岩相变质作用发生在晚二叠世，约 255 Ma。

（4）中部高级变质杂岩带：夹持于鸿仪河-桐柏断裂和新城-黄陂断裂之间，构成桐柏山主脉，出露面积约 124 km^2，桐柏杂岩主体是已强烈糜棱岩化的粗粒片麻状花岗岩（或称花岗质片麻岩），约占变形岩石总量的 80%（刘晓春 等，2011）。这套岩石经历了较高温度下的塑性流变、韧性剪切变形和走滑伸展，但除某些变形带中有少量白云母生成外，基本上没有发生明显的变质重结晶，次要部分是这些片麻状花岗岩侵位时裹挟的大量变质岩包体，少量副片麻岩包体起源于太古宙华南陆块上（2 960±9）Ma 发生的岩浆活动，并在古元古代（1 966±22）Ma 发生过变质作用（Liu et al.，2010）。其他多数变质岩包体的原岩是罗迪尼亚超大陆聚合、解体过程中生成的岩浆岩，聚合岩浆作用发生在

(933±22) Ma，裂解岩浆作用主要发生在（863±11）Ma 至（742±30）Ma。大多数变质岩记录了 220 Ma 左右的三叠纪变质年龄。

（5）南部高压榴辉岩带：位于新城-黄陂断裂和吴山-太山庙断裂之间，中间有大面积花岗岩侵入。相当于西大别地区的红安群，主要为白云钠长片麻岩、白云石英片岩和大理岩。榴辉岩也以团块、透镜体或不规则条带产于白云钠长片麻岩和大理岩中。南部榴辉岩形成的 *P-T* 条件较低，为 1.3～1.9 GPa、460～560 ℃（Liu et al.，2008；刘晓春 等，2005），考虑到南部、北部两条榴辉岩带物质组成的相似性，推测二者可能代表同一个高压岩片的不同部位。南部榴辉岩相变质作用也发生在晚二叠世，约 255 Ma。

（6）蓝片岩—绿片岩带：位于吴山-太山庙断裂以南，为鄂北蓝片岩带的西延，属桐柏山-大别山南缘蓝片岩的一部分。典型矿物组合为角闪石、石榴石、绿帘石、多硅白云母和黑硬绿泥石等，绿泥石、钠长石、石英、方解石及副矿物榍石、磷灰石、铁氧化物也普遍存在，但未见典型高压低温变质矿物硬柱石、硬玉及文石。岩石学及地球化学研究表明，该蓝片岩带形成于中新元古代的大陆裂谷（陆内裂陷深海槽，具大陆壳基底）环境中，变质条件为 350～450 ℃、0.5～0.7 GPa。蓝片岩形成于陆内俯冲过程中的裂谷闭合期，体现了由低温高压蓝片岩相向相对高温低压绿片岩相转变的过程：俯冲下插的异常低地热梯度阶段发生蓝片岩相变质作用；折返抬升过程中地热梯度恢复阶段发生绿片岩相变质作用（刘晓春 等，1989）。

（二）北淮阳复理石变质带

北淮阳复理石变质带包括前人文献中的卢镇关群和佛子岭群以及西段河南境内的信阳群（南湾组和龟山组）。最高变质作用为绿片岩或低级绿片岩相。

根据古生物学证据（刘印怀 等，1995；商庆芳和薛松鹤，1992；高联达和刘志刚，1988），佛子岭群时代应属于早古生代，属华北陆块南缘的弧前复理石建造（徐树桐 等，1994）。卢镇关群主要由花岗片麻岩、（变）辉长岩及少量斜长角闪岩组成。其片麻岩中的角闪石 Ar-Ar 坪年龄为 ca.750 Ma（Hacker et al.，2000）；锆石 SHIRMP U-Pb 年龄为（726±43）Ma（吴元保和郑永飞，2004），因此，卢镇关群形成年龄应该为 ca.700～800 Ma，属扬子陆块北缘未参与陆壳俯冲的基底岩石。

三、大别山高压/超高压变质带

大别山造山带是三叠纪扬子陆块与华北陆块的大陆碰撞型造山带。它不仅是世界上出露规模最大、最为典型的超高压变质地体之一，也是陆陆碰撞之后在超高压岩石折返和出露过程中岩浆活动最为强烈的地区之一（赵子福和郑永飞，2009；马昌前 等，1999；Ma et al.，1998）。

按照“构造-岩石单位”强调的“反映特殊构造背景的岩石组合（或单位）”这一原则（Xu et al.，2012），大别山构造带可划分为九个构造-岩石单位，由北向南依次为：①后陆盆地（HB）；②变质复理石（MF）；③条带状片麻岩-超镁铁岩组合（TG）；

④与陆壳有关的榴辉岩带（ECL2），⑤与洋壳有关的榴辉岩带（ECL1）；⑥大别杂岩（DB）；⑦木兰山片岩（ML）；⑧宿松群和张八岭群（SS）；⑨前陆带（FB）。

后陆盆地（HB）：由中新生界沉积岩组成（徐树桐 等，2005）。从石炭系到三叠系表现为浅海相经海陆交互相到陆相的变化，表明当时陆壳不断抬升，而晚侏罗世到白垩纪火山岩的碱性增强则表明陆壳在逐渐加厚。

榴辉岩带（ECL1、ECL2）：①高桥-红安-宣化店榴辉岩带，石榴子石有较多含水矿物包体，大部分绿辉石退变为角闪石，石榴子石重结晶并有成分环带，榴辉岩的 εNd(t)为正值（简平和杨巍然，1997；简平 等，1994），锆石中获得古生代和印支期变质年龄记录（简平 等，2000），其成因可能与古生代洋壳物质俯冲有关。②潜山-英山-新县榴辉岩带，石榴子石中含水矿物包体较少，其 εNd(t)为负值，以印支期变质年龄为主（Li et al.，1996），可能与陆壳物质有关。

条带状片麻岩-超镁铁岩组合（TG）：曾称为“北大别弧杂岩带”等。它最显著特征的是大小不一、性质各异的岩块，包裹在一套经过广泛剪切的片麻岩基质中，两者为构造接触。片麻岩以条带状片麻岩为主，其次为英云闪长质正片麻，以及少量的二长花岗质片麻岩。年代学研究表明：条带状片麻岩是新元古代下地壳岩片，英云闪长质片麻岩是同期的中、下地壳岩片，它们都曾因碰撞造山作用俯冲到地幔的深度；二长花岗质片麻岩则是未受超高压变质的上地壳岩片，是在折返过程中被卷入带内，形成现今见到的混杂体（徐树桐 等，2005）。

镁铁—超镁铁质岩块主要分布在大别山的东部地区，岩石类型包括蛇纹岩、二辉橄榄岩、方辉橄榄岩、角闪岩、辉石岩、斜长角闪岩等。部分超镁铁质岩块的原岩年龄较老，如饶钹寨石榴橄榄岩的年龄为（1.8±1.1）Ga（Re-Os）（靳永兵和支霞臣，2003）。还有一些辉石岩和辉长岩的年龄为白垩世，如轿子岩岩体、中关沙村岩体和祝家铺的辉长-辉石岩，其同位素年龄分别为 123～130 Ma、120～130 Ma 和 128 Ma。

大别杂岩（DB）：特指未卷入深俯冲的扬子大陆的俯冲基底，主要由前震旦纪角闪岩相二长花岗质片麻岩和花岗闪长质片麻岩及少量黑云（角闪）斜长片麻岩和斜长角闪片麻岩组成，不包括北部超镁铁岩带和中部榴辉岩带中的各种岩石。最高变质作用为角闪岩相，其主要特点是富钾，轻稀土元素富集，Eu 亏损明显（徐树桐 等，1998）。大别杂岩应是以硅铝成分为主的前震旦纪陆壳，是未卷入深俯冲的半原地构造岩石单元，因此是扬子大陆的俯冲基地，出露在造山带内靠近前陆部分。

木兰山片岩（ML）：在湖北省范围内，红安群的下部七角山组是含磷岩系，上部的磨盘寨组和塔儿岗组是变火山岩组合。磨盘寨组主要岩性为钠长绿帘阳起片岩、白云钠长石英片岩、阳起片岩、蓝闪绢云片岩，原岩以细碧岩为主夹石英角斑岩。早期曾被称为蓝片岩，厚度为 2 000～4 000 m（徐树桐 等，2010）。上部塔儿岗组主要岩性为绢云钠长石英片岩，夹浅粒岩和黑云阳起片岩，原岩以石英角斑岩为主，夹少量细碧岩，厚度 1 172～1 150 m。其原岩应当是洋壳火山岩，可能与洋壳俯冲有关。Eide 和 Liou（2000）认为木兰山片岩的 ^{40}Ar/^{39}Ar 坪年龄 222～225 Ma 为其冷却年龄，未达到高温高压变质相。

宿松群和张八岭群（SS）：包括原“宿松群”或红安群的一部分和“张八岭群”，是一套主要由云母石英片岩、石墨片岩、石英岩、大理岩、变质磷块岩等变质沉积岩与白云钠长片麻岩及斜长角闪岩等变质酸性和基性岩浆岩组成的杂岩，以其中存在含磷岩系为特征。其一部分的时代应为震旦纪。

前陆带（FB）：包括前陆褶皱冲断带和前陆盆地。出露于扬子大陆未变质的震旦系到下三叠统沉积盖层。这表明早三叠世末期扬子大陆向北俯冲已经停止。地层主要是侏罗系和白垩系陆源碎屑沉积。白垩系主要岩性为紫红色中厚层砾岩，夹含砾砂岩和砂岩，总厚度达 1 700 m。

第五节　区域物化遥特征

一、区域地球物理特征

（一）区域重力特征

研究区带重力场属秦岭-大巴山-大别区域重力低异常带的大别山段，由于该区为华北板块和扬子板块的碰撞交接地带，形成一系列近东西—北西西走向的区域性深大断裂和缝合线，这些断裂及其所夹持的地块展布直接影响了区域重磁场的空间分布。受其影响区域重磁场以一系列北西向高低相间的条带状重磁异常区块为特征，条块之间通常存在大规模重磁场梯级带，而这些梯级带往往是大地构造单元的分界线（彭三国 等，2013；湖北省地质调查院，2011c；河南省地质调查院，2011e）。

从区域重力场分区图（图 2-6）上可以看出，研究区自东北至西南分为确山-潢川-六安重力高区、桐柏-大别重力低区、安陆-黄陂-浠水重力高区和襄阳-随应重力高区四个重力场分区。

（1）确山-潢川-六安重力高区：位于桐柏-舒城断裂（缝合带）以北地区，属北淮阳构造分区。重力场总体呈北西向条带状，由一系列处于高背景之上的北西向、近东西向重力高区组成。由于所处位置为北秦岭叠瓦逆冲构造部位，基底结构受到较大破坏，密度较大的基性火山岩产出和火山碎屑岩沉积。造就了高背景上叠加一系列高的重力场特征。

（2）桐柏-大别重力低区：位于桐柏-舒城断裂（缝合带）、新城-黄陂断裂、郯庐断裂围成的三角区域内，桐柏-浠水梯度带以北的桐柏-大别地区，总体呈北西向条带状，场值由南西向北东渐降特征明显。团麻断裂以西有七尖峰重力低异常、桐柏山重力低异常、草店重力低异常、鸡公山重力低异常、麻城重力低异常，以东为大别山重力低异常，重力场反映大别造山带为中心式构造模式：中部岩浆上侵抬升并融蚀基底岩系，大部分地区发育大规模花岗岩基，老岩层多呈残留体赋存，至边缘接受了中新生代沉积。

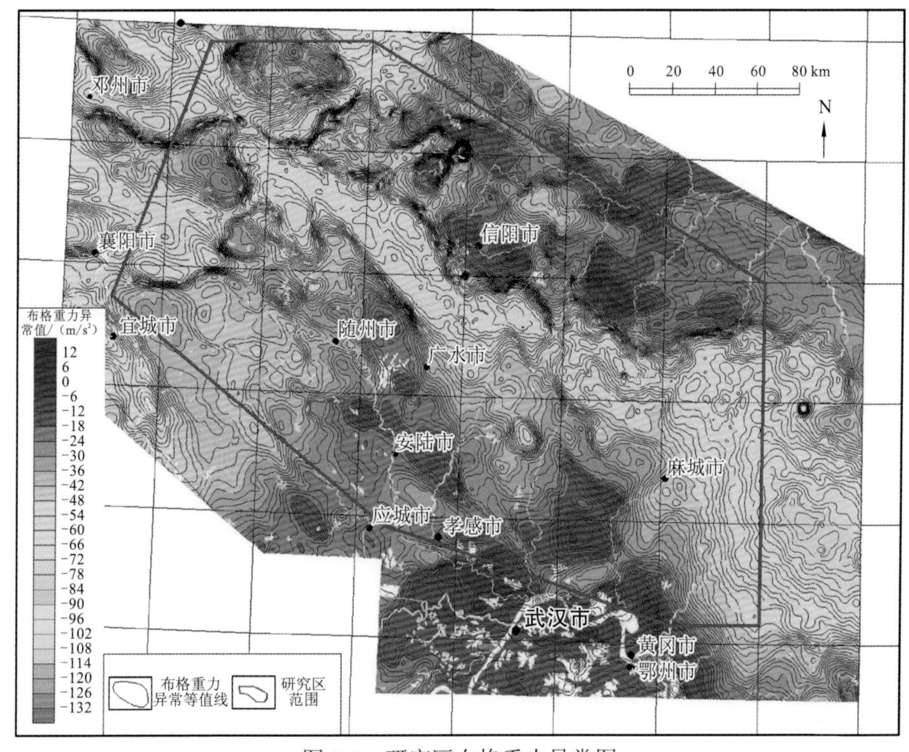

图 2-6　研究区布格重力异常图

（3）安陆-黄陂-浠水重力高区：该区属于仙桃-武汉重力高范围，沿安陆、黄陂、浠水一带，数十个局部异常呈北西向展布，并且正负异常各半。

（4）襄阳-随应重力高区：该区虽然属于仙桃-武汉重力高范围，但重力低特征较为明显和典型，主要异常有襄阳-枣阳重力低、荆门西重力高、南漳-荆门重力低、胡集重力高、汉水重力低。

（二）区域磁场特征

根据湖北、河南、安徽三省潜力评价资料，桐柏-大别地区区域磁场从北向南可分为：①华北陆块南缘区（栾川-明港-固始-六安断裂带以北），呈正负异常相间分布，多与磁性强弱不同的地壳“隆起”与“凹陷”相对应；②东秦岭造山带区（两断裂带），呈条带状正磁异常，尤以桐柏-大别主体地区最为醒目，与区内重力负异常带相对应，是区内花岗岩带和变质岩带具有较强磁性的反映；③扬子陆块北缘区（襄樊-广济断裂带以南），也为正负异常带相间分布，对应具磁性的地块和无磁性的巨厚沉积盖层（图 2-7）（彭三国 等，2013；河南省地质调查院，2011e；湖北省地质调查院，2011a）。

1. 华北陆块南缘区

位于栾川-明港断裂以北，磁场杂乱无章，正负异常急剧变化，曲线尖锐，呈团块状分布。该区自西向东分为 3 个异常区，分别为方城二郎庙-确山瓦岗宽缓正磁场区、确山瓦岗-光山寨河负磁场小区、寨河-固始张广平稳正磁场小区。研究区以外在此不展开叙述。

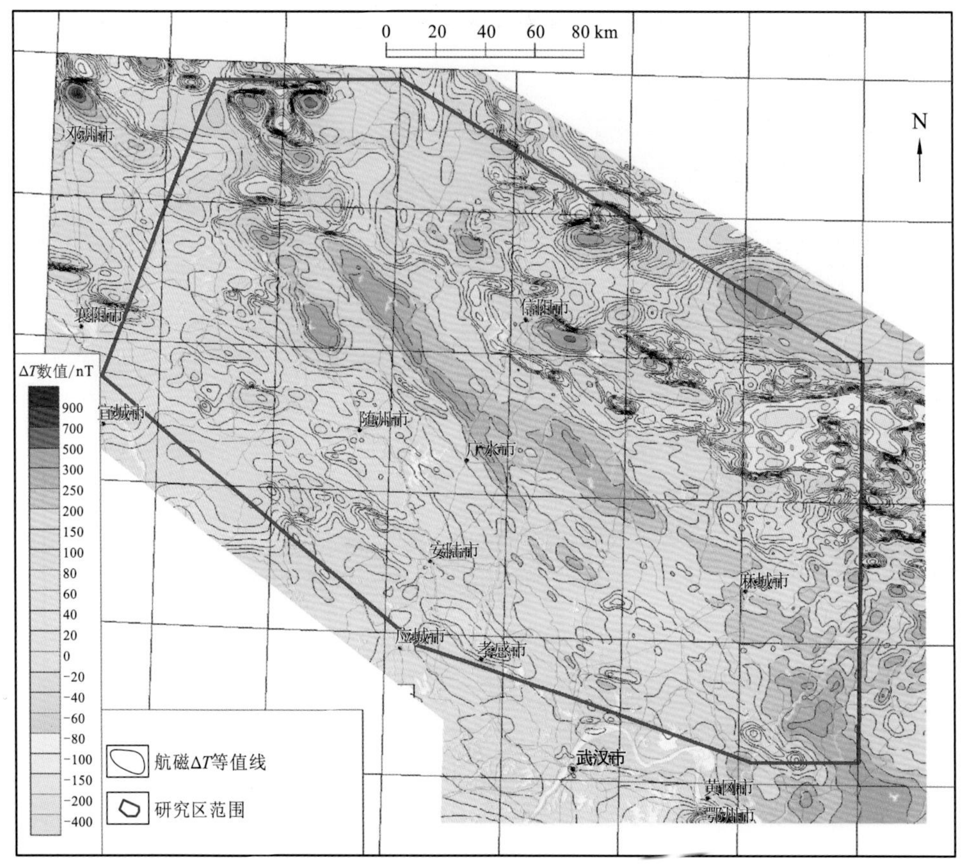

图 2-7　研究区航磁 ΔT 等值线图

2. 桐柏-大别正区域磁场区

位于襄广断裂、晓天-磨子潭断裂和郯庐断裂围成的三角区域内。以正磁场为主，含少量负磁场。异常以北西向带状或线状异常为主，等轴状异常为辅。区内异常与地表出露磁性岩石部分对应良好，部分对应不好。

（1）桐柏红安异常带：桐柏-浠水断裂以北，磁异常走向单一，呈北西西向展布，鸡公山-杨家店有一明显走向错动，以西异常连成连续性好的高磁条带，对应大别群片麻岩，但大别群地层磁性不强，推断是由大别群地层和沿断裂侵入的隐伏花岗岩体引起的。以东异常成带性略差，异常与二长花岗岩对应较好，磁场形态与二长花岗岩出露位置基本一致。中酸性岩体是引起此异常带的主要原因，其次为地层中的含磁性变质岩、火山岩。

（2）大别山高磁异常带：异常具有幅度大、变化快、呈跳跃状等特点，以杂乱的磁场为特征，认为是由埋藏较浅的强磁性物质引起的。大别山地区广泛出露斜长角闪岩、黑云母混合花岗岩、浅粒岩和多种片麻岩等大别岩群变质岩，$Jr=1\,790\times10^{-5}$ (SI)，其磁性较强，磁性变化范围较大，无疑是引起这种杂乱强磁异常的主要地质因素。另外，大别山地区存在巨大规模的岩浆活动与混合岩化作用，也可能引起较强的磁异常，共同构成该区高背景的磁场面貌，这是与相邻磁场区区分的重要标志。

3. 扬子陆块北缘区

位于襄樊-广济断裂带以南，异常表现为正负相间分布，局部正异常对应具磁性的岩浆岩，负异常对应无磁性的巨厚沉积盖层。

二、区域地球化学特征

（一）地球化学分区

桐柏-大别地区区域地球化学场受大地构造、岩浆侵入、沉积作用、变质作用控制，显示受构造边界约束的块体地球化学特征。按元素背景富集与叠加富集等特征的空间分布差异性，以及与构造层次的对应关系，将该区划分为 14 个地球化学区。平原区多元素背景区，为广泛第四系覆盖区，包括：固始-潢川多元素背景区（IV11）；江汉平原多元素背景区（IV13）。名称如下（图 2-8）（彭三国 等，2013；河南省地质调查院，2011e；湖北省地质调查院，2011b）。

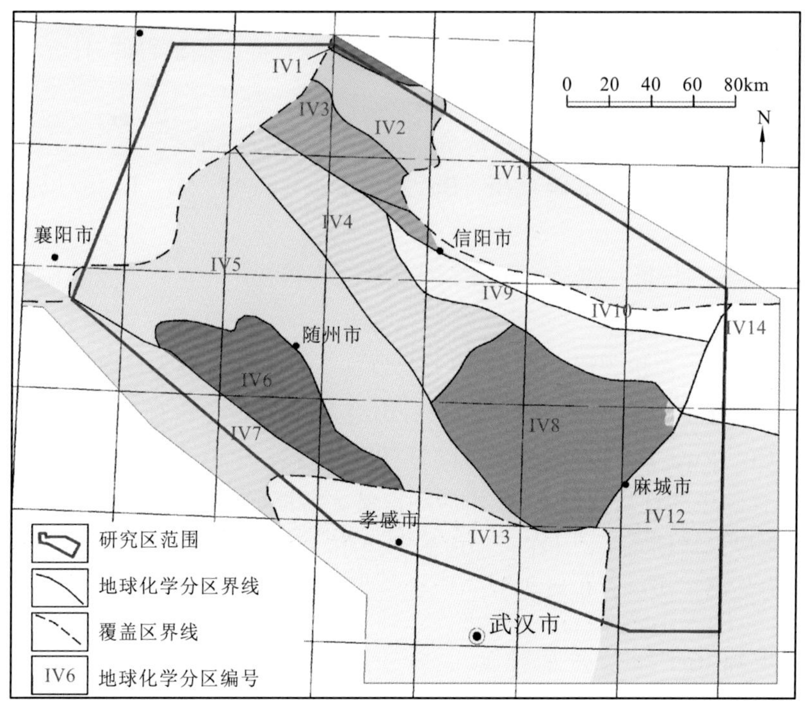

图 2-8　研究区地球化学分区图

（1）华北地台南缘羊册 As、Sb、B、U、Nb、Th 富集区（IV1）。

（2）确山 Bi、B、As、Sb、W、Sn、Nb、Be、Th、Li 富集区（IV2）。

（3）毛集 Cu、Au、Mo、As、Sb、Fe、Ni 富集带（IV3）。

（4）桐柏-大悟 Au、Cu、Mo、Cr、Zr、Ba、P 富集带（IV4）。

（5）随应铁族元素及 Au、Cu、Pb、Zn 高背景带（IV5）。

（6）随南铁族、多元素富集区（IV6）。

（7）扬子北缘褶皱带 Ag、As、Sb、Hg、Pb 富集带（IV7）。

（8）红安 Au、Y 富集区（IV8）。

（9）南湾-八里畈 Cu、Au、Mo、As、Sb、F、Cr、W 富集带（IV9）。

（10）信阳-固始 As、Sb、B、Li、Fe 富集带（IV10）。

（11）固始-潢川多元素背景区（IV11）。

（12）大别 Na_2O、CaO、MgO、Sr、Ba、P、Zr 强富集区（IV12）。

（13）江汉平原多元素背景区（IV13）。

（14）金寨-舒城 As、B、Tb、Hg、U、Au、Bi、Cd 富集带（IV14）。

（二）区域地层、岩石含矿性地球化学评价

桐柏-大别地区各地层岩石区水系沉积物含量特征列于表 2-2。由表 2-2 及统计数据分析如下。

（1）北淮阳西段宽坪群、小寨组—火神庙组、龟山岩组、浒湾组、随州市耀岭河组、扬子区打鼓石群偏于富铁族元素，与大别岩群与太华岩群、桐柏岩群对比，其含量前者为后者的 1.5 倍以上。

（2）太华岩群、桐柏岩群是相对富亲石元素的偏酸性岩系。

（3）大别岩群、桐柏岩群偏于 Sr、Ba、P 富集，As、Sb、B、Li 相对贫乏，以大别岩群最为显著。

（4）红安群、宿松群、佛子岭群以多元素贫乏为特征，北秦岭-北淮阳西段中新元古界以多元素偏于富集为特征。

（5）大别岩群、卢镇关群以富 Zr、La 为特征，以大别岩群为显著。

（6）桐柏岩群 Y 含量偏高，主要与天台山组 Y 高背景分布有关。桐柏-大别地区主要成矿元素 Cu、Zn、Ti、Au 等主要伴随基性岩浆侵入-火山活动富集，Pb、Mo、W、Bi 等则主要伴随中酸性岩浆侵入-火山活动富集。后期成矿富集也与这些火山活动的分异作用或岩浆侵入活动有关，且在叠加成矿作用中，以变质热液改造或构造-岩浆热液改造是本区主要的叠加成矿富集模式。

（三）地球化学组合异常特征

研究区内共圈出 18 处有一定规模的 Au、Ag、Cu、Pb、Zn、W、Mo 组合异常（图 2-9）（彭三国 等，2013；河南省地质调查院，2011b；湖北省地质调查院，2011b），包括反映已知矿或推断的矿致（A 类）异常 9 处、推断的含矿或控矿地质体及矿化富集（B 类）异常 6 处、性质不明或暂无明确找矿意义的（C 类）异常 3 处。各组合异常特征及异常解释推断列于表 2-3。

表 2-2　桐柏–大别地区各地层岩石单元元素分布特征及含矿性评价表

地层或岩石		富集组分	贫化组分	特征组合	矿源或赋矿性	备注
南华系—白垩系	碳酸盐岩系、含黑色硅质岩系	As、Sb、Hg、B、Li、Ag、Cu、Zn、Cr、Co、Ni、W、Bi、Mo、V、U	Sr、Ba、Zr	海洋性沉积富集：Sr-Ba-P-F-Mn； 碳酸盐岩系：Pb-Zn-Ag-Cd-Hg-P-F-Mn–Co（As）-（Sb）； 黑色硅质岩系 V-Mo-Ag-U-Cd-Au-Aa-Sb–Cu-Zn-Ni-La-Y； 碎屑岩系：W-Bi-Sn-Y-Th-Be-Cr-Fe； 中基性火山岩系：Cr-Ni-Co-Tr-Fr-V-Zn-Cu-Au-Nb-La； 泥岩相：Li-B；还原相：Ar-Sb； 含磷岩系：P-F	Pb、Zn、Ag、Au	随州区
	碎屑岩	Cr、W、Bi、Ni、Mo、U、As、Sb、B、Li、Au	Sr、Ba、P、Zr、Cd		Pb、Ag	Au 仅随州区
	火山碎屑岩系	Cr、Ni、Co、Ti、Fe、V、Mn、Zn、Sr、P、La、Au、Cu、Hg、Nb、Mo、F、B、Li	Pb、Ba、As、Th、Bi		Au、Cu、Cr、Ni、Zn、Ti	随州区早志留世
		上部 W、Bi、As、Sb、B、Li、Mo、U、（Au） 下部 Ba、Bi、As、Sb、W、B	上部 Sr、Ba、P、Cd 下部 Au、F、Sr、P、Ni、Cd、Be		Au、Ag、Pb、Cu	北淮阳东段侏罗系—白垩系
新元古界青白口系	红安群、宿松群上部	As、B	Sr、Ni、Mn、Cd、Ba、La、Au、F、Be、Th	变基性火山岩系 Fe-Tr-Cr-Ni-V-Co-Cu-Zn-（Au） 变中酸性火山岩系：Nb-Be-Tb-La-Y-W-Sn –Mo-Bi-Pb-Zr 基性侵入物混入或基性火山成矿分异作用：Cr-Ni-Ti-V-Fe-Cu-Zn-（Au） 酸性侵入物混入及酸性岩浆活动围岩蚀变和矿化：La-Y-Tb-U-Nb-Cu-Pb-Mo-Bi-W-Sn-Au-Zr-F-As 构造、层间热液成矿活动 As-Sb-Hg-Ag-Pb-Au-Cu-Zn-Cd-Ba	Au、Pb、Ti	大别山区
	北秦岭-北淮阳西段青白口系	Au、Hg、U、W、Li、As Bi、Sb、B	Sr、Ba		（Au）	
	佛子岭群	B、（Au）	多元素			北淮阳东段
	随州市耀岭河群	Ni、Co、Ti、Fe、V、Cu、As、Hg、B、Li、Cr、Mn 、Zn、Sb、F、（Au）	Sr、Ba、Th、Zr		铁族、Cu	随州区

续表

地层或岩石		富集组分	贫化组分	特征组合	矿源或赋矿性	备注
中新元古界蓟县系	红安群、宿松群中部	As、Cd（略）	多元素	变基性火山岩系 Fe-Tr-Cr-Ni-V-Co-Cu-Zn-（Au） 变中酸性火山岩系：Nb-Be-Tb-La-Y-W-Sn-Mo-Bi-Pb-Zr 基性侵入物混入或基性火山成矿分异作用：Cr-Ni-Ti-V-Fc-Cu-Zn-（Au） 酸性侵入物混入及酸性岩浆活动围岩蚀变和矿化：La-Y-Tb-U-Nb-Cu-Pb-Mo-Bi-W-Sn-Au-Zr-F-As 构造、层间热液成矿活动：As-Sb–Hg-Ag-Pb-Au-Cu-Zn-Cd-Ba	Pb、Ag、Au、Cu	
	北秦岭-北淮阳西段	Au、Hg、B、Li、As、Sb、Co、Mn、V、P、Ni、Cu、As、Sb、B	Sr、Ba、Th		Au、Ag、Cu、Pb、Zn、F	宽坪、小寨、龟山、浒湾组
	随县群	Au、Hg、B、Li、As、Sb	Th、U、F、Zr、Ba		Au、Pb	
中新元古界长城系	红安群、宿松群下部	Y、Cd	多元素		P、Y、Pb、Ag、Au	
	雁岭沟组、大庙组	Cu、As、Sb、B、Ag、V、Mn、Bi	La、Nb、Th、Be、Zr、Sr、Ba、Pb、Sn		Pb、Ag、Au、Cu	
	卢镇关群	La、Ba、Zr	Au、As、B、Li、Ni、Pb、Bi、Cu、Sb、Be		Au、Cu、Zn	
太古宇—古元古界	桐柏群片麻岩、混合岩	Sr、Y（与天台山组有关）、Ba、Cd	多元素		Au、（天台山组 Y）	
	大别群英云角闪质片麻岩系	Sr、Ba、P、Zr、F、Fe、Ti、V、Cr、Cu、Zn、Mn，La，	严重贫 As、Sb、B，贫 W、Bi、Li、Au		Cu、Zn Au、Cr、Pb、	
	太华群英云质片麻岩系	Nb、Bc、Th、U、As、Sb、Mo、Bi、B、(Pb)	Cr、Au、Ni、Fe、V、Ti、Zn、Cu、Cd、Hg		Pb、Mo	
大别—扬子期基性—超基性岩		Cu、Au、Zn、Cr、V、Ti、Fe			Cr、Cu、Au	
北秦岭-北淮阳地区的同熔型中酸性岩体		Ag、Au、Mo、Pb、W、Bi、Cu、F			Mo、Cu、W、Au、Ag、Pb	
燕山晚期重熔型酸性岩		Mo、Cu、Pb 、Au、Ag、W			Mo、Cu、Au、	
大别期混合花岗岩		Mo 、Pb、F			Cu、Mo、Pb	

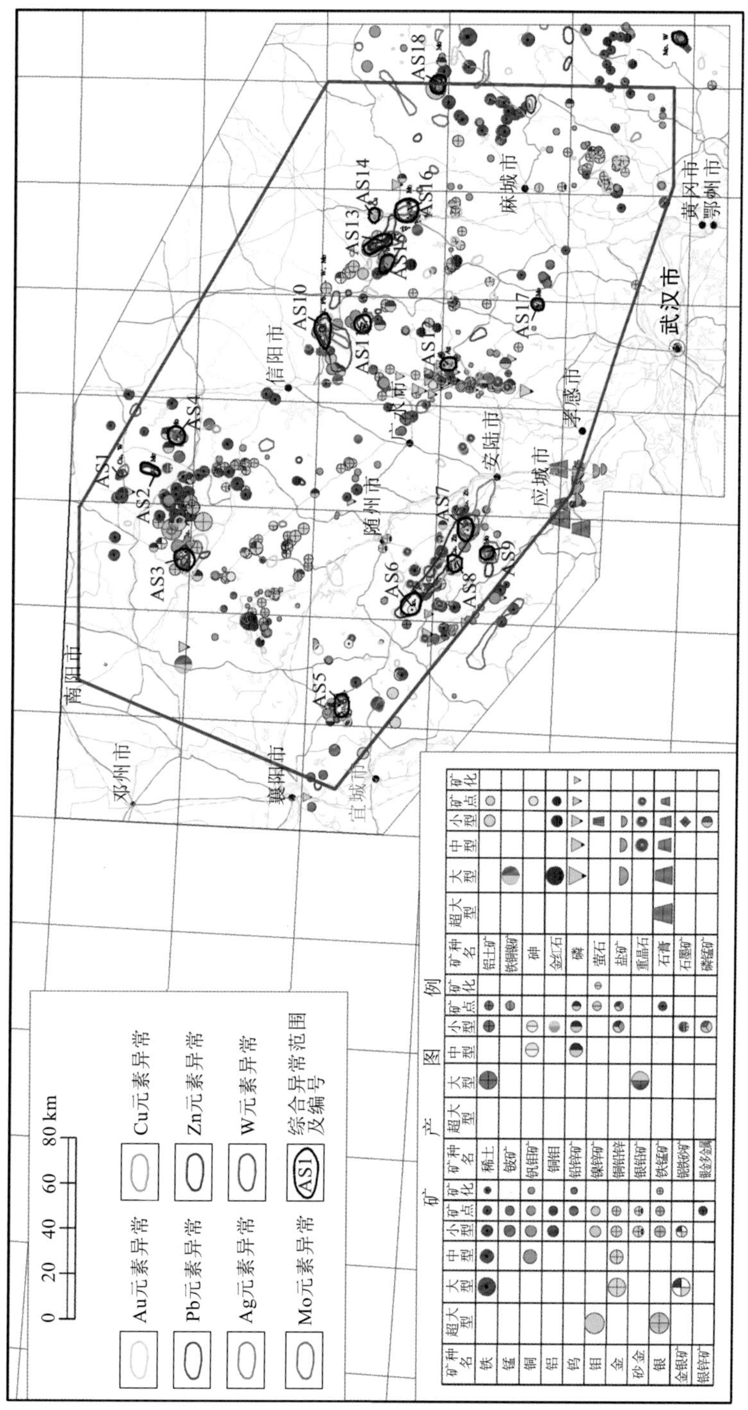

图 2-9　研究区地球化学综合异常图

表 2-3　研究区组合异常特征及解释推断一览表

序号	异常编号	异常名称	异常元素组合	异常特征	异常解释推断	指示矿种	价值类别
1	AS1	竹沟镇 Ag、Cu、W 异常	Ag、Cu、W	中强异常，浓集中心明确	热液或与岩浆侵入有关的多金属矿致异常	铜多金属	A
2	AS2	齐母顶 Cu、Mo、W	Cu、Mo、W	Cu、Mo、W 中强异常完全套合	推测为与中–酸性岩浆侵入有关的铜钼多金属矿致异常	铜钼	B
3	AS3	老和尚帽 Au、Ag、Cu 异常	Au、Ag、Cu、Pb、Mo	为高强度多元素组合异常	桐柏县鸿仪河铅锌多金属已知矿异常	铅锌多金属	A
4	AS4	尖山 Cu、Mo、Ag 异常	Cu、Mo、Ag	为重合的 Cu、Mo、Ag 高强组合异常	已知桐柏县大河、信阳邢集宋庄铜锌多金属矿致异常	铜铅锌多金属	A
5	AS5	耿集 Ag、Pb、Zn 异常	Pb、Zn、Ag、Au	重叠的高强度 Pb、Zn、Ag 伴 Au 异常	反映碳酸盐岩中的热液银铅锌成矿作用	银铅锌	B
6	AS6	白云寺 Mo、Zn 异常	Mo、Zn	异常以 Zn、Mo、Hg 组合为主，主体对应古生界，沿北西向断裂带展布	黑色地层富集及构造热液叠加	不明	C
7	AS7	柳林 Cu、Zn、Ag 异常	Cu、Ag、Zn、Mo	异常为中等强度的 Cu、Fe、Ti、Ni、Mn、Au、Zn、Mo、Hg 组合，其中 Cu 异常平均含量 53.45 μg/g，最高 270.97 μg/g；Au 异常平均含量 3.73 ng/g，最高 40 ng/g	反映中新元古界及古生界黑色地层及扬子期基性岩侵入富集区有热液成矿作用叠加	铜多金属	B
8	AS8	黄茆尖 Au、Cu、Mo、Zn 异常	Au、Cu、Mo、Zn	Au、Cu、Mo、Zn 组合套合，构成浓集区，主体对应古生界	黑色地层富集及构造热液成矿富集叠加	铜锌	B
9	AS9	坝坪 Ag、Mo 异常	Ag、Mo	异常以 Ag、Mo 为主，强度中等，主体对应古生界	黑色地层富集及构造热液富集叠加	不明	C

续表

序号	异常编号	异常名称	异常元素组合	异常特征	异常解释推断	指示矿种	价值类别
10	AS10	石山口 Cu、Pb、Zn 异常	Cu、Pb、Zn、Au、Ag、Mo、	中强多元素组合异常，两处浓集区	已知罗山县胜利湾铅矿矿致异常，异常与中酸性岩侵入作用有关	铜铅锌多金属	A
11	AS11	刺儿挡 W、Mo 异常	W、Mo	W、Mo 套合中强异常	异常与中酸性岩体及与岩体有关的钼矿化有关	钼	A
12	AS12	新城 Au、Ag 异常	Au、Ag	为 Au、Ag 组合小异常，沿桐柏—浠水断裂带展布	桐柏-浠水断裂带金银多金属成矿富集	金银多金属	A
13	AS13	沙石镇 Au、Ag、Pb、Zn 异常	Pb、Zn、Au、Ag、Mo、W	套合较好的高强度异常，有南北两个浓集中心，Au 异常仅出现在北中心	异常与中性侵入岩有关的多金属成矿作用有关，北部异常反映光山县周庙铅锌矿	铅锌多金属	A
14	AS14	泼陂河 Au、Cu 异常	Au、Cu	以 Au 为主的中强异常	热液或与岩浆侵入有关的多金属矿致异常	多金属	B
15	AS15	卡房北部 Cu、Pb、Mo 异常	Cu、Pb、Mo	Cu、Pb、Mo 套合的强异常	反映已知新县董冲、大银尖、斤乡西等铜钼矿，为矿致异常	铜钼	A
16	AS16	新县 Ag、Mo、W 异常	Ag、Mo、W	中强 Ag、Mo、W 套合异常，以 W 异常规模较大	异常与中性侵入岩及其多金属矿化有关	不明	B
17	AS17	姚家集南 W、Mo 异常	W、Mo、Cu	为 Mo、W 中强异常组合，伴 Cu 异常平均含量 43.99 μg/g，最高 68.8 μg/g；Mo 异常平均含量 2.33 μg/g，最高 6 μg/g；W 异常平均含量 3.54 μg/g，最高 7.77 μg/g	中酸性岩体及与之有关的钼铜矿化富集	铜钼	C
18	AS18	银沙 Pb、Zn、Ag、Mo 异常	Pb、Zn	高强度 Pb、Zn、Au、Ag、Mo 伴 Ag、W 套合分布于已知矿床上	反映已知的金寨地区银沙-关庙铅锌多金属矿	铅锌多金属	A

三、区域遥感地质特征

（一）区域地表覆盖类型及其遥感特征

桐柏-大别地区山脉走向大致呈近东西向延伸，南部为丘陵，中部为中低山地，北部为平缓的河川地和沿淮河洼地。既是我国南北气候的过渡带，又是江淮两大水系的分界线，受此地貌和气候分区影响，区内地表覆盖类型呈现南北分带的特点。

南部低山-丘陵区，海拔 50～200 m。由于受长江水系的强烈切割和冲刷，形成高差 20～40 m 的丘陵起伏、岗谷相间的形态组合特征。丘顶浑圆，丘坡较缓，丘间分布有一系列规模悬殊的盆地，彼此之间沟谷相连，形似串珠。岗面平缓完整，岗间沟底宽浅开阔，松散堆积物深厚。岗地呈宽带状由西南向东北倾斜，绵延百余千米，植被以乔木和灌木为主，该区是重要的粮食生产基地。此区梯田层层，河渠纵横，塘堰密布，水田如网，有大量的村庄和农田。TM742 遥感影像色调为绿色、浅绿色、浅棕色、浅紫色，色调不均匀，影纹块状、条纹状、冲沟发育。

中部海拔一般为 500～800 m，少部分山海拔在 1 000 m 以上。覆盖类型以高大的乔木为主，并有大片森林区，如桐柏-大别南部地区分布有亚热带绿阔叶林带，含常绿阔叶的落叶林亚带，植被繁茂，桐柏山各类植物多达 2 000 多种，属国家珍贵植物有水杉、红豆杉、铁杉、香果杉、香棋、连香树、天竺桂、青檀等。大别山森林海拔差异大，植被变化明显，高度从 400 多米至 1 700 多米，形成了丰富多彩的森林景观。低海拔杉木、柳杉、马尾松等人工林成片分布，浑厚辽阔，林相整齐，层次分明。TM742 遥感影像色调为绿色，色调均匀。

北部平原区基本无覆盖，为农田及人类活动区，影像色调为浅绿色、浅紫色，色调不均匀，纹形图案以大块的方形斑纹状为主。

（二）不同岩石类型的区域分布特征及遥感特征

区内出露地层单元较多，岩浆活动频繁，线状环状构造发育。采用 TM742 卫星影像，初步建立区内主要地层、构造、侵入岩的解译标志。从遥感影像看，以襄樊-广济断裂为界，北部主要显示变质岩及花岗岩影像特征，南部表现为沉积岩及花岗岩影像特征。不同岩石类型的遥感影像特征如图 2-10 所示。

1. 地层

本区南以青峰-襄樊-广济断裂为界，北以栾川-明港-六安断裂为界，其间地层属秦岭-大别山地层区，其北为华北地层区，其南为扬子地层区。遥感影像显示，各地层分区边界较为清晰，地层走向呈近北西—南东向。

沉积岩：扬子地层区发育地层主要为南华系—二叠系，为一套海相碳酸盐岩—碎屑岩沉积；南秦岭地层分区发育有震旦系—泥盆系浅变质碳酸盐岩—碎屑岩沉积；北秦岭地层分区发育有震旦系—石炭系浅变质碳酸盐岩—碎屑岩沉积；北淮阳地层分区发育主

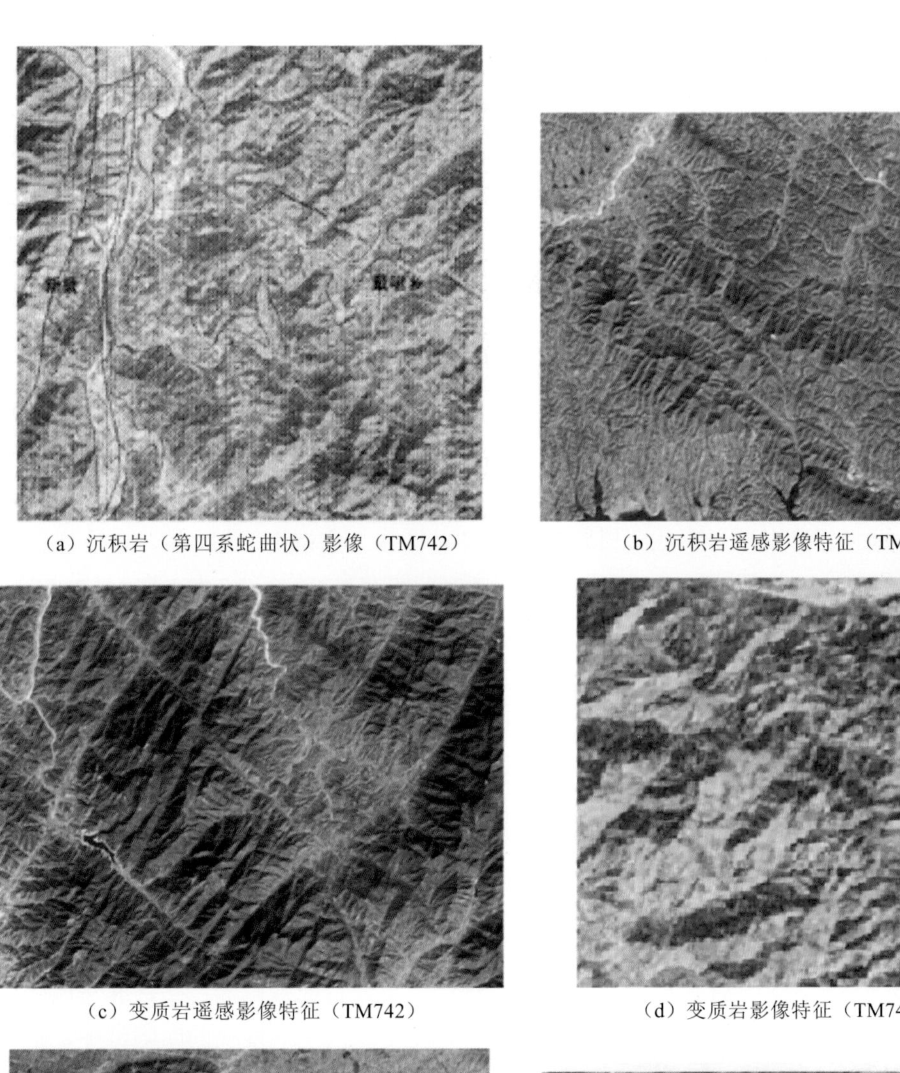

（a）沉积岩（第四系蛇曲状）影像（TM742）

（b）沉积岩遥感影像特征（TM742）

（c）变质岩遥感影像特征（TM742）

（d）变质岩影像特征（TM742）

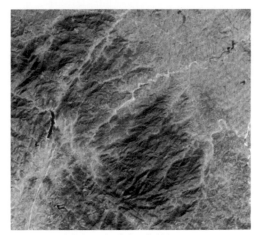

（e）酸性侵入岩遥感影像特征（TM742）

（f）二长花岗岩影像特征（TM742）

图 2-10　不同岩石类型的遥感影像特征

要有寒武系—志留系碳酸盐岩—碎屑岩沉积及中生代红盆碎屑岩沉积。遥感影像表现为：色调一般较均匀，表面较光滑、影像稳定、延伸较远，可见岩层三角面，呈带状；具色调深浅相间的平行线状，或条带状纹形，可见砂岩所显现的断续点状突起；丘陵-中山地貌，局部为高山地貌；水系不甚发育，多为大的控制性水系，小水系为树枝状、平行状和放射状。第四系冲洪积层主要分布于河流两侧或沟谷中。TM742 图像上色调为淡绿色，影纹呈斑点状、斑块状、条带状，整体形象呈蛇曲状，易于辨认。

火山岩：主要分布于北部，为下古生界二郎坪群浅变质细碧岩—石英角斑岩—碎屑岩系，龟山岩组中浅变质碎屑岩—火山岩系，古生界寒武系—志留系中浅变质基性火山岩、白垩系中酸性火山岩—碎屑岩系。TM742 图像上的色调为一般呈较鲜艳的深色调，且不均匀，表面粗糙。火山岩呈层状或似层状，层凝灰岩呈细线纹、条纹状图案，水系中等发育，呈树枝状、环状和放射状。

变质岩：主要分布于中部，为古元古界秦岭岩群、新太古界—古元古界桐柏岩群、大别岩群、武当岩群中深—中浅变质岩系。TM742 图像上色调不均匀，粗糙状，以绿色为主。局部红褐色，为植被覆盖。地形切割较强，冲沟发育，影纹均匀，部分呈条带状、平行线状及扭曲波状影纹。

2. 侵入岩

本区侵入岩广泛发育，岩性主要为中酸性侵入岩，其次为基性—超基性岩类。其色调由酸性岩类到超基性岩类逐渐变深，TM742 图像上色调一般较均匀，表面不光滑，外形多为椭圆状、透镜状、脉状或不规则状、环形影像，丘陵至高山地貌，山脊、山顶多呈浑圆状，水系中等发育，呈树枝状、钳状。酸性侵入岩节理发育，构成菱形网纹，分布面积稍大，不显层，多呈红色、粉红色，具网状、斑状影纹图案；基性—超基性岩多呈点状纹形图案。

金银多金属矿带在 TM 影像特征上为线性色线密集发育的浅斑驳色带，并与地球化学异常、航磁异常及重力异常带吻合，均分布在地堑边缘及中间地块的断陷带中，具有边缘成矿规律。

3. 构造

区内具区域性和分划性的断裂在 TM742 图像上都有不同情况的显示，影像特征为：在正常的背景中出现线性色调异常或不同色调的线性（延伸较远）界面；不同地貌类型的分界线或直线状分布的陡崖，如三角面、凹地、哑口及泉水等；河流肘状同步拐折或错位；地质体不连续，发生位移或沿走向突然改变、斜交、中断等；山体、山脊线被错移、突然中断或突然增多；岩体与地层呈直线状接触；在覆盖区内，有呈特殊色调，窄长而直的线状影纹，并在延伸方向的基岩出露区可以找到其延续的构造形迹。区内环形影像较发育，与地质构造密切相关的环形构造有短轴褶皱、叠加褶皱形成的穹窿和构造盆地、隐伏的隆起和拗陷盆地、弧（环）形断裂、涡轮状断裂组合；与岩浆活动有关的环形构造有火山机构、小型岩体、隐伏岩体。

（三）遥感影像特征

根据区域遥感影像解译综合特征，桐柏-大别地区可以划分出与地貌特征、地层岩性分区和构造单元相耦合的4个影像区带，即桐柏影像区、随州影像区、大别山西段影像区和大别山东段影像区（图2-11）。

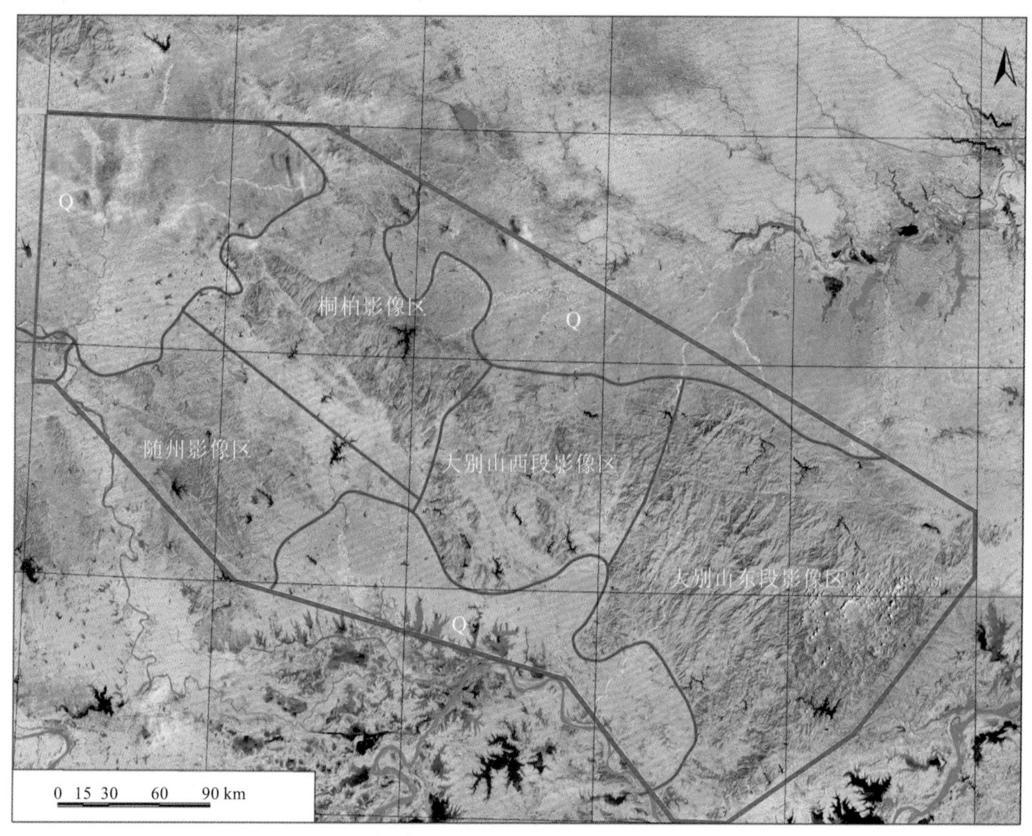

图2-11 桐柏-大别成矿带遥感影像特征分区图

1. 桐柏影像区

该区为块状特征，呈北西向分布，纵向上夹持于南阳盆地与平昌关拗陷之间，横向上分布有切割很深的吴城盆地和竹沟盆地地貌特征形成的盆岭构造影像区。区内岩体形成穹窿的正地形，线性、环形构造及穹窿构造发育，构造活动和岩浆侵入作用频繁强烈；水系多为树枝状、放射状、直角状等。该区已发现的矿床（点）基本分布于线性构造与环形及穹窿环形构造的高密度区，即线环形构造的交汇复合部位。

2. 随州影像区

区内由北西向主干线性构造、北东向次级线性与环形穹窿构造相交成线-环构造区带，构造格架以北西为主。出露一套中元古界地层，区内岩浆活动强烈，发育基性、超基性岩脉，植被覆盖区以绿色调为主，裸露区色调为浅红色—粉红色调；区内裂隙较发育，水系以树枝状水系为主。该区发现的矿床（点）主要分布在北西向与北东向断裂带的高密度区，即线性、线环形构造的交汇复合部位，并与矿点分布吻合较好。

3. 大别山西段影像区

该区位于鄂豫两省交界处，影像结构为斑块状，地形地貌为不规则丘陵地形，整体走向北西向。区内主要显示为沉积地层和岩浆岩体影像特征，沉积地层走向为北北西—北西向，剥蚀为负地形；在北西、北东向线性构造作用下，岩体的影像特征表现为零散的近菱形格子状。区内小岩体形成正地形，呈圆形、近圆形或椭圆形等。已发现的矿床（点）均产出于线性构造、线环形构造的高密度区，即线性、线环形构造的交汇复合部位或岩体与地层接触带。该区构造作用强烈和岩浆活动频繁，其岩浆活动分布面积广。

4. 大别山东段影像区

该区位于鄂皖两省交界处，影像结构为斑块状结构，区内由一系列北北东向构造和北西向次级构造与环形穹窿构造形成，在中部地区形成反“S”形。大别山东段受到郯庐断裂的强烈挤压，在区内主要形成北西向、北西西向及北东向等多组节理，节理细且直，延伸较远，将全区切割形成格子状影纹特征。区内线性、环形构造发育，环形构造几乎遍布全区，多呈圆穹状、透镜状或串珠状外形，边界线参差不齐。构造与岩浆作用极为频繁、强烈，岩浆岩分布面积广。岩浆岩影纹较粗，色调一般较均匀，表面不光滑，呈不规则的块状、椭圆形或环形影像特征；地貌形态为陡峭的山体或浑圆状山体，水系一般为树枝状，局部地区为放射状或向心状，水系密度不大。酸性侵入岩节理发育，构成菱形网纹，分布面积稍大，不显层，多呈红色、粉红色，具网状、斑状影纹图案；基性-超基性岩多呈点状纹形图案。已发现的矿床（点）均产出于线性、线环形构造的高密度区，即线性、线环形构造的交汇复合部位。

第三章　典型金银矿床

桐柏-大别造山带自元古宙至中生代经历了多期次、多阶段的碰撞-扩张-聚合演化过程，发育多期成矿事件（Wu and Zheng，2013）。新元古代晚期—早中生代初期板块俯冲-碰撞的构造体制造就了秦岭造山带的基本构造格局(张国伟 等,2001,1997,1996)。区内大中型矿床星罗棋布，如老湾金矿床、刘山岩铜锌矿床、破山银矿床、银洞坡金矿床、沙坪沟钼矿床、条山铁矿床等。20 世纪 90 年代以来，一大批学者对桐柏地区的地质演化、构造环境和成矿规律进行了研究总结，形成了《大别山的构造格局和演化》（徐树桐 等，1994）、《东秦岭铅锌银成矿系统内部结构》（燕长海，2004）等一大批著作和众多研究成果（杨梅珍 等，2014；陈红瑾 等，2013；Wu and Zheng，2013；Liu et al.，2013；陈玲 等，2012；Dong et al.，2011；黄凡 等，2011；第五春荣 等，2010；代元平，2010；江思宏 等，2009a，2009b；韩振林和曲锦，2009；蔡锦辉 等，2009；李厚民 等，2008；彭翼 等，2005；韦昌山 等，2004，2003，2002；翟裕生，1996；冯庆来 等，1994）。

桐柏-大别地区金银成矿作用以中生代成矿作用最为发育，大中型矿床多形成于这一时期，如老湾金矿床、薄刀岭银金矿床等。由于遭受了印支期—燕山期强烈改造或破坏，区域古生代金银成矿作用相对并不强烈。

根据矿床成因类型，研究区金银矿床主要可分为两类：①受构造控制的岩浆热液型，如老湾金矿床、围山城矿集区、黑龙潭金矿床和白云金矿床；②浅成低温热液型，如皇城山银矿床和东溪金矿床等。从成矿时代上看，研究区金银矿床主要形成于白垩纪。本章主要对项目实施过程中开展过工作的老湾、围山城、金城、薄刀岭、黑龙潭、皇城山和白云金矿进行论述。

第一节　桐柏县老湾金矿床

一、矿区地质背景

老湾金矿床地处大别山北麓桐柏地区，处在桐柏造山带古生代增生块体与中生代碰撞增生带结合部位。区域出露地层为中元古界龟山岩组（Pt_2g）和中元古界二郎坪群歪头山组（图 3-1、图 3-2），它是一套多种构造岩片经过强烈变形、变质改造的带状构造无序岩石单位，矿化与其中的浅色构造片岩及角闪质构造岩有关。

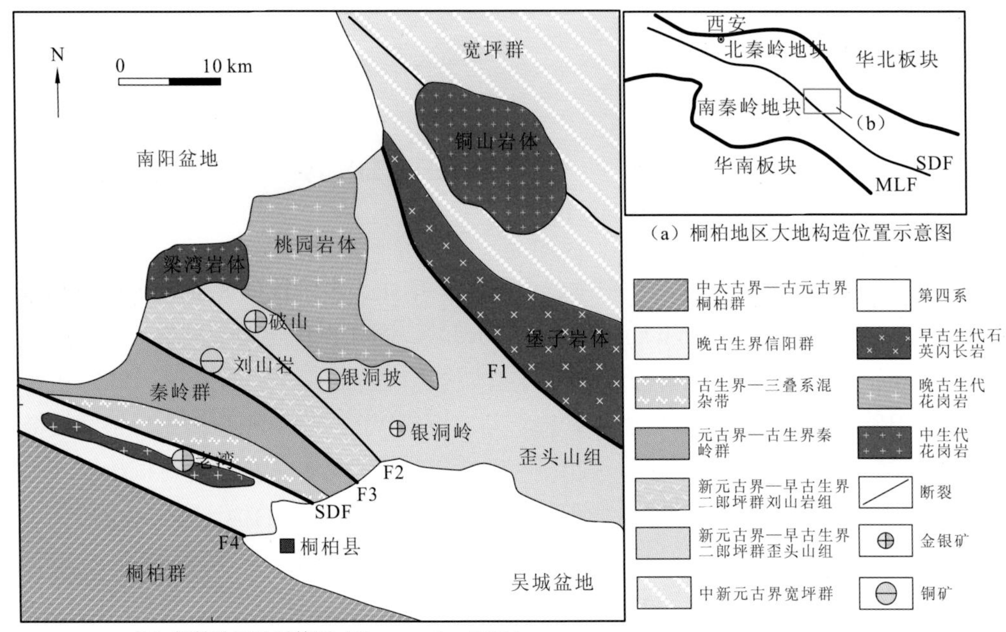

图 3-1 桐柏地区地质与大地构造位置图

SDF.商丹缝合带；MLF.勉略缝合带；F1.瓦穴子断裂；F2.段庄断裂；F3.朱夏断裂；F4.桐商断裂

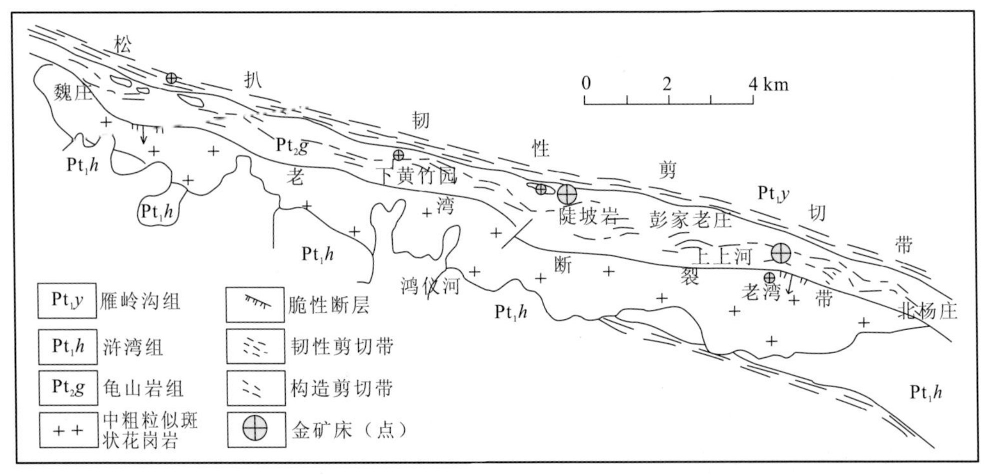

图 3-2 老湾金矿带地质构造略图（河南省地质矿产勘查开发局，2005b）

在矿区北部沿松扒断裂燕山晚期花岗斑岩、钠长石英斑岩等酸性岩脉发育，并伴有斑岩型金、银矿化。矿区南部沿龟梅断裂呈带状分布着燕山期中细粒似斑状花岗岩——老湾岩体。岩体与金矿化关系密切，如影随形，花岗岩终止矿化亦尖灭，岩体膨大对应部位矿化富集，几乎全部有工业意义的矿体均产于岩体北缘 100～500 m。

矿区构造主要表现为走滑型网络状韧性剪切系统和叠加其上的里德剪切破裂。

二、矿床地质特征

（一）矿体特征

老湾金矿床主要有 3 种矿化类型，7 条主要矿化蚀变带，几十个矿体。这些矿体均产在里德剪切裂隙系统内，已探明的资源量超过大型规模。

似层状矿体：主要赋存于里德剪切裂隙系统的 D 型破裂中，占该矿床总资源量的 80%以上。矿化蚀变带长度均在 1 km 以上。单个矿体长度一般在 400～600 m，延深大于 600 m，矿化连续性较好。平均厚 1.85～3.41 m，品位一般在 4.69×10^{-6}～9.77×10^{-6}。矿体与围岩呈渐变过渡，顶底板为浅色构造片岩，矿体与围岩片理产状基本一致。

脉状矿体：主要赋存于里德剪切裂隙系统的 R 和 P、T 破裂中，矿体顶底板清晰，均为角闪质构造碎裂岩。单个矿体长 300～675 m，斜深 140～240 m，一般厚 0.90～2.19 m，品位变化大，一般为 6.64×10^{-6}～20.67×10^{-6}。常形成囊状富矿体，伴有银矿化。

（二）矿石类型、矿物组合

矿床金矿石均为各种构造蚀变岩，主要有绢云石英黄铁矿型、蚀变角闪质黄铁矿型，少量石英硫化物型、长英质黄铁矿型。

（三）围岩蚀变

似层状矿体围岩蚀变以硅化、绢云母化和黄铁矿化为主，蚀变带宽度较大，矿体与围岩呈渐变关系；脉状矿体主要为硅化、黄铁矿化和绿泥石化，蚀变带较窄，矿体与围岩界线清晰。

三、矿床成因

（一）成矿年龄

前人对老湾矿区花岗岩、花岗斑岩和韧性变形带进行了大量的同位素定年研究。区域变质变形峰期年龄可能为 236～214 Ma（Zhu et al.，2016）；松扒断裂带内花岗斑岩脉锆石 U-Pb 同位素年龄为（138.9±3.3）Ma；含金石英脉晶洞充填的淡绿色白云母 $^{39}Ar/^{40}Ar$ 年龄为（138.0±2.0）Ma，坪年龄为（138.0±1.4）Ma（张冠 等，2008a）；老湾花岗岩体 SHRIMP 锆石 U-Pb 同位素年龄为（132.5±2.4）Ma（刘翼飞 等，2008）。从上述年代学研究成果看，老湾金矿化时限可能与花岗斑岩脉侵位时限一致，而明显早于老湾花岗岩侵位时间。

另外，矿区南部老湾花岗岩体（徐晓春 等，2001）的南北两侧（包括北侧的构造角砾岩带）均无明显矿化异常和矿化现象。老湾金矿带热液成矿作用可能与松扒断裂带的浅成岩浆活动有关（杨梅珍 等，2014）。

（二）成矿物质来源

老湾金矿床的矿石金属硫化物硫同位素显示（图 3-3），除个别黄铁矿样品的 $\delta^{34}S$ 值为-0.10‰外，总体上，$\delta^{34}S$ 值呈黄铁矿＞黄铜矿、闪锌矿＞方铅矿的特征，表明成矿流体中硫达到了平衡，硫化物的 $\delta^{34}S$ 值可以基本代表流体的总体特征，可以用于示踪成矿流体来源。

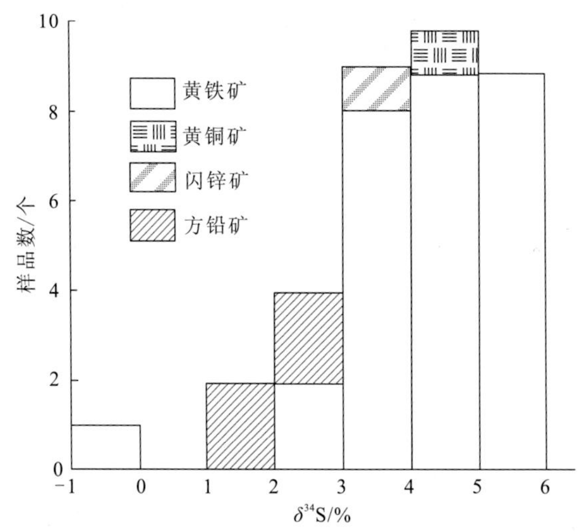

图 3-3　老湾金矿床矿石硫同位素直方图（杨梅珍 等，2014）

矿石硫化物 $\delta^{34}S$ 值变化于-0.1‰～+5.99‰，多数集中在+1.69‰～+5.99‰，均一化程度高，变化范围窄，暗示在硫化物沉淀期间具有相对稳定的物理化学条件和相对均一的流体体系。该矿床的硫同位素与变质成因、岩浆成因硫同位素组成范围一致。结合区域地质考虑，该地区区域变质作用主要发生在古生代和早中生代，要明显早于老湾金矿床成矿时限。因此，老湾金矿床的矿石硫最可能来源于岩浆。

（三）成矿流体性质来源

根据流体包裹体测试分析（图 3-4），矿石石英中流体包裹体均一温度存在 3 个区间：120～220℃、220～340℃、340～420℃，主要集中于 220～340℃。盐度 w（NaCl）分布于 1.57%～14.57%，主要集中于 3%～7%，表现为中低温、低盐度流体体系。流体包裹体群体成分分析表明：流体中阳离子以 K^+、Na^+为主，其次为 Ca^{2+}、Mg^{2+}，K^+/Na^+在矿体平均为 7.05；阴离子主要有 Cl^-和 SO_4^{2-}，其次是 F^-。因此，该矿床成矿流体表现为中低温、低盐度的富 CO_2 的 K^+-Na^+-Cl^--SO_4^{2-} 体系。

含金石英脉的石英样品的 $\delta^{18}O$ 为 10.25‰～12.31‰，计算所得的主成矿阶段流体 $\delta^{18}O$ 值变化于 3.2‰～5.4‰；石英中流体 δD 为-86.3‰～-53.3‰。根据矿床地质特征和氢氧同位素组成，认为该矿床的热液成矿期的成矿流体为大气降水和岩浆水的混合。从成矿早阶段到晚阶段，成矿流体中大气降水的比例逐渐增大。

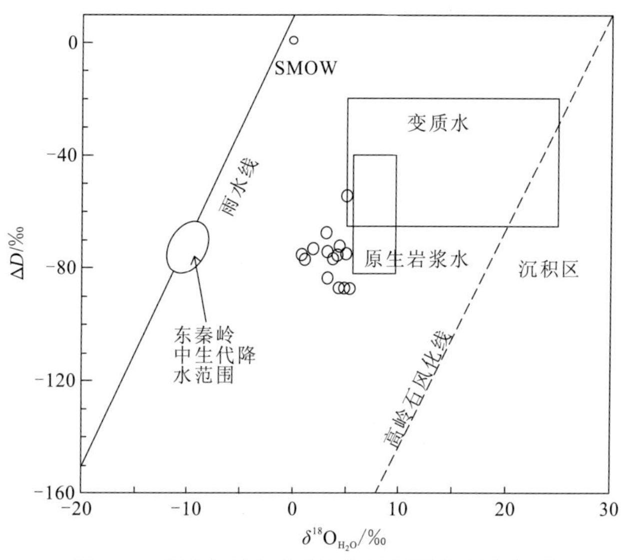

图 3-4　老湾金矿床成矿流体氢氧同位素直方图

SMOW 为标准平均大洋水

（四）矿床成因和成矿构造环境

老湾金矿床成矿时限[（138.0±2.0）Ma]与矿区花岗斑岩脉[（138.9±3.3）Ma]侵位时限一致，而明显早于老湾花岗岩侵位时间（ca.130 Ma）（张超和马昌前，2008）。老湾金矿床的金成矿作用可能与浅成岩浆活动密切相关，松扒密集花岗斑岩脉群是这种岩浆活动的重要指示。从桐柏-大别地区中生代中酸性岩浆岩演化看，140～130 Ma 的中酸性岩浆可能与加厚下地壳重融有关；130～120 Ma 的中酸性岩浆可能形成于伸展的构造体制。因此，老湾金矿床可能形成于 135 Ma 左右由挤压体制向伸展体制的转换时期。随着大规模不同层次的高钾钙碱性花岗质岩浆活动（侵位和喷发），桐柏-大别地区实现了从挤压缩短向伸展的构造转换。区域范围内，老湾金矿床和千鹅冲斑岩型钼矿、母山钼矿成矿时间基本一致，可能形成于相同的构造-岩浆动力学背景。

老湾金矿带在空间上存在明显的矿化元素组合分带性，包括：①以 Mo 为主的多金属矿化；②以 Cu-Pb 为主，伴生 Mo、Zn、Ag 的多金属矿化；③以 Pb-Zn 为主，伴生 Ag、Mo 的多金属热液脉型矿化；④以 Au 为主的受断裂控制的热液脉状和似层状矿化。Mo-Cu-Pb-Zn-Ag-Au 岩浆热液体系矿化呈现出以松扒断裂浅成岩浆活动为中心的分带性：金矿化体系相对远离岩浆活动中心，主要出现在外围；Mo 矿化靠近岩浆活动中心（杨梅珍 等，2014）。因此，金多金属成矿作用是围绕松扒斑岩脉带发生的。其初始成矿流体和成矿物质主要来源于早白垩世中酸性岩浆。

老湾金矿床的形成是以高背景地层的分散金元素为基础；早期发育韧性剪切-浅层次脆性剪切提供了良好的成矿流体运移通道和成矿物质沉淀空间；早白垩世强烈的中酸性岩浆活动为成矿提供了丰富的成矿物质来源和初始成矿流体；在流体运移-演化过程中，随着大气降水加入，物理化学条件发生改变，在有利的空间聚积成矿。该矿床成因属于受剪切裂隙构造控制的岩浆热液型金矿床，并与白垩纪浅成花岗质岩浆关系密切。

四、成矿要素

在对老湾金矿矿床地质特征、矿体特征、矿石特征、控矿因素等综合研究的基础上认为：燕山期高位岩浆活动和脆-韧性断裂构造耦合是老湾金矿床的关键成矿要素。

（1）岩浆岩：桐柏-大别地区早白垩世浅成高位岩浆活动为成矿提供了有效的流体、热源和成矿物质。

（2）构造：研究区近东西向断裂是金银成矿的控矿和导矿构造，脆-韧性断裂构造的转化部位是成矿有利部位。右行走滑型韧性剪切变形叠加于早期韧性逆冲推覆构造之上，使得研究区主体格局基本定型。右行走滑的时限发生在 133 Ma，反映了区域挤压-伸展构造体系的转化。

（3）地（岩）层条件：中-新元古代—古生代古洋盆沉积物质可能为龟山岩组中 Au、Ag 元素的表生富集提供了有利的沉积环境，促使了成矿物质初始富集，为成矿提供了良好的物质基础。

该矿床主要控矿因素包括：①脆-韧性剪切带；②龟山岩组变火山-沉积岩系；③同构造中酸性侵入岩体。其最直接的地质找矿标志为：①黄铁绢英岩化背景上的绿泥石-磁铁矿蚀变组合；②黄铁矿（褐铁矿）化、多金属矿化。

第二节　桐柏县围山城金银矿集区

围山城金银矿集区位于桐柏县城以北 35 km 处，大地构造位置处于秦岭-大别造山带东段大别构造带桐柏地区。桐柏地区存在多个形成于不同构造环境，有着各自独立的建造特征和构造演化序列的构造地层地体，经多次聚合后拼贴形成的复杂构造带。以栾川-明港断裂和西官庄-松扒韧性剪切带为界，北部为华北地台南缘褶皱带，中部为北秦岭褶皱带，南部为南秦岭褶皱带。

围山城金银矿集区内产有破山特大型银矿床、银洞坡大型金矿床、银洞岭大型银矿床，以及夏老庄、郭老庄等金银矿点。金矿体和银矿体均以石英脉形式产出，赋存于新元古界歪头山岩组变质火山-沉积岩系的不同层位中。该矿集区金、银资源量巨大。截至 2010 年，破山银矿床探明银储量 2 600 多 t，银洞坡金矿床探明金储量 32 337 kg；近年，破山银矿床深部又新增银资源量 433 t，银洞坡金矿床新增金资源量 21.69 t。

一、矿区地质背景

该矿集区内出露北秦岭地层区的新元古界歪头山组和部分新元古界的大栗树组，新生界第四系有少量分布（图 3-5）。

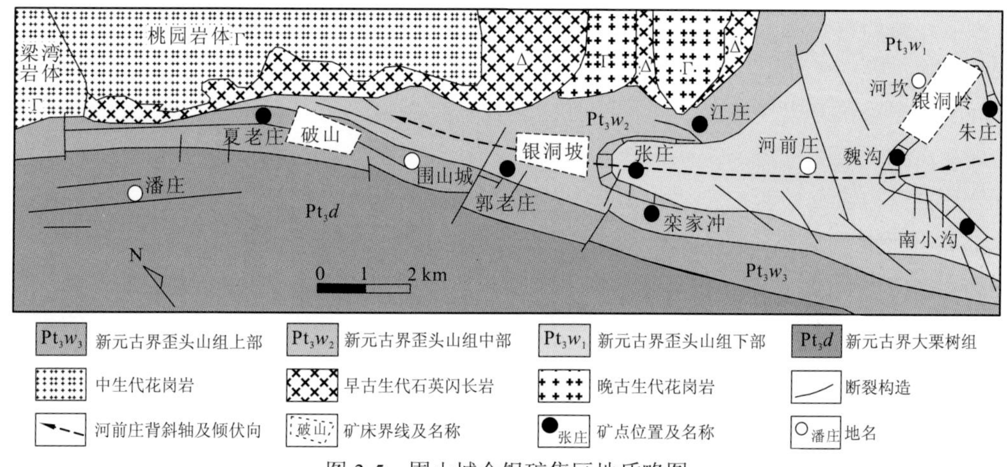

图 3-5 围山城金银矿集区地质略图

围山城金银多金属矿带主要由一套中浅变质的火山碎屑-沉积岩系构成。矿带内歪头山组按岩性组合分为下、中、上三部分，各部分又根据岩性特点分为若干岩性段，共 17 个岩性段，出露总厚 2 500 余 m。因受朱庄背斜及叠加在北东翼的老洞坡背斜的影响，歪头山组内地层走向变化较大，各岩性段依次环绕朱庄及老洞坡背斜呈环带状展布。地层倾角较缓（25°～45°），厚度沿走向变化不大，各岩性段之间呈整合接触，岩层中变余微细层理和沉积韵律比较清晰。矿带南西侧分布下古生界大栗树组，以韧性剪切带为界超覆于歪头山组之上。北东翼与大栗树组、桃园岩体构造接触。目前大家对歪头山组及其上覆二郎坪群地层的划分、时代归属等还存在不同的认识。

歪头山组下部：主要岩性为黑云变粒岩、黑云斜长变粒岩、黑云斜长片岩夹斜长角闪片岩及白云石英片岩，银洞岭及老洞坡银多金属矿床产于其中。

歪头山组中部：主要岩性为变粒岩、变粉砂岩、云母石英片岩、碳质绢云石英片岩夹斜长角闪片岩及大理岩透镜体。其下部为银洞坡特大型金矿含矿层。

歪头山组上部：主要岩性为黑云变粒岩、斜长角闪片岩、碳质绢云石英片岩夹大理岩透镜体。其中部为破山大型银矿含矿层。

该矿集区内区与成矿有直接关系的褶皱构造为朱庄背斜，它为桐柏地区主干构造之一，控制着围山城金银矿带所有矿床（体）的分布。老洞坡背斜是叠加在朱庄背斜之上的 A 形褶曲，属于边幕式褶皱。破山银矿、银洞坡金矿和银洞岭银矿等矿床（点）主要分布于朱庄背斜的核部和两翼。

区域内侵入岩主要有加里东晚期桃园岩体、燕山中期梁湾岩体，也有不同类型的脉岩。矿体的空间分布明显受歪头山组地层控制，而矿化显示明显热液矿床的特征。

二、矿床地质特征

（一）银洞坡金矿床

银洞坡金矿位于朱庄背斜向北西倾伏部位。背斜是矿区主干构造，背斜两翼派生的共轭逆冲剪切带、顺层剪切带是主要的容矿构造。矿区内出露地层为歪头山组中部第一（$Pt_3w_2^1$）、第二（$Pt_3w_2^2$）、第三（$Pt_3w_2^3$）岩性段，其次是下部第九（$Pt_3w_1^9$）岩性段。歪头山组中部第一岩性段中、上部为黑云变粒岩夹少量云母石英片岩，下部为黑云变粒岩夹碳质绢云石英片岩；歪头山组中部第二岩性段主要岩性为绢云石英片岩、碳质绢云石英片岩夹白云变粒岩；歪头山组中部第三岩性段上部为变粒岩与含石榴白云石英片岩互层，中部为变粒岩夹碳质绢云石英片岩，下部为黑云变粒岩。各段地层的展布受主干构造——朱庄背斜控制。歪头山组下部第九岩性段岩性为斜长角闪片岩夹变粒岩、云母石英片岩。其中矿体主要产于绢云石英片岩、碳质绢云石英片岩中。

金矿体的空间分布严格受含矿岩系及赋矿构造双重控制，呈鞍状、似层状分布于朱庄背斜的转折端、倾伏端的虚脱部位及两翼的共轭逆冲剪切带中（图 3-6）。矿体形态基本和背斜形态一致，随着背斜南东向仰起而撒开，北西向倾伏而收敛；转折端含矿层增厚而膨大，深部随背斜的平缓消失而尖灭，矿体沿走向、倾向均呈舒缓波状。由于碎裂流动，矿体具膨缩、分枝复合、尖灭再现等特点，但矿体产状与地层产状基本一致。上陡下缓，北翼陡南翼缓，在平面、剖面上均呈平行排列，具多层状重叠出现。

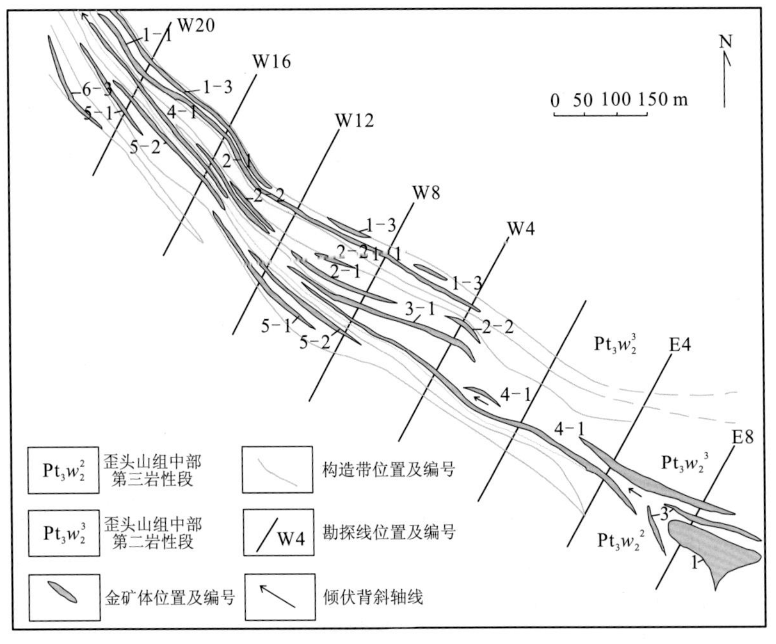

图 3-6 银洞坡金矿区矿体分布平面示意图

区内共圈定 11 个工业矿体，其中 III-1、I 矿体为贯穿东西两段的大型工业矿体。I 号矿体是矿区最大的金铅矿体，东西两段相连，沿走向延长 1 500 m，最大斜深近 700 m。矿体随背斜向西倾伏埋深逐渐加大。分布标高-380～300 m，沿走向、倾向均未封闭。矿体在轴部受共轭逆冲剪切带控制，在两翼深部变为顺层剪切带（顺层破碎带）控制。其厚度在背斜轴部东厚西薄，品位东富西贫。金铅组分分布不均匀，有时呈正消长关系，有时相互递变。矿体厚大部位出现在背斜轴部附近。在矿层鞍部厚大地段中部产有含金富矿地段，其形态、产状与背斜相似。

矿石矿物主要为黄铁矿、方铅矿、闪锌矿、黄铜矿，少量磁黄铁矿、方黄铜矿，金、银矿物有自然金、银金矿、金银矿、自然银。脉石矿物主要为石英、绢云母、斜长石、碳质。矿化蚀变主要有硅化、绢云母化、碳酸盐化，其中硅化和矿化关系最密切（图 3-7）。

图 3-7　银洞坡金矿床矿石照片

Py. 黄铁矿；Gn. 闪锌矿；Sp. 方铅矿；Qz. 石英

根据对银洞坡金矿野外地质观察、矿物共生组合及生成顺序的分析，将成矿作用划分为三个阶段：I 阶段为中粗粒黄铁矿、石英脉阶段，为成矿早阶段，石英脉乳白色，含少量粗粒黄铁矿，很难形成工业矿体；II 阶段为细晶黄铁矿、石英网脉阶段，石英为灰白色、烟灰色，呈网脉状或胶结围岩角砾，见有后期石英胶结早期石英角砾，含大量黄铁矿、方铅矿、闪锌矿、黄铜矿、自然金、银金矿等矿物，为主要成矿阶段；III 阶段为中粗粒方铅矿、闪锌矿-石英脉、碳酸盐阶段，以白色石英、碳酸盐单脉或网脉为代表，石英可见晶簇构造，碳酸盐脉可穿切早、中阶段的石英脉，为成矿晚阶段。矿石结构有自形—半自形晶粒状结构、他形粒状结构、交代溶蚀及交代残余结构。矿石构造主要为浸染状构造、网脉状—脉状构造、角砾状构造、块状构造。

（二）破山银矿矿床

破山银矿区位于围山城金银成矿带的西段，矿区地层主要为歪头山岩组中部（第四岩性段至第六岩性段）和上部（第一岩性段至第四岩性段）。银矿区位于朱庄背斜西南翼，断层和层间破碎带发育，顺层片理、构造节理和层间褶皱较发育。北西向断层和层间破碎带一组规模较大，形成时间较早，控制矿体产出，为矿区的主要控矿构造。银矿体赋存于歪头山岩组上部第二岩性段（$Pt_3w_3^2$）和中部第六岩性段（$Pt_3w_2^6$）的层间破碎带中（仅 A10 号矿体）。除 $Pt_3w_2^6$ 中的矿体赋存于斜长角闪片岩中外，其余矿体均产于碳质绢云石英片岩中。

破山银矿区共圈定 13 个矿体，自上而下依次为：A7、A8、A1、A2、A11、A9、A5、A5-1、A4-2、A4-1、A6-2、A6-1 及 A10 号，系伴生有可供综合利用的铅、锌、硫、镉、金等有益组分的特大型银矿床。矿体自上而下从西向东斜列，平面上呈雁行状，剖面上呈多层状叠瓦式排列。产状与地层产状基本一致，局部有交角，倾向南西，倾角变化有一定规律，矿区中段为中等倾斜，西段较陡，东段较缓，沿倾向上陡下缓。多数矿体分布于矿区东部。

矿石自然类型有浸染状、脉状（网脉状）和角砾状。根据氧化程度可划分为原生矿、混合矿、氧化矿三种工业类型。根据矿石中银、铅、锌含量的不同可划分为银矿石、银铅锌矿石、铅锌银矿石（图 3-8）。

图 3-8 破山银矿床典型矿石照片

矿石为含金属硫化物及金银矿物的岩石。矿石中金属矿物总量 10%左右。可供工业利用的元素以银为主，伴生铅、锌、硫、金、镉等元素可综合回收利用。矿物共生组合主要为黄铁矿—闪锌矿—黄铜矿—自然银—辉银矿—淡红银矿—银金矿—深红银矿—方铅矿。

矿石结构主要有自形、半自形粒状结构、他形粒状结构、固溶体分离结构、交代溶蚀结构等。构造主要有浸染状构造、网脉状构造和角砾状构造，少部分具块状构造、变余层状构造、胶结构造和蜂窝状构造。

围岩蚀变主要有硅化、绢云母化、碳酸盐化，其次为绿泥石化、黏土化。硅化有变质期、成矿热液期和成矿期后三期，成矿热液期对成矿贡献最大；主要类型有裂隙充填型和交代型，以前者为主且与成矿关系最密切。绢云母化常与硅化相伴，蚀变越强矿化也越强。碳酸盐化叠加于硅化、绢云母化之上，蚀变矿物有方解石、菱铁矿，常呈单脉或复脉（石英－碳酸盐－金属硫化物组成）产出，复脉与成矿关系密切。绿泥石化蚀变较弱，多与硅化、碳酸盐化叠加，也常有金属矿物富集。黏土化主要发育在矿体顶底板附近，是矿化阶段晚期或成矿期后的产物，与成矿关系不密切。

三、矿床成因

（一）成矿时代

大量研究者对破山和银洞坡利用不同手段开展了成矿时代测定工作。江思宏等（2009a）测得银洞坡金矿床含金石英脉中绢云母的 $^{40}Ar/^{39}Ar$ 坪年龄为（373.8±3.2）Ma，认为该矿床形成于晚泥盆世。张静等（2006）测得歪头山组中白云母的 $^{40}Ar/^{39}Ar$ 年龄为（361.4±7.1）Ma，银洞坡金矿床热液蚀变绢云母 K-Ar 年龄分别为（119.5±3.6）Ma 和（171.8±4.9）Ma，破山银矿床热液绢云母的 K-Ar 年龄为（103.6±41.5）Ma，矿区内云煌岩脉的 K-Ar 年龄为 134 Ma。

综合同位素年代学研究和矿床地质特征认为，围山城矿集区金银成矿作用可能与白垩纪构造-中酸性岩浆活动有关，形成于早白垩世。

（二）成矿流体特征

银洞坡金矿床流体包裹体主要包括以下三种类型：气液两相包裹体（I 型）、富气相包裹体（II 型）、含 CO_2 三相包裹体（III 型）。流体包裹体均一温度范围为 129～299℃（曾威 等，2016）。利用最大捕获压力/静岩压力梯度代表成矿深度（李晶 等，2007），估算银洞坡金矿成矿深度为 5.3 km 左右。

银洞坡金矿主成矿期石英脉中同时存在气液两相包裹体、富气相包裹体和含 CO_2 三相包裹体，暗示成矿流体为一种不均匀流体，流体不混溶的温度区间为 300～270℃。银洞坡金矿床广泛发育角砾状矿石，可见石英脉胶结围岩角砾，说明成矿期存在张性应力。挤压-张性环境转变导致了流体压力的突然降低，致使流体不混溶作用的发生，也可能是导致矿质沉淀发生的重要因素。

破山银矿流体包裹体以气液两相包裹体为主，有少量富 CO_2 的流体包裹体。流体包裹体均一温度为 65～365℃。成矿流体盐度多小于 10%（质量分数 NaCl），密度多小，属于中温、低盐度、低密度流体。碳质与矿体的密切关系也暗示了成矿的还原环境。

（三）成矿流体来源

张静等（2008b）和张宗恒（2002b）对围山城矿集区不同成矿阶段的石英、碳酸盐矿物及流体包裹体的氢氧碳同位素进行了研究。结果表明：①破山银矿床成矿中期阶段石英中流体包裹体的 $\delta^{18}O$ 值介于+4.6‰～+5.3‰，在变质水范围内接近岩浆水；晚期阶段方解石的平衡水 $\delta^{18}O$ 值主体介于-4.6‰～-2.2‰，个别低至-10.3‰，显示了大气降水的特征。说明成矿早阶段主要为变质流体，少量岩浆流体，成矿晚阶段演化为以大气降水为主。②银洞坡金矿床主成矿阶段石英中流体包裹体的 $\delta^{18}O$ 值介于+10.8‰～+4.0‰。在氢氧同位素投影图解上，银洞坡和破山矿床初始成矿流体落入岩浆水和变质水之间的区域。对此。张静等（2008c）认为早阶段的成矿流体可能起源于变质水。但是，白垩纪桐柏地区转入陆内演化阶段，区域变质作用趋于平静，而岩浆活动十分强烈。结合成岩成矿年代学研究，围山城金银矿集区属于晚中生代岩浆热液演化系统的不同产物，初始成矿流体起源于岩浆热液。

（四）成矿物质来源

破山银矿床矿石硫化物的 $\delta^{34}S$ 值为-1.8‰～+5.3‰，集中在 0～+4‰，呈塔式分布，与近矿围岩歪头山组碳质绢云石英片岩、变粒岩中硫化物的 $\delta^{34}S$ 值（+1.6‰～+4.8‰）大致相近，推测矿床的硫源可能是歪头山组（表 3-1）。

表 3-1　银洞坡金矿硫同位素组成

样品号	矿物	样品描述	$\delta^{34}S$/‰	来源
S1-YDP	黄铁矿	近矿绢云石英片岩中细粒黄铁矿呈纹层状分布	4.1	曾威等（2016）
S2-YDP	黄铁矿	近矿绢云石英片岩中细粒黄铁矿呈纹层状分布	5.7	
S3-YDP	黄铁矿	近矿绢云石英片岩中细粒黄铁矿呈纹层状分布	4.4	
S4-YDP	黄铁矿	近矿绢云石英片岩中细粒黄铁矿呈纹层状分布	6.1	
S5-YDP	黄铁矿	近矿绢云石英片岩中细粒黄铁矿呈纹层状分布	4.2	
S6-YDP	黄铁矿	金矿石	2.6	
S7-YDP	黄铁矿	金矿石	2.5	
S8-YDP	黄铁矿	金矿石	2.7	
S9-YDP	黄铁矿	金矿石	2.2	
S10-YDP	黄铁矿	金矿石	3.3	
S11-YDP	黄铁矿	金矿石	2.3	
S12-YDP	黄铁矿	金矿石	2.8	
	黄铁矿	绢云石英片岩	3.3～4.8	张静等（2008b）
	黄铁矿	矿石	1.6～3.1（14 个数据）	

破山银矿硫化物 $^{206}Pb/^{204}Pb$ 值为 16.570～17.124，低于 18.000，显示铀铅亏损的特征；绝大部分矿石铅的 μ 值介于 8.7～9.8，高于正常铅 μ 值的范围（8.686～9.238）；而 ω 值大部分介于 41～51，明显高于正常铅 ω 值（35.55±0.59），显示铅源的物质成熟度高。整体来看，破山银矿床硫化物相对富集钍铅，与沉积岩、花岗岩、深变质岩的差别都比较大，与浅变质岩铅同位素相似。结合矿区的实际情况，矿床恰赋存在以云母石英片岩、变粒岩、角闪片岩为主的歪头山组浅变质岩地层中，而且地层中 Th/U 值（7.59～13.02）较高。铅同位素特征表明，歪头山组完全满足为破山银矿床提供高的放射性钍铅的条件，即矿石铅应来自赋矿的歪头山组。

银洞坡金矿床矿石中黄铁矿 $\delta^{34}S$ 为 1.6‰～3.3‰（曾威 等，2016；张静 等，2008b），围岩绢云石英片岩中黄铁矿 $\delta^{34}S$ 为 3.3‰～6.2‰。矿石硫同位素值明显低于地层硫，暗示银洞坡金矿石硫，除来源于歪头山组外，还有部分为深源硫。

综上，银洞坡金矿床和破山银矿床成矿物质主要来源于歪头山组，并有部分来源于中生代岩浆岩。

（五）含矿岩系地球化学特征

在歪头山岩组中，成矿元素含量变化与地层层序、岩石类型及所处构造部位有密切关系。歪头山岩组中部第二岩性段含金高（26.85×10^{-9}），银较低（4.89×10^{-6}）；上部第二岩性段含银较高（7.63×10^{-6}），金含量较低（8.21×10^{-9}）；下部第五岩性段含银、铅高（Ag 4.4×10^{-6}，Pb 155.75×10^{-6}）这与前者赋存金矿，后者赋存银矿相一致。矿床中成矿元素的富集程度，与围岩的含矿性相一致。

矿带地质单元中各种微量元素的分配与岩石类型密切相关，歪头山岩组主要岩石类型之间成矿元素分布有明显差异。碳质绢云石英片岩的金银含量最高，分别为56.86×10^{-9}和 5.99×10^{-6}，成为金银矿床的直接赋矿围岩。变粒岩中成矿元素含量次之，与碳质绢云石英片岩、云母石英片岩共同组成矿源层。

（六）成矿机制及动力学环境

围山城矿集区构造位置属于秦岭-大别造山带东段大别构造带桐柏地区，经历了复杂的构造演化，既有古生代—早中生代南秦岭和北秦岭之间的俯冲碰撞，又经历了晚中生代强烈的区域岩浆活动。在新元古代（约 600 Ma）秦岭洋已经形成，早古生代北秦岭区处于沟-弧-盆体系的大陆边缘环境，早古生代（约从 524 Ma 开始）秦岭洋沿商丹断裂向北俯冲消减（陈丹玲 等，2004），经多期弧陆碰撞，并在泥盆纪秦岭洋盆最终闭合（李源 等，2012）。近年同位素年代学研究表明，银洞坡金矿床和破山银矿床主要热液成矿作用形成于早白垩世陆内环境，金、银成矿与白垩纪构造-岩浆活动关系密切（吴冲龙，2008）。

矿床地质特征和矿区岩系含矿性研究表明，高背景地层的分散金、银元素为成矿提供了良好的物质基础和矿源层。金、银矿体的空间展布受层位控制明显。碳质物质为成矿物质富集起到了良好的吸附、沉淀作用。朱庄背斜及其相关的断裂构造控制了围山城金银矿带所有矿体的分布。早白垩世强烈的中酸性岩浆活动为成矿提供了丰富的成矿物质来源和初始成矿流体。综上，该矿床成因属于受构造控制的岩浆热液型金矿床，与白垩纪中酸性岩浆活动关系密切。

四、成矿要素

晚中生代桐柏地区已进入陆内演化阶段，在 133～125 Ma 期间加厚下地壳发生拆沉，区域变质作用趋于平静，而岩浆活动强烈。岩浆流体上升运移过程中，活化萃取了岩片（歪头山组）中的巨量成矿物质，运移到高碳质地层发育的层间滑脱带、褶皱转折端、倾伏端的虚脱部位及两翼的共轭逆冲剪切带中时，由于碳质地层的还原作用及压力的突然降低，发生流体不混溶作用，卸载成矿物质而成矿。

早白垩世中酸性岩浆活动（岩浆条件）、歪头山组岩层（矿质初始富集）和褶皱、断裂构造是围山城金银成矿的重要因素。其成矿要素见表 3-2。

表 3-2　围山城金银矿成矿要素表

成矿要素		描述内容	成矿要素分类
特征描述		中低温岩浆热液型金银矿	
成矿地质作用	侵入岩体	早古生代晚期花岗岩	必要
	赋矿围岩	歪头山组变质含碳碎屑岩	必要
	成矿时代	早古生代晚期	必要
	成矿环境	造山环境	重要
成矿特征	矿体形态及产状	矿体以透镜状和脉状等形态赋存于上元古界歪头山组中部第二岩性段中共轭逆冲断层	重要
	主矿体特征	矿体长 560 m，延深一般 100 m，矿体平均厚 7.60 m，总体走向 300°～310°	重要
	矿物组合	金属矿物主要为黄铁矿、方铅矿、闪锌矿、黄铜矿等，金银矿物以自然金、自然银、辉银矿为主	重要
	结构构造	自形—半自形粒状、他形粒状结构，角砾状结构；浸染状、脉状构造	次要
	蚀变特征	硅化、绢云母化、碳酸盐化	重要
	控矿构造	层间滑脱带、褶皱转折端、倾伏端的虚脱部位及两翼的共轭逆冲剪切带	必要
	成矿期次	一个热液期，分为早期黄铁矿-石英-绢云母阶段、多金属硫化物阶段和碳酸盐阶段	重要
	成矿物化条件	成矿温度 200～250 ℃	重要
	成矿物质来源	成矿物质主要来源于歪头山组、变质流体和地幔流体	重要

第三节　罗山县金城金矿床

一、矿区地质背景

金城金矿区位于燕山晚期灵山花岗岩体东部，处于近东西向桐柏-商城区域性深大断裂南侧。近东西向构造带控制了本地区各类岩脉及地层的产状和分布和多金属矿化的空间展布方向，属小型矿床规模。

矿区地层以中-新元古界浒湾岩组（$Pt_{2+3}h$）下段为主，岩性为（含石榴子石）黑云片麻岩、斜长角闪岩、黑云母斜长角闪片岩、条带大理岩、白云质大理岩、二云母石英片岩等（图 3-9）。岩层产状总体走向 270°～290°，北东倾，倾角 30°～50°。西部受后期构造影响向北西偏转，东部则受北北东向断裂和褶皱构造联合控制，向南东偏转。经历了多期构造变形和强烈的变质作用，变质程度达高绿片岩相-低角闪岩相。岩层构造面理与地层层理总体一致，局部可见构造面理以小角度斜切残留的地层层理构造。大多岩性段沿走向和倾向变化很快，不同岩块（岩片）之间呈断层接触关系。矿区岩性自下而上划分 5 个岩性带。

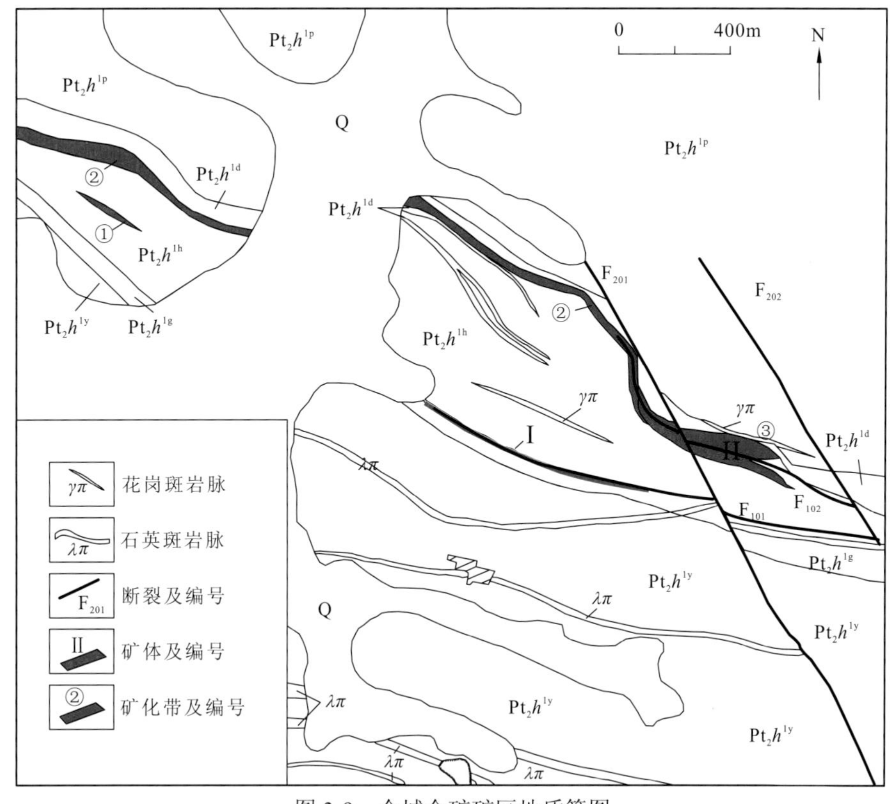

图 3-9　金城金矿矿区地质简图

Q. 第四系；Pt_2h^{1p}. 中元古界浒湾（岩）组石榴二云斜长片岩及二云母石英片岩；Pt_2h^{1d}. 中元古界浒湾（岩）组白云石大理岩；Pt_2h^{1h}. 中元古界浒湾（岩）组斜长角闪岩、薄层大理岩、石榴黑云片麻岩互层；Pt_2h^{1g}. 中元古界浒湾（岩）组大理岩及黑云绿泥石片岩、角闪岩透镜体；Pt_2h^{1y}. 中元古界浒湾（岩）组（含石榴子石）黑云片麻岩、变粒岩

（1）黑云片麻岩、（石榴）黑云片麻岩、变粒岩带：岩石多呈灰黑色，中细粒变晶结构，片状—片麻状构造，主要矿物成分为黑云母、长石、石英、长石、石榴子石等，少量绿帘石、绿辉石、金红石。变粒岩以长石、石英为主。普遍含有星点状的中—细粒黄铁矿。

（2）大理岩夹黑云绿泥石片岩、角闪岩透镜体带：条带大理岩呈灰白色—白色，细—中粒变晶结构，条带状，块状构造，矿物成分为方解石，少量白云石。岩层呈透镜状、层状，局部呈似层状分布。条带主要为黑云绿泥石片岩。岩石黑灰色，局部灰绿色，片状变晶结构，片麻状构造。矿物成分以黑云母为主，少量石英、长石，局部绿泥石化强烈，多见黄铁矿化，黄铁矿呈中细粒浸染状及星点状分布。

（3）斜长角闪岩、薄层大理岩、石榴黑云母片麻岩互层带：厚度变化较大，一般东部较薄，向西展开厚度加大。下部以黑云斜长片岩为主，夹薄—中厚层大理岩；中部为薄层大理岩、斜长片岩、斜长角闪岩、角闪岩互层。各单层在走向和倾向上常不连续；上部斜长角闪岩、黑云斜长片麻岩、（含榴）黑云片麻岩互层。层间发育石香肠状构造及薄层状细粒黄铁矿层。岩石受应力作用，片理化强烈。局部岩石的石榴子石含量较高，含量 5%～10%。普遍见有细粒黄铁矿。

（4）白云质大理岩：白色，中粒变晶结构，块状构造。主要矿物为方解石、白云石，少量云母矿物。岩层多呈透镜状、层状分布，局部夹有黑云片岩、二云斜长片岩等。

（5）石榴二云斜长片岩及二云母石英片岩带（Pt_2h^{1p}）：该带以石榴二云斜长片岩、二云斜长片岩和二云母石英片岩为主，局部夹黑云角闪片麻岩及薄层大理岩透镜体。岩石为灰色，细—中粒变晶结构，片状构造。主要矿物为石英、斜长石、黑云母、白云母及少量角闪石，见细粒、微粒黄铁矿化，岩石局部强烈揉皱、挤压，片理化强烈。石英细脉较发育。

矿区处于桐柏-商城构造带附近，该深大断裂近东西向展布。矿区内褶皱和构造也较为发育。矿区内岩层总体上类似于单斜构造特点，各岩性段之间多为断层接触，岩性段内构造面理已完全置换了原生层理构造。矿区内断裂构造发育，主要有近东西向和北北西向两组。近东西向断裂形成时间较早，控制了矿体产出。该组断裂为顺层断裂或不同岩性层间破碎带整体向北倾斜，断裂带内及两侧围岩表现出明显的韧性变形特征，带内发育强烈变糜棱岩化、石香肠化等，是矿区的控矿、容矿构造。F101 断裂是矿区内较大规模断裂，呈近东西向展布。控制延长近 260 m，宽 0.30～1.00 m，走向 280°～300°，倾向北，倾角 50°～70°，断裂带内构造角砾和碎屑发育，并在其东段有石英闪长岩岩脉充填，伴生一定的蚀变矿化。北西向断裂（F201、F202）是成矿后断裂，切割错断了早期的近东西向断裂和金矿体，控制了萤石矿化产出。萤石矿化晚于金矿化。

矿区内小褶皱构造较为发育，一些小型褶皱已被挤压冲断，形成紧闭褶皱、倒转。这些褶皱多见于塑性变形较强的条带状大理岩或大理岩与片岩互层的岩层中，反映了本区岩层曾经历了强烈的挤压韧性变形，并伴随较强烈的变质作用。此外，偶见中型规模的宽缓褶皱，地表多发育宽缓褶皱或小型挠曲，属于燕山期浅层次构造变形。

矿区位于燕山晚期灵山岩体东部，矿区内无大型岩体出露，发育少量燕山晚期岩脉，主要为花岗斑岩脉、石英斑岩脉、闪长岩脉、煌斑岩脉等。花岗斑岩脉主要出露在矿区的中南部，总体呈近东西向脉状分布。岩石呈灰白色—白色，细粒斑状结构，块状构造。本次工作获得相关近东西走向的花岗斑岩脉锆石 U-Pb 年龄为 133 Ma 左右。

二、矿床地质特征

区内共发现两条金矿体，均沿层间断裂展布，主矿体为 1 号和 2 号。

1 号金矿体长大于 400 m，宽 0.5～5 m。产状走向 280°～300°，倾向 NNE，倾角 40°～50°。总体稳定性较好，似层状产出，控制长 130 m，倾斜延深 180 m，垂厚 0.62～9.63 m。产状走向 280°～290°，倾向 NE，倾角 30°～50°。赋矿岩石为大理岩或云母斜长片麻岩夹层，硅化强烈处表现为含角砾石英脉，并见有团块状或星散粒状方铅矿。控制工程有地表两个露头点，由斜井及一个穿脉坑道，一个沿脉坑道和 0、3、11 三条勘探线上四个钻孔（ZK0-1，ZK0-4，ZK3-2，ZK11-1）控制。矿体后期断裂构造活动迹象清晰，局部有断层泥出现。该矿体沿条带状大理岩与互层带产出。金品位一般为 1.09×10^{-6}～7.65×10^{-6}，最高为 22.80×10^{-6}，平均品位为 3.89×10^{-6}，表现为分布不均匀。

2 号金矿化带横贯全区，矿体形态为似层状、串囊状。工程控制长度为 230 m，倾斜延深达 100～200 m，垂厚 1.56～29.34 m，厚度变化大，膨缩现象明显。产状变化大，总体走向 270°～290°，西段 1～5 线间走向为 330°～350°，东段走向为 70°～80°，倾向 N 或 NE，倾角 25°～55°。100 m 中段平面矿体呈“Z”字形态。矿化原岩为角闪岩、斜长角闪岩、二云母片麻岩、薄层不纯质大理岩层间或有含榴二云片麻岩等互层带，各单层走向上多不对应，其中 CM100-N0 和 CM100-N1 穿矿体厚大部位均出现有薄层石英黄铁矿（细粒）层呈多层交互出现。由 18 个工程控制，地表由 CK1 采坑及 TC0-1、TC2-1、TC4-1 槽控制，深部 100 m 中段由穿脉 CM100-N1、CM100-N0、CM100-N2、CM100-N3、CM100-N4、CM100-N6 及沿脉 YM100-E1 和 7 个钻孔（ZK0-1、ZK0-4、ZK1-1、ZK2-1、ZK4-1、ZK4-2、ZK6-1）控制。当产状走向偏近东西时表现宽大，且金矿化强烈，常形成厚大工业矿体，而产状向近南北转弯处一般薄且矿化弱。金品位为 1.04×10^{-6}～21.46×10^{-6}，最高为 25.56×10^{-6}，平均为 6.24×10^{-6}。金品位表现出矿体愈厚大品位愈高、相对愈均匀的特点。

矿石中金属矿物主要为黄铁矿，其次为黄铜矿、闪锌矿，少量的毒砂、方铅矿、赤铁矿等，非金属矿物主要有石英、白云母、方解石、绿泥石、萤石等。其中黄铁矿为主要载金矿物。金主要以微细粒包体形式赋存于黄铁矿晶体中，其次在黄铁矿裂隙中。矿石构造主要为浸染状、脉状、角砾状等。矿石结构有结晶结构、交代结构、固溶体分离结构等（图 3-10）。

成矿阶段	石英-黄铁矿阶段	石英-多金属硫化物阶段	石英-萤石-碳酸盐岩矿物阶段
石英			
黄铁矿			
自然金			
毒砂			
方铅矿			
闪锌矿			
黄铜矿			
方解石			
萤石			

图 3-10　金城金矿床成矿阶段划分及矿物生成顺序

矿区围岩蚀变简单，表现为中低温蚀变特征，主要有硅化、黄铁矿化、绢云母化、碳酸盐化、绿泥石化，极少量的绿帘石化，共同构成了金矿体特征的围岩蚀变带，部分碳酸盐化具有明显的沿裂隙分布特征，表明碳酸盐化应为后期流体作用形成。其中硅化、黄铁矿化及绿泥石化与金矿化关系最为密切。

三、矿床成因

矿床硫同位素组成：矿石硫化物$\delta^{34}S$值为 0.1‰～5.5‰，变化范围较窄，均一化程度较高，具有深源岩浆硫的特征。氢、氧同位素分析表明，矿石石英中流体包裹体水的δD_{H_2O}为–62‰～–86‰，均值–75.3‰；石英$\delta^{18}O$ V-SMOW 变化为+5.5‰～+11.4‰，均值 8.4‰。在δD-$\delta^{18}O_{H_2O}$相关图解上，投影点落在岩浆水与大气降水之间，并向大气降水方向有一定的漂移，早阶段更接近于岩浆水，晚阶段更接近于大气降水（表 3-3、表 3-4 和图 3-11）。

表 3-3 金城金矿黄铁矿中硫同位素组成（刘洪 等，2013）

样品编号	测试矿物	$\delta^{34}S$/‰
ST-1	黄铁矿	4.5
ST-2	黄铁矿	4.0
ST-3	黄铁矿	2.8
ST-4	黄铁矿	5.5
龟山组变质岩（引用）	黄铁矿	3.8
老湾金矿（引用）	黄铁矿	4.6

表 3-4 金城金矿床石英中氢氧同位素组成（刘洪 等，2013）

样品号	矿物	成矿阶段	$\delta^{18}O_{石英}$/‰	$\delta^{18}O_{H_2O}$/‰	δD_{H_2O}/‰
QY-1	石英	石英–黄铁矿阶段	+8.4	+1.0	–82
QY-2	石英	石英–多金属硫化物阶段	+7.7	–3.8	–80
QY-3	石英	石英–多金属硫化物阶段	+7.8	–3.6	–81
LTS-2	石英	石英–黄铁矿阶段	+11.4	4.0	–72
LTS-3	石英	石英–黄铁矿阶段	+10.2	3.0	–72
LTS-4	石英	石英–多金属硫化物阶段	+5.6	–6.0	–86
S1-1	石英	石英–黄铁矿阶段	+9.2	2.0	–62
S1-2	石英	石英–多金属硫化物阶段	+7.8	–3.6	–71
782-1	石英	石英–黄铁矿阶段	+8.0	–0.8	–72

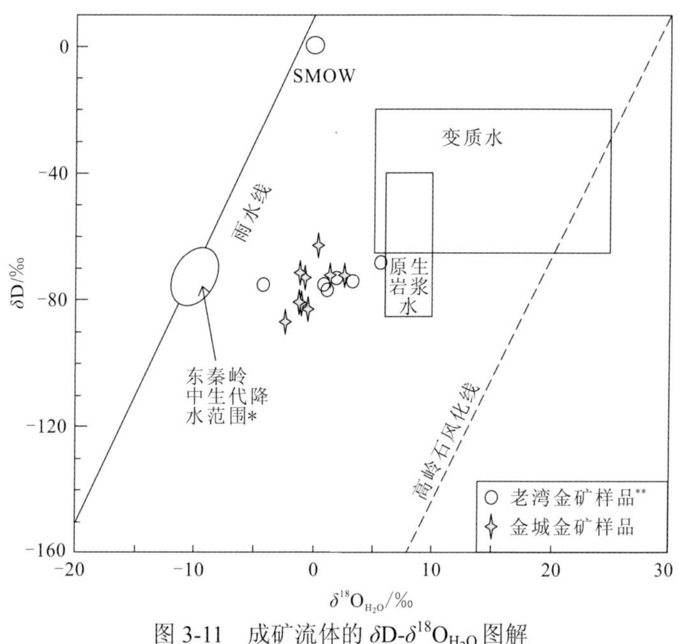

图 3-11　成矿流体的 δD-$\delta^{18}O_{H_2O}$ 图解

底图据张理刚（1985）和韩吟文等（2003）；**老湾金矿样品据陈良等（2009）

流体包裹体研究表明，矿石石英中的流体包裹体均一温度为 90～380℃，集中在 130～330℃，萤石中的流体包裹体均一温度为 125～180℃，可与石英流体包裹体低温区间对应，反映了石英-萤石-碳酸盐岩矿物阶段的流体包裹体均一温度特征。总体看来从石英到萤石中流体包裹体的温度逐渐降低，说明从石英-黄铁矿阶段、石英-多金属硫化物阶段到石英-萤石-碳酸盐矿物阶段成矿流体温度逐渐降低，反映了由高温到低温的流体演化过程。

矿区内中酸性侵入体不发育，但发育花岗斑岩脉。在钻孔深部资料发现，花岗斑岩脉产状与矿体和控矿构造一致，与矿化往往密切伴生，矿化蚀变强烈区域往往花岗斑岩脉也非常发育，暗示斑岩脉与成矿作用关系非常密切，因此探讨矿区伴生花岗斑岩脉的性质和来源对探讨矿床成因具有重要意义。另外，区内发育的韧性剪切带为金城金矿床的形成提供了导矿构造和容矿空间。初步认为，该矿床属于受构造控制的岩浆热液型金矿床，并可与老湾金矿床对比。成因上可能与白垩纪浅成高位岩浆活动关系密切，这与区域内老湾金矿床的成因机制极为相似。老湾金矿床、薄刀岭银金矿床、金城金矿床均产在近东西向区域主干断裂带附近，如老湾金矿床总体走向为 85°～93°；薄刀岭银金矿床控矿断裂走向为 75°～85°。这些特征均反映了区域金银矿化与近东西向构造-岩浆活动之间的密切联系，控矿断裂往往为高角度脆性破碎带。断裂带附件近东西向斑岩脉反映了浅成高位岩浆活动，以及岩浆体系压力快速降低、挥发分过饱和及出溶过程（Stemprok et al.，2008）。挤压-伸展转化环境、挥发分过饱和的岩浆流体是金银成矿有利因素。

四、成矿要素

在对金城金矿床地质特征、矿体特征、矿石特征、控矿因素等综合研究的基础上，分析了典型矿床的成矿要素（表 3-5），总结了金城金矿床综合找矿标志信息（表 3-6）。

表 3-5　金城金矿床成矿要素综合表

<table>
<tr><th colspan="3">成矿要素</th><th colspan="3">描述内容</th><th>分类</th></tr>
<tr><td colspan="3">资源储量</td><td>Au 金属量：4.05 t</td><td>平均品位</td><td>Au：5.77×10^{-6}</td><td></td></tr>
<tr><td colspan="3">矿床描述</td><td colspan="3">矿体受控于顺层产出的断裂构造，近东西走向，北倾，倾角 25°～65°，顺层产出，形态似层状、脉状，沿走向和倾向延深均具膨缩特点</td><td></td></tr>
<tr><td rowspan="5">地质环境</td><td rowspan="3">成矿环境</td><td>地层</td><td colspan="3">浒湾岩组下段，主要岩石类型包括：黑云片麻岩、斜长角闪岩、黑云母斜长角闪片岩、条带大理岩、白云质大理岩、二云母石英片岩等</td><td>次要</td></tr>
<tr><td>岩浆岩</td><td colspan="3">近东西向花岗斑岩脉（约 133 Ma）</td><td>重要</td></tr>
<tr><td>构造</td><td colspan="3">挤压-伸展转换环境，脆-韧性转换部位</td><td>重要</td></tr>
<tr><td colspan="2">成矿物化条件</td><td colspan="3">主成矿阶段流体温度为 130～330 ℃；成矿流体具岩浆流体和大气降水混合的特征；硫化物 $\delta^{34}S$ 值为 0.1‰～5.5‰，变化范围较窄，均一化程度比较高，具有深源岩浆硫的特征</td><td>重要</td></tr>
<tr><td colspan="2">成矿时代</td><td colspan="3">相关花岗岩锆石 U-Pb 年龄为 133± Ma，基本反映了成矿时限</td><td>重要</td></tr>
<tr><td rowspan="6">矿床地质特征</td><td colspan="2">矿体特征</td><td colspan="3">区内共发现两条金矿体，均沿层间断裂展布。矿体受控于顺层产出的断裂构造，近东西走向，北倾，倾角 25°～65°，顺层产出，形态似层状、脉状，沿走向和倾向延深均具膨缩特点。矿体长 100～230 m，倾斜延深 100～200 m，垂直厚度 0.62～29.34 m，金品位一般为 1.0×10^{-6}～10×10^{-6}，局部地段富集可达 10×10^{-6}～20×10^{-6}，个别可达 25.56×10^{-6}。2 号脉品位较高、厚度较大，其品位平均 2 倍于 1 号脉</td><td></td></tr>
<tr><td colspan="2">矿物组合</td><td colspan="3">金属矿物主要为黄铁矿，其次为黄铜矿、闪锌矿，少量的毒砂、方铅矿、赤铁矿等，非金属矿物主要有石英、白云母、方解石、绿泥石、萤石等。其中黄铁矿为本矿床的主要载金矿物。金主要以微细粒包体形式赋存于黄铁矿晶体中，其次在黄铁矿裂隙中</td><td>重要</td></tr>
<tr><td colspan="2">矿石结构</td><td colspan="3">结晶结构、交代结构、固溶体分离结构等</td><td>重要</td></tr>
<tr><td colspan="2">矿石构造</td><td colspan="3">主要为浸染状、脉状、角砾状等</td><td>重要</td></tr>
<tr><td colspan="2">蚀变</td><td colspan="3">硅化、黄铁矿化、绢云母化、碳酸盐化、绿泥石化</td><td>重要</td></tr>
<tr><td colspan="2">控矿条件</td><td colspan="3">主要受构造和岩浆条件控制。产在近东西向区域主干断裂带附近，控矿断裂往往为高角度脆性破碎带。断裂带附件近东西向斑岩脉反映了浅成高位岩浆活动，以及岩浆体系压力快速降低、挥发分过饱和及出溶过程（Štemprok et al.，2008）。挤压-伸展转化环境、挥发分过饱和的岩浆流体是金银成矿的有利因素</td><td>重要</td></tr>
</table>

表 3-6 金城金矿找矿信息综合表

	找矿标志	信息显示特征
地质	控矿构造	早白垩世浅成岩浆活动和脆-韧性断裂构造耦合（挤压-伸展转化）是金成矿的关键因素
	岩浆岩	燕山期花岗斑岩及煌斑岩等暗色岩脉
	围岩蚀变及矿化	硅化、绢云母化、黄铁矿等硫化物矿化及碳酸盐化
	矿化分带	以花岗斑岩脉带为矿化中心由 W、Mo→Pb-Zn-Ag→Au，Ag 互为找矿标志
地球物理	探测目标物	断裂蚀变带
	目标物物性	高极化率，中、低电阻率
	地面异常	高电阻异常和高极化异常并列出现部位
	深部异常	井中低阻、高激电异常为含矿位置
地球化学	元素组合	主要 As、Sb、Au、Ag；次要 Cu、Pb、Zn、Mo
	垂向分带	As—Sb→Au—Ag→Cu—Zn—Pb→Mo（由上至下）
	水平分带	Au—Sb—As—Ag→—Cu—Pb—Zn→Mo（按异常晕宽，由外至内）

（1）岩浆岩：桐柏-大别地区受构造控制热液脉状金银矿床无一例外的均与白垩纪岩浆活动成因、时空联系密切。金城矿区近东西向大量斑岩脉带（133 Ma）是这种岩浆活动的重要指示。

（2）构造：脆-韧性断裂构造转换部位是成矿有利部位。

（3）地（岩）层条件：中-新元古代—古生代古洋盆沉积物质可能为浒湾地体中 Au、Ag 元素的表生富集提供了有利的沉积环境。矿区大理岩可能反映了海相碳酸盐岩沉淀作用。浒湾岩组火山-沉积建造可能提供了部分 Au、Ag 成矿物质来源。另外，矿区浒湾岩组大理岩块体与片麻岩呈构造接触。二者间构造裂隙可能成为热液运移的有利通道，并可能形成矿热液的有效圈闭。岩石物理化学性质的差异还可能加剧了脆-韧性构造作用耦合。

第四节 光山县薄刀岭银金矿床

薄刀岭银金矿床位于河南省光山县西南部，行政区隶属于河南省光山县马畈镇和殷棚乡，呈北西向分布，面积 21.63 km^2。薄刀岭银金矿从 20 世纪 80 年代起陆续开展过较多物化探和预、普、详查工作，近几年又实施了河南省地勘局重大项目，累计提交（332）+（333）+（334）以上资源量银 576 t，金 7.5 t。

一、矿区地质背景

区域地层以龟（山）-梅（山）断裂（凉亭韧性剪切带）为界，北侧属北秦岭地层区，南侧属南秦岭地层区。北秦岭地层区有古元古界秦岭岩群和下古生界二郎坪群。南秦岭地层区有中-新元古界龟山岩组和泥盆系南湾组。中生界地层包括侏罗系、白垩系和第四系。

中-新元古界龟山岩组：主要为一套由不同时代构造岩块经强烈变形改造而形成的构造岩石单位。其岩性主要为一套长英质岩石和角闪质岩石，区内凉亭金银矿、孙堰金矿、余冲金矿和部分铅锌矿（化）点均分布于凉亭断裂带南侧的该套地层中，说明龟山岩组为金银等多金属主要赋矿地层。

泥盆系南湾组总体上为一套快速沉降、低成熟度陆源碎屑建造，呈北西西向带状展布，岩性组合为条带状绿帘黑云变粒岩、角闪变粒岩及黑云片岩、二云片岩等，变质达绿片岩相—低角闪岩相。

古元古界秦岭岩群：为一套以构造融合作用为主导的高级变质结晶基底岩石，呈规模不等的构造透镜体分布于凉亭韧性剪切带中，构造岩块主要由各种片麻岩（长英质和角闪质）夹石英片岩组成。

下古生界二郎坪群：包括大栗树组、张家大庄组和刘山岩组。大栗树组岩性为斜长角闪片岩，原岩是一套基性的细碧岩、细碧玢岩类。张家大庄组岩性主要为角闪斜长变粒岩、黑云斜长变粒岩，顶部夹小透镜状大理岩，其原岩为石英角斑岩及角斑岩、酸性火山碎屑沉积岩。刘山岩组以斜长角闪片岩为主，夹黑云斜长变粒岩、黑云斜长片岩及多层大理岩。

上侏罗统段集组岩石组合为一套复成分砾岩、角砾岩，夹砂岩薄层或透镜体；下白垩统陈棚组呈不规则透镜状分布于平罗盆地边缘，岩性为一套陆相火山喷发岩和火山碎屑岩；上白垩统周家湾组岩性为褐红色胶结疏松的中厚层砾岩与紫红色砂砾岩互层；第四系分布于河床、冲沟等处，以残坡积、冲积黏土、亚砂土和砾石为主。

区内褶皱构造不发育，多表现为一些层间小褶曲，一般与矿化关系不大。

区域总体构造特征是以规模巨大的凉亭韧性剪切带（凉亭断裂带）为格架的近东西向韧、脆性叠加构造，亦是区内最主要的导矿和储矿构造。凉亭银金矿段和孙堰金矿段的主要矿体受此方向构造控制。其次为北东向张性脆性断裂也与金矿化关系密切，孙堰（油榨）和余冲金矿段矿体都为该方向的断裂控制。

区域与成矿有关的岩浆岩主要有花岗岩、片麻状花岗岩、片麻状石英闪长岩及脉岩。

花岗岩：与金银矿化有关的花岗岩，主要为分布于矿区西侧的薄刀岭和马鞍山花岗岩体。薄刀岭花岗岩（$K_2b\eta\gamma$）为晚白垩世中粒二长花岗岩体，分布于西部凉亭韧性剪切带（凉亭断裂带）北侧，呈近东西向展布，与凉亭银金矿段的薄刀岭大石英脉相连，与银金成矿关系密切；马鞍山花岗岩（$K_1m\eta\gamma$）为早白垩世细粒黑云二长花岗岩，呈近东西向，分布于矿区北部西侧。

片麻状花岗岩（γo_2^3）：在马畈一带有大面积分布，与本区成矿有关的为殷楼小岩体，呈南南西向分布，在矿区内尖灭。

片麻状石英闪长岩（δo）：呈近东西向分布于塔尔岗-曹庄一带，孙堰（油榨）金矿段位于其西端尖灭部位，与金矿化关系较密切。

银金矿体产出主要受凉亭韧性剪切带控制。该韧性剪切带主要由三条走滑糜棱岩带及两个构造片岩带组成。剪切带中心（主要走滑糜棱岩带）沿薄刀岭山脊呈近东西向分布，叠加形成构造角砾岩带（F1），带内主要岩石为破碎的薄刀岭大石英脉，主剪切面总体走向为近东西向，倾角约45°，其内分布薄刀岭矿区I号银矿体。

矿段的脆性断裂也非常发育，以近东西向为主，其规模大，与成矿关系密切；北东向、北西向和近南北向为派生的，不含矿（表3-7）。

表3-7　凉亭金银矿段断裂构造一览表

编号	位置	倾向/（°）	倾角/（°）	长/m	宽/m	蚀变特征	矿化特征
F1	矿区中部	165～175	40～80	>2 000	*n*～百余米	强硅化、弱褐铁矿化	赋存I号矿体
F2	矿区中部	70	85	1 200	2～10	硅化、黄铁矿化	分布II、IV号矿化体
F3	矿区中东部	180～190	60～85	500	2～10	褐铁矿化、硅化、黄铁	分布III号矿体
F4	中部	120	50	240	1～3	强硅化	
F5	东南部	270	38	110	2	硅化破碎带	
F6	东南部	210	30	240	2～3	硅化破碎带	
F7	中西部	190	37～70	>1 200	2～5	硅化、褐铁矿化	银、铅锌、钼矿化
F8	西南部	170	60～35	800	2～8	硅化破碎带	金矿化
F9	西南部	165	47～62	940	2～3	硅化破碎带	
F10	西南部	150	40	270	1～3	强硅化、弱褐铁矿化	

F1断裂是由凉亭韧性剪切带主剪切面发育起来的一条地表高角度、向下变缓的脆性破碎带。矿段内长大于2 000 m（向东、向西均延伸出矿区），宽几十至百余米，走向为165°～175°，倾角40°～80°。断裂带主体为破碎的薄刀岭大石英脉，上盘岩层为龟山岩组，下盘岩层为秦岭岩群。该断层早期为正断层，发育雁行状裂隙并构造角砾岩化，其内被石英脉充填。晚期断层带内发育挤压片理、挤压透镜体，并且石英脉破碎并发育辟理化带。该断层晚期表现右行逆冲，为矿段主要赋矿构造，I号银矿体就位于该断层带内。

F3断裂分布于矿段的中南部，长500余m，宽2～10 m，走向近东西，南倾，倾角60°～85°，向深部有变缓趋势，沿走向膨大收缩明显。断层带上局部见有平滑底板断面，擦痕明显，痕迹西倾，倾角40°。带内充填构造角砾岩和碎斑岩、碎粉岩，细小石英脉充填并破碎。该断层为压扭性逆冲断层。主要蚀变为黄铁矿化、褐铁矿化、硅化等。III号银矿体赋存于该带中。

F7断裂分布于矿段的西北部薄刀岭大石英脉（F1）北侧，长大于1 200 m，宽2～5 m，走向北西西，倾向南西，倾角37°～70°。东部强硅化，断面凸出地表，局部充填有石英脉或石英斑岩脉，在59线分布有V号银矿体；西部构造、蚀变较弱，分布有VIII号铅锌矿化体和IX号钼矿化体。

区内岩浆活动简单，除沿F1充填的规模较大的薄刀岭大石英脉外，只零星分布有一些规模较小的石英斑岩脉、花岗斑岩脉、煌斑岩脉及与矿化关系密切的小石英脉等。

二、矿床地质特征

（一）矿体特征

规模较大的银工业矿体为I、III、XI号，分布于矿段24～103线，出露标高117～210 m，分别赋存在凉亭断裂带近东西向脆性蚀变构造破碎带中，矿体形态受破碎带控制，呈近东西向平行或雁行状排列，倾向南，单矿体沿走向和倾向呈舒缓波状。I号矿体为主矿体，构成了所有矿体展布的格架，其余矿（化）体平行分布在上、下盘的次级构造中，相距几十至百余米，垂向上呈相同倾向的斜列状，显示了相同的成矿、控矿机制和成因类型（图3-12）。

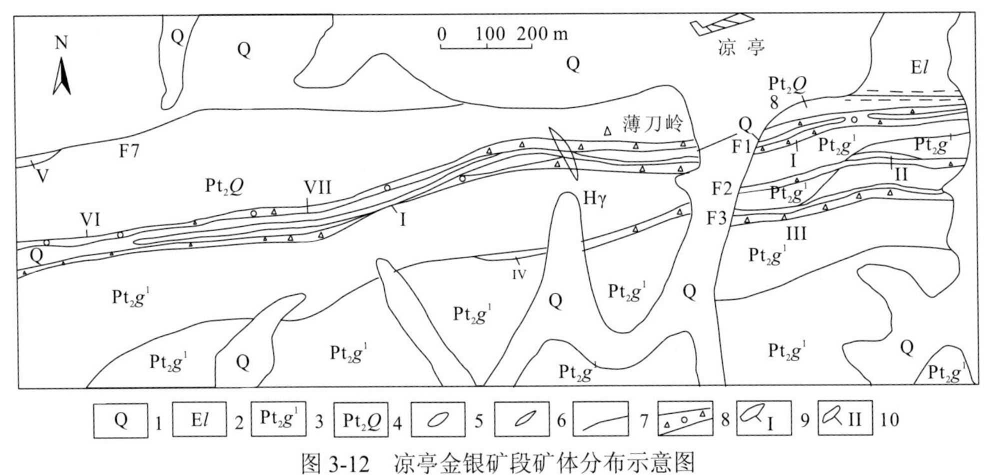

图3-12　凉亭金银矿段矿体分布示意图

1.第四系；2.下古生界刘山岩岩组；3.中元古界龟山岩组；4.古元古界秦岭岩群；5.石英斑岩脉；6.石英脉；7.区域性韧性剪切带；8.硅化构造角砾岩带；9.银矿体及编号；10.金矿化体及编号

I号银矿体：规模最大，赋存于主干断裂F1中。F1断裂长大于10 km，宽十几至几十米，近东西向横贯矿区。构造蚀变岩主要为石英脉，由于多期次构造活动的叠加，岩石破碎，蚀变发育并有较好的金、银矿化，矿化率4.4%～26%。I号、VII号银矿体位于F1破碎大石英脉内或顶板接触带附近。I号银矿体呈似层状，出露标高-200～210 m，矿体沿走向长1 700 m，最大斜深560 m，规模达大型。矿体总体走向81°，倾向170°～190°，0线以西倾角变化较大，27°～55°，0线以东多为40°～45°。矿体厚度0.8～12.21 m，平均3.28 m，厚度变化系数91.58%，属较稳定型。矿体西端47线和东端0线是两个厚大部位，深部厚约12 m，其余部位厚度多在2～5 m。矿体的连续性总体较好，顶、底板围岩主要是破碎蚀变石英脉，矿体和围岩无明显界线，主要通过分析结果划分。矿体基本无后期断层破坏及岩脉穿插，成矿后断裂虽有活动，但断距较小，矿体三度空间形态保存完整。

I号银矿体：其围岩底板是石英脉，顶板主体是含碳构造片岩，局部为破碎石英脉。顶、底板围岩产状和矿体呈整合接触，产状一致且沿走向、倾向十分稳定，共同组成凉亭断裂带的主体。该矿体共查明（332）+（333）+（333）低类银金属量492.95 t，平均品位为103.37×10^{-6}；金金属量4 918.01 kg，平均品位为1.03×10^{-6}。银金属量占总资源量的85.39%。

III号银矿体：矿体赋存于F3构造蚀变带中，长450 m，控制最大斜深165 m，矿体形态简单，为似层状、脉状。倾向175°～185°，倾角70°～80°。出露标高65～154 m。矿体厚0.5～2.8 m，平均厚度1.56 m。矿体顶、底板围岩为龟山岩组绢云石英片岩。银、金品位变化较大，银51.27×10^{-6}～1500×10^{-6}，金0.48×10^{-6}～26.5×10^{-6}（PD4）。查明（333）类银金属量 22.28 t，平均品位为 152.23×10^{-6}；金金属量 271.57 kg，平均品位1.86×10^{-6}。银金属量占总资源量的3.87%。

凉亭金银矿段共查明工业矿+低品位矿（332）+（333）+（333）低类银金属量575.97 t，平均品位为113.10×10^{-6}；伴生金金属量5 225.70 kg，平均品位为1.03×10^{-6}。

（二）矿石特征

矿石中主要金属矿物有褐铁矿、黄铁矿，其次为辉银矿、自然金、金银矿、磁铁矿、锐钛矿及少量的方铅矿、闪锌矿、毒砂和黄铜矿；非金属矿物主要有石英、斜长石、钾长石、绢云母、白云母及少量的角闪石、绿帘石、石榴子石等。副矿物有榍石、锆石、磷灰石等。

褐铁矿为由含铁金属硫化物（黄铁矿）氧化分解后的产物，在矿体浅部较发育，是银金矿物主要载体之一。矿物晶体外形为立方体、五角十二面体，多数为不规则状或粉末状、胶状，褐黑色—褐色到黄褐色，条痕褐色—褐黄色，半金属光泽—暗淡光泽，一般粒度0.45 mm×0.40 mm～0.02 mm×0.01 mm。

黄铁矿为浅黄色—黄铜色，氧化后表面呈黄褐色，立方体、五角十二面—他形粒状，粒径一般在0.50 mm×0.40 mm～0.02 mm×0.01 mm。分两期形成，早期黄铁矿自形程度高，粒度细，分布均匀，一般与矿化关系不大；晚期黄铁矿粒度大小不均，自形程度差，多呈脉、细网脉或团块状集合体，沿矿石裂隙分布，常和石英、方铅矿、金银矿、辉银矿共生，形成黄铁矿石英脉。地表含量较低，深部原生矿石中含量较高，是银金矿物的主要载体之一。

辉银矿是I号银矿体的主要矿石矿物，呈被膜状、树枝状、发丝状、粉末状、块状，粒度为0.50 mm×0.40 mm～0.02 mm×0.01 mm，常和自然金、金银矿连生赋存于石英晶粒间或褐铁矿、黄铁矿中。

自然金、金银矿为金黄色、浅金黄色，常呈树枝状、树杈状、不规则粒状、条片状等。表面凹凸不平，部分表面有褐黄色的氧化铁薄膜。粒径最大 1～2 mm，一般粒径小于0.08 mm。二者常同时存在，部分自然金与褐铁矿、辉银矿连生或被后者包裹。地表浅部的自然金、银金矿表面常包有褐铁矿薄膜而略带磁性。主要赋存在后期生成的石英粒间、晶洞内，细小石英脉、硅质脉中，或褐铁矿（针铁矿、纤铁矿）、黄铁矿晶隙及晶体中，及褐铁矿（黄铁矿）与脉石矿物的接触带，少部分分布于角砾岩的灰色胶结物中。

银、金元素的赋存状态主要以独立的辉银矿、金银矿、自然金等矿物存在，部分自然金与褐铁矿、辉银矿连生或被后两种矿物所包裹。矿物粒度一般为细粒—极细粒，极少呈微粒或粉状。主要有裂隙型、粒间型和包裹型三种，以裂隙型为主。辉银矿、自然金主要赋存在石英粒间、石英脉裂隙、褐铁矿或黄铁矿晶隙及金属矿物粒间，很少以包裹型嵌存于脉石矿物中。

矿石结构：常见的有碎裂、交代、自形—半自形粒状、压碎结构等。

矿石构造：主要有角砾状、脉状—网脉状、浸染状和蜂窝状构造等。

矿石的工业类型有银矿石、金银矿石、银金矿石和金矿石。按氧化程度分为氧化矿石和原生矿石。按矿石结构、构造分为细脉—浸染状、角砾状、蜂窝状矿石等。

（三）围岩蚀变

围岩蚀变以硅化、褐铁矿化为主，其次为绢英岩化、黄铁矿化、绢云母化、碳酸盐化、高岭土化、绿帘石化等，其中硅化、黄铁矿化（褐铁矿化）、绢英岩化、碳酸盐化多发育在构造蚀变带内，高岭土化、绿帘石化和绢云母化在矿区广泛分布。硅化、黄铁矿化、绢英岩化、褐铁矿化与银、金矿化关系密切，蚀变越强，矿化越好；多种蚀变叠加，往往为富矿段。绢云母化、碳酸盐化、绿帘石化等与矿化关系不明显。

硅化：网脉状和团块状两类。网脉状石英细脉一般宽 1～5 mm，沿构造带角砾空隙或两侧围岩裂隙呈网脉状穿插分布。团块状一般大小为 3～10 cm，多呈不规则状硅质团块或云雾状，分布不均匀。硅化与矿化有直接联系。

褐铁矿化：多为土状、皮壳状、同心圆状胶体，或由隐晶质的针铁矿、纤铁矿等组成，粒度 0.01～0.06 mm，常沿裂隙或脉石矿物裂隙充填，褐铁矿与银金矿化关系密切。

黄铁矿化：稀疏浸染状或稠密浸染状。稀疏浸染状黄铁矿多为自形、半自形晶，粒径一般大于 1 mm，在岩石中呈星点状均匀分布，与银金矿化关系不密切。稠密浸染状黄铁矿多为他形晶，粒径多在 0.5 mm 以下，呈稠密浸染状、细脉状分布于构造带内，多与银金矿化空间关系密切。

绢云母化：有细鳞片状和云母鱼状两类，在岩石中分布不均匀，片径一般在 0.1 mm 以下，与硅化同时存在时，才与银金矿化有密切关系。

三、矿床成因

薄刀岭银金矿形成机制及演化探讨（陈加伟，2010）。

（1）初步富集，奠定了该矿床形成的基础。

（2）加里东晚期—燕山早期凉亭韧性剪切带经三次以上强烈的递进变形，含矿热液沿导矿构造迁移。燕山中晚期随着地应力由南北向挤压转换为相对扩张，薄刀花岗岩侵入就位，同时释放大量的热能和水分，促使矿源层中的矿质进一步淋滤、活化，随着热液的对流而迁移至有利的聚矿空间。

（3）凉亭韧性剪切带由于浅层次的脆性剪切，形成有利的导矿和容矿构造，为含矿热液的聚积沉淀提供了有利空间。

综合认为，龟山岩组高背景丰度的 Ag、Au 元素为凉亭银金矿形成的物质基础。深层次韧性剪切带能有效萃取成矿物质，形成含矿热液；浅层次脆性剪切使这些含矿热液向浅部低温低压开放空间迁移，在有利的空间聚积成矿。该矿床成因类型为韧-脆性剪切带型银金矿床。

四、成矿要素

（1）地层控矿作用：矿体赋存于中元古界龟山岩组（Pt_2g^1）底部，该岩性层 Ag、Au 元素丰度较高，可能提供有力成矿物质条件。龟山岩组地层对成矿有一定的控制作用。

（2）构造控矿作用：凉亭韧性剪切带及其叠加脆性断裂是含矿热液运移的有利通道和矿体赋存空间。断裂与矿体产状一致，构造控矿明显。

其综合找矿信息见表 3-8。

表 3-8　综合找矿信息表

找矿标志		信息显示特征
地质	地层与岩石	中元古界龟山岩组（Pt_2g^1）底部绢云石英片岩
	构造	近东西向叠加在早期韧性剪切带之上的脆性构造破碎带
	岩浆岩（脉岩）	韧性剪切带内及附近分布的石英脉及其他脉岩，含少量碳质更佳
	围岩蚀变	硅化、绢云母化、碳酸盐化
	次生及伴生矿化	褐铁矿、黄铁矿化、铅锌矿化
地球物理	探测目标物	褐铁矿化绢云石英片岩和石英脉接触带及大石英脉
	目标物物性	高极化、高磁化地质体
	地面异常	高极化、高磁化异常的重合部位
地球化学	元素组合	主要元素 Ag、Au、As、Sb，次要元素 Cu、Zn、Bi、Mo
	轴向分带	As-Au-Ag-Bi
	横向分带（水平）	As-Au-Ag-Bi
重砂	标志重矿物	黄金重砂异常上源

第五节　随州市黑龙潭金矿床

一、矿区地质背景

黑龙潭金矿位于鄂北地区新-黄剪切带南侧的中-高压楔内，并靠近剪切带。构造活动强烈，以发育北西向、北东向、近南北向断裂为特征。区域最古老的地层出露在新城-黄陂断裂以北，为桐柏杂岩，由新太古代—古元古代的花岗质片麻岩及变质表壳岩、变质基性岩等组成，经历了高级变质作用及多期次的混合岩化作用；断裂以南出露为中元古界武当岩群和新元古界南华系耀岭河群，武当岩群为一套绿片岩相至绿帘-角闪岩相变质沉积-火山岩系，原岩为一套砂质页岩-流纹英安质火山碎屑岩建造。耀岭河群为一套绿片岩相的浅变质岩系，原岩是一套富钠的细碧-角斑岩建造；新元古代晚期—古生代早期，区内接受了震旦系、寒武系沉积，主要为泥质—钙质沉积岩系，中生代仅见白垩系碎屑岩沉积。

褶皱构造以规模较大的北西—北西西向斜歪褶皱为主。断裂构造一组为北西—北西西向断裂组，其走向与岩石片理一致，总体为290°～330°；倾向南西，倾角20°～60°。平面上呈向北东凸的弧形；剖面上呈波状弯曲组合成叠瓦状逆冲断层系，具明显的韧-脆性特征。另一组为近南北—北东向断裂组，倾角多为60°～80°，具张扭性特征，多数被岩脉充填且切割北西—北西西向断裂并破坏矿体。

岩体除变基性侵入岩及其西侧的七尖峰花岗岩基外，主要是各类脉岩，有花岗岩脉、花岗斑岩脉、正长斑岩脉、煌斑岩脉等（图3-13）。

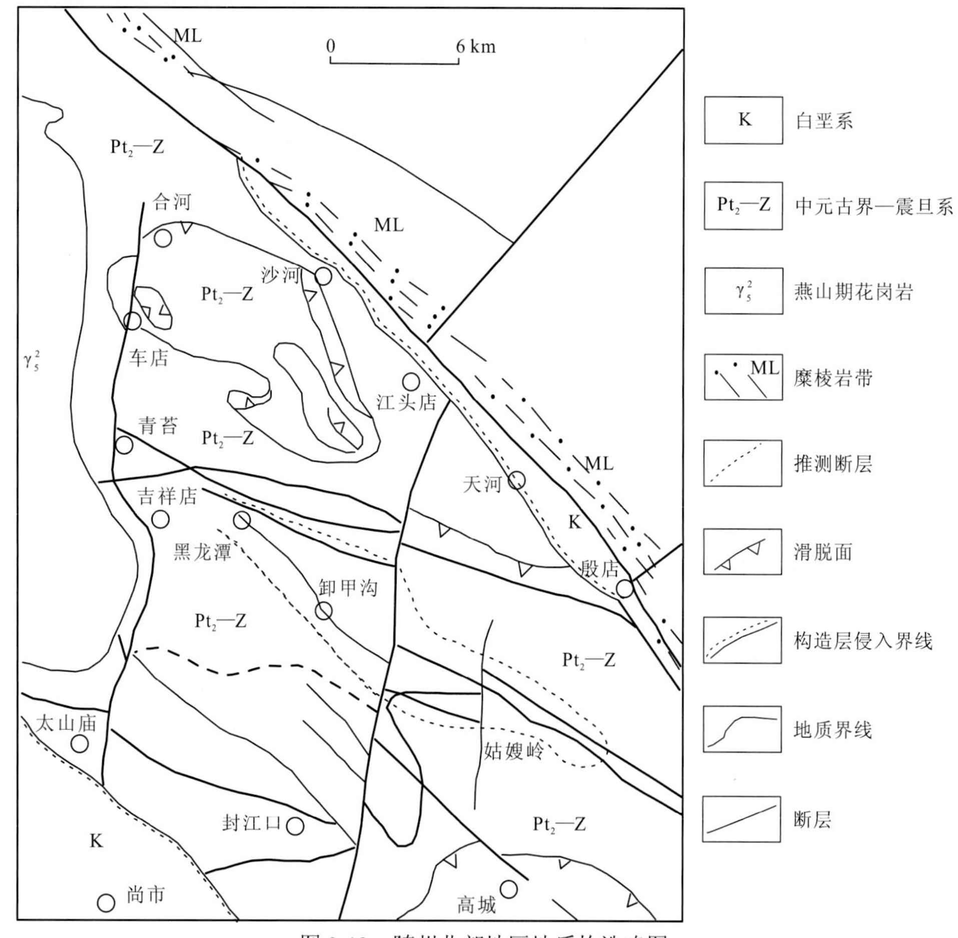

图3-13 随州北部地区地质构造略图

二、矿床地质特征

矿体受叠加在次级褶皱核部褶劈带之上的脆性铲式断裂破碎带控制，呈40～55 m间距大致平行斜列等距出现。矿体呈似层状、透镜状、脉状、藕节状，在走向和倾向上均有分枝复合、尖灭再现的特点。主要矿体10多个，长80～339 m，厚1.08～2.89 m，延深3～80 m，平均含金1.84×10^{-6}～9.61×10^{-6}、含银4.56×10^{-6}～573.32×10^{-6}。

（一）矿石特征

矿石自然类型分为破碎蚀变岩型、石英脉型及蚀变岩石英脉混合型，构造叠加部位矿化增强。矿石矿物成分复杂，银金矿物主要有银金矿、溴角银矿、螺状硫银矿、辉银矿、自然银、自然金、硫砷铜银矿、金银矿，金属硫化物主要为黄铁矿、方铅矿、闪锌矿和黄铜矿等。脉石矿物有石英、绢云母、白云母、正长石、微斜长石、钠长石等。矿石结构有交代结构、乳浊结构、包晶结构、充填结构等，矿石构造有脉状构造、浸染状构造、角砾状构造等。

（二）围岩蚀变

围岩蚀变主要有硅化、绢云母化和黄铁矿化，其次为碳酸盐化、钾长石化，地表见褐铁矿化和黄钾铁钒化。矿化与硅化、绢云母化和黄铁矿化关系密切，矿化与蚀变强弱呈正相关。

三、矿床成因

（一）成矿时代

利用石英中流体包裹体Rb-Sr等时线定年来厘定矿床成矿时代是比较理想的。样品采集于鄂北随州市黑龙潭金矿床W128线1 283号竖井0 m中段，该处开采的是黑龙潭金矿3号矿体。矿体呈大透镜体状大致顺层产出，北西走向，倾向南西，倾角40°～50°，厚度1.1 m左右。赋矿围岩颜色较深，以绿帘绿泥片岩、绿泥绿帘钠长片岩为主，以及白云钠长片岩等，破碎变形程度一般。矿石中含有较多的石英呈脉状、网脉状、团块状等形式出现，含有较多的绿帘石、绿泥石、绢云母等蚀变矿物，同时可见少量的黄铁矿、方铅矿、黄铜矿等硫化物，但总体含量低。在0号中段坑道40 m范围内一共采取了7个矿石样品，样品属蚀变岩与石英脉混合型矿石。样品测试由中国地质调查局武汉地质调查中心同位素地球化学实验室（原国土资源部中南矿产资源监督检测中心）完成。分析结果见表3-9。

表 3-9 黑龙潭金矿石英的 Rb-Sr 同位素分析结果

序号	送样号	采样位置	样品名称	w（B）		同位素原子比		计算处理
				$W(Rb)/10^{-6}$	$W(Sr)/10^{-6}$	$^{87}Rb/^{86}Sr$	$^{87}Sr/^{86}Sr$（1σ）	$^{87}Sr/^{86}Sr$（i）
1	HL1-2	黑龙潭金矿 W128 勘探线 0 m 中段	石英	1.286 0	9.283	0.399 5	0.711 56±0.000 05	0.710 81
2	HL1-3		石英	0.696 4	1.314	1.529 0	0.713 68±0.000 08	0.710 81
3	HL1-4		石英	0.711 1	4.194	0.489 0	0.711 70±0.000 03	0.710 78
4	HL1-6		石英	0.711 5	4.510	0.455 0	0.711 68±0.000 01	0.710 83
5	HL1-7		石英	1.311 0	5.864	0.644 9	0.711 98±0.000 08	0.710 77
6	HL1-9		石英	0.603 8	7.270	0.239 8	0.711 24±0.000 04	0.710 79

通过矿石石英中流体包裹体 Rb-Sr 同位素测年获得等时线年龄为（132.6±2.7）Ma，为早白垩世中期（燕山中晚期），其年龄可以代表该矿床的成矿年代（图 3-14）。另外，前人利用含金绢云母使用 K-Ar 法测得区域上相邻的合河金矿、卸甲沟金矿成矿年龄分别为（128.24±）Ma、（132.79±）Ma，基本代表了成矿背景基本相同这一区域的晚期蚀变岩型矿石的成矿年龄（图 3-12）。因此，无论用与金的主要载体矿物共生的石英，还是用本区域矿化蚀变矿物含金绢云母，两种不同方法测得的年龄结果相互得到了较好的印证，由此可以判断本矿床成矿时代为早白垩世。

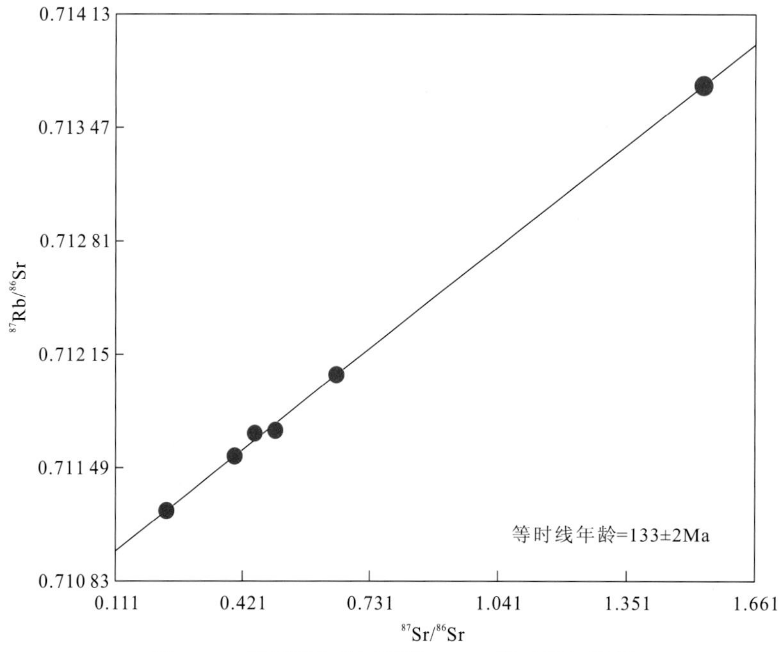

图 3-14 黑龙潭金矿石英的 Rb-Sr 等时线年龄图

（二）成矿流体性质

流体包裹体相态类型有：单相（LH_2O）、两相（LH_2O+VH_2O）盐水溶液包裹体和含 CO_2 三相包裹体（$LH_2O+LCO_2+VCO_2$）三种。总体上看包裹体数量多、分布广泛、个体较大（2～25 μm），形态以椭圆形最常见。两相石英包裹体的完全均一温度在 170～240℃，多数为 210℃，平均为 218℃，盐度为 8.00%～10.61%NaCl，属于 $NaCl-H_2O$ 体系；三相石英包裹体的完全均一温度在 250～330℃，多数为 290℃，平均为 294℃，盐度为 6.46%～9.84%NaCl，属低盐度富 CO_2 的 H_2O-CO_2-NaCl 体系流体，矿床应为中温热液矿床。

金矿石中石英 δD 值为-67.1‰～-79.4‰，$\delta^{18}O$ 值为＋10.87‰～+11.53‰，而七尖峰花岗岩中（大仙垛岩体）石英 δD 值为-83.1‰，$\delta^{18}O$ 值为 9.54‰。因天水参与，$\delta^{18}O$ 特征值具漂移现象，推测成矿流体在主成矿期以变质热液为主，天水次之，后期岩浆水的叠加形成混合流体。

不论是石英脉型矿体还是早期破碎带蚀变岩型矿体，流体包裹体均一温度在空间上都显示由深部到浅部温度由高到低的趋势，指示成矿流体是从深部向上运移的。对于石英脉型矿体，在水平面上，均一温度还显示出由西往东由高到低的变化，说明成矿流体由西往东运移，主要来自西边，即岩浆热液（胡起生 等，2003）（图 3-15）。

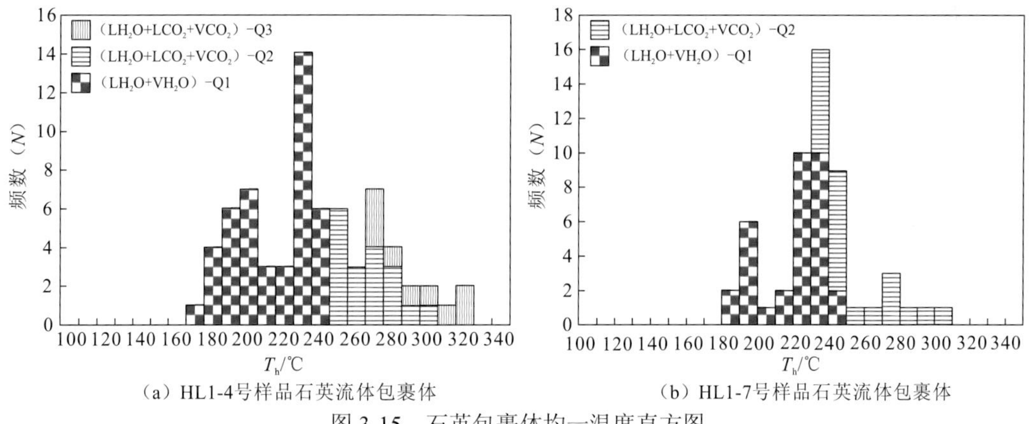

（a）HL1-4号样品石英流体包裹体　（b）HL1-7号样品石英流体包裹体

图 3-15　石英包裹体均一温度直方图

（三）成矿物质来源

（1）硫源：据区内 70 个硫同位素样品统计，黄铁矿 $\delta^{34}S$ 值一般在 1.5‰～8.5‰，平均为 5.2‰，具明显塔式效应。即成矿溶液中硫的均一化程度较高，且 $\delta^{34}S$ 值接近于陨石硫的 $\delta^{34}S$ 值，说明硫源与岩浆有关，而区内围岩中黄铁矿 $\delta^{34}S$ 值与蚀变岩的 $\delta^{34}S$ 值具有相似特征。

（2）铅源：区内三个方铅矿、一个黄铁矿获得铅同位素结果投在 $^{207}Pb/^{206}Pb-^{206}Pb/^{204}Pb$ 坐标图上，多落在两个增长演化曲线上，说明具有相同的物源和演化史，且铅来源单一。

以上结果暗示本区金矿源层以武当岩群及耀岭河群为主，部分矿质来自七尖峰花岗岩（李书涛，1996）。

（四）控矿构造

本区存在多组压性或张扭性断裂，其中北西向叠瓦状逆冲断层组合为主期控矿构造，由5～6条逆冲断层组成，平面上呈向北东凸的弧形。矿体富集在东西向与北西向断裂的交汇部位。背斜核部滑脱带、层间拖褶皱及岩性差异面等也是矿体的容矿空间。破碎带蚀变岩型矿化赋存在韧-脆性剪切带内；石英脉型矿化主要赋存在伸展构造部位；蚀变岩型矿化主要产在韧-脆性变形基础上叠加有脆性变形的部位（胡起生 等，2003）。

（五）成矿机制及动力学环境

区域中新元古界火山岩建造中金的丰度相对较高。构成了初始的含金建造。

印支期发生大范围的陆内俯冲碰撞造山运动，产生有逆冲推覆构造及右行韧性剪切构造作用，形成北西向、东西向的韧-脆性断裂。变质流体促使金进一步富集。

燕山中晚期岩浆作用及伸展滑脱构造作用，形成南北向、北东向的脆性构造。七尖峰花岗岩基是该期岩浆作用的重要表现。在构造-岩浆热驱动-热液作用耦合影响下，因减压、流体沸腾及两种不同来源和性质的流体混合的不混溶作用等，引起热液系统的成矿反应，金得到进一步的富集成矿（胡起生 等，2003）。

成因类型为：与早白垩世构造-岩浆热液作用有关的破碎蚀变岩型金矿。

四、成矿要素

早白垩世中酸性岩浆活动和断裂构造破碎带是黑龙潭金矿床的主要成矿要素。矿体空间展布主要受脆-韧性剪切带控制，背斜核部滑脱带、层间拖褶皱及岩性差异面等是矿质沉淀富集的有利部位的。其综合找矿概念地质模型见表3-10。

表3-10　随州黑龙潭-卸甲沟金（银）找矿地质模型

<table>
<tr><th colspan="3">找矿标志</th><th>标志状态</th></tr>
<tr><td rowspan="3">地质标志</td><td>赋矿地层及岩性</td><td>金矿源层以武当群及统耀岭河群为主，部分矿质来自七尖峰花岗岩</td><td>中元古界大狼山群（武当岩群）是一套绿片岩相至绿帘—角闪岩相变质沉积-火山岩系，原岩为一套砂质页岩-流纹英安质火山碎屑岩建造。新元古界下震旦统耀岭河群为一套绿片岩相的浅变质岩系，原岩是一套富钠的细碧-角斑岩建造</td></tr>
<tr><td>控矿构造</td><td>韧性剪切带或脆-韧性剪切带</td><td>破碎带蚀变岩型矿化受韧-脆性剪切带控制；石英脉型矿化主要受伸展构造脆性剪切带控制；蚀变岩型矿化主要受韧-脆性叠加有脆性控制。断裂走向、倾向上产状陡变部位，背斜核部滑脱带、层间拖褶皱及岩性差异面等是矿化有利空间</td></tr>
<tr><td>岩浆岩</td><td>七尖峰花岗岩基和各类岩脉</td><td>花岗岩及其岩脉、石英脉与金矿化关系密切。据物探资料推测，七尖峰花岗岩向南东倾伏，延伸至矿区深部</td></tr>
</table>

续表

找矿标志		标志状态
蚀变矿化标志	围岩蚀变	围岩蚀变主要有黄铁绢英岩化、硅化、黄铁矿化、绢云母化、钾长石化、碳酸盐化等。金矿化与硅化、绢云母化、黄铁矿化关系密切
	矿化	黄铁矿、闪锌矿、方铅矿、黄铜矿、辉铜矿、螺状硫银矿、辉银矿、银金矿、角银矿、金银矿、自然金和自然银等
化探异常	土壤	区内次生晕异常严格受断裂蚀变带控制，主要沿北西向剪切蚀变带及顺层滑脱面呈带状、椭圆状及不规则分布，组合形态与区内构造格架基本吻合
	岩石	主要指示元素中单元素异常围绕矿体呈环带状分布，具有明显的浓集中心和变化梯度，其浓集中心指示矿（化）体位置

通过围岩、蚀变岩、不同类型矿石及其矿异常的微量元素相关统计分析表明，区内Au、Ag为成矿元素，前缘晕元素主要As、Sb、Hg，尾晕元素主要为Mo、Sn、Bi。As、F、K、Rb为金矿化阶段组分，形成明显异常，Li、Cl为带出组分，Au、Ag为带入组分。矿体中主要指示元素含量在轴向上行为标志如累加指数及F/Cl值等，在矿体各部位的变化规律直接指示矿体向深部延伸、尖灭或隐伏（李书涛，1996）。

第六节　信阳市皇城山银矿床

皇城山银矿床位于大别山北麓西段，距信阳市东南约50 km，属河南省罗山县管辖，是大别山北缘地区迄今发现的中型独立银矿床。河南省地质矿产勘查开发局第三地质调查队于20世纪80年代对其进行了较详细的勘探工作。

一、矿区地质背景

皇城山银矿床地处华北板块南部边缘与大别造山带的接合部位，属信阳-霍山中生代火山岩带的西段，南邻北西西向龟山-梅山区域性断裂带。区域基底岩系为海西期碎裂状斜长花岗岩、石炭系花园墙组薄层砂岩、砾岩及碳质页岩和中元古界龟山岩组浅变质片岩系。盖层岩系为广泛分布于矿区北部的中生代陈棚组（K_1c）火山岩最上部的皇城山段，从矿区北部向南其岩性依次为紫红色粗安质角砾熔岩、灰白色岩屑晶屑凝灰岩和紫红色、灰白色层状凝灰质泥砂岩，为一套陆相酸性火山碎屑岩建造，与基底海西期碎裂斜长花岗岩呈火山喷发沉积接触关系。区域性北西西向龟山-梅山断裂从矿区南部通过，它是中生代火山盆地的边缘断裂，为重要控岩断裂。

区内岩浆岩除中生代陈棚组陆相中酸性火山碎屑岩外，还发育次火山岩相花岗斑岩脉（图3-16）。

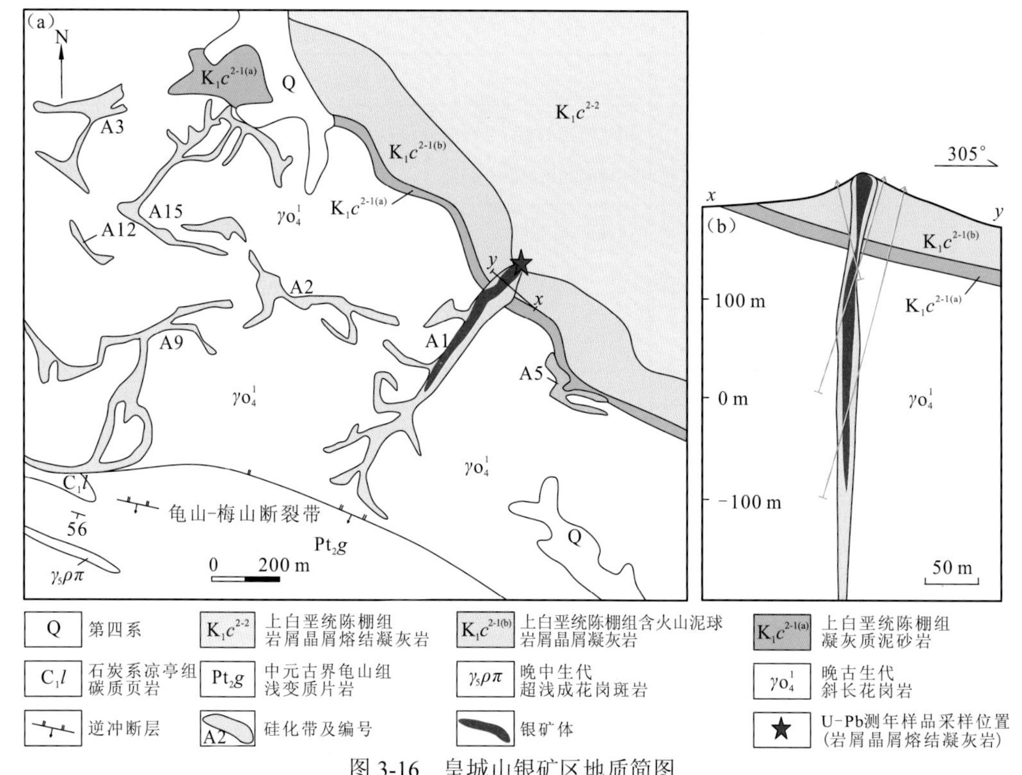

图 3-16　皇城山银矿区地质简图

二、矿床地质特征

皇城山银矿床位于龟山-梅山断裂带北侧。银矿体产于强硅化蚀变带中，受陈棚组火山机构的叉状裂隙控制，主要赋矿围岩为早古生代斜长花岗岩和下白垩统陈棚组火山沉积岩。陈棚组火山沉积岩出露于矿区北部，主要岩性为熔结含砾浆屑凝灰岩、晶屑凝灰岩、含火山泥球岩屑晶屑凝灰岩、紫红色凝灰质泥砂岩。矿区发育 40 多条叉状火山机构裂隙，长 10～300 m，宽一般 2～10 m，最宽 60 余 m。

I 号主矿体长 500 m，宽 5～45 m，呈不规则脉状沿走向北东 37° 展布，产状近于直立，延深 600～650 m，呈向北斜插的楔形体（图 3-16）。其平面上东宽西窄，横向上上大下小，连续性较好，局部具分支复合现象，银平均品位 365 g/t。矿石中金属矿物含量低（<1%）。金属硫化物主要有黄铁矿、方铅矿、闪锌矿、辉铜矿等。非金属脉石矿物主要为石英，含少量黏土矿物。主要银矿物有辉银矿、少量金银矿和自然银等，辉铜矿、方铅矿和闪锌矿是主要载银矿物。矿石构造主要有多孔状、浸染状、细脉浸染状和角砾状等，矿石结构主要为结晶结构、交代结构和填隙结构等。矿石组构上见黄铁矿被方铅矿和闪锌矿交代，方铅矿穿插闪锌矿，银矿物包裹于方铅矿中或呈他形粒状填隙于石英中。

矿化蚀变分带性明显，从中心向外依次发育强硅化带、高级泥化带（高岭石+石英）和泥化带（蒙脱石+石英）。强硅化带是热液活动的中心（宽 2～5 m），以发育孔洞状石英为特征，自北东向西南逐渐变窄并尖灭，银及多金属硫化物矿物限于其中；高级泥化带一般宽 4～8 m；泥化带宽 3～10 m。硅化是该矿床最重要的矿化蚀变，沿枝杈状裂隙广泛发育。

三、矿床成因

（一）成岩成矿时代

赋矿陈棚组火山凝灰岩U-Pb测年样品采自矿区北部露天采坑，地理坐标不114° 15′58″E、32° 02′18″N。岩石呈浅灰色和灰褐色，块状构造，熔结凝灰结构。岩屑含量一般在10%～20%，成分较为复杂，以流纹质或英安质火山熔岩为主，矿物组成为石英、长石等，多呈次棱角状，粒径为 1～5 cm；晶屑含量一般在 20%～30%，主要为石英、斜长石和少量黑云母，粒径一般为 0.2～3.0 mm；胶结物由火山玻璃和少量火山粉尘组成（图 3-17）。

（a）岩屑晶屑熔结凝灰岩野外照片　（b）流纹岩野外照片

（c）岩屑晶屑熔结凝灰岩显微照片　（d）流纹岩显微照片

图 3-17　陈棚组岩屑晶屑熔结凝灰岩和流纹岩野外与显微照片

对 16 颗锆石进行了 16 个测点的 LA-ICP-MS 分析。其中 4 个测点的 $^{206}Pb/^{238}U$ 年龄分散（范围在 163～1621 Ma），且明显老于其他数据点，可能代表了继承或俘获锆石年龄。其余 12 个数据点均位于 U-Pb 谐和线上或其附近，$^{206}Pb/^{238}U$ 年龄集中，范围为 128～135 Ma，加权平均年龄为（133.4±1.5）Ma（1σ，MSWD=1.3），代表了岩屑晶屑熔结凝灰岩的成岩年龄（图 3-18）。

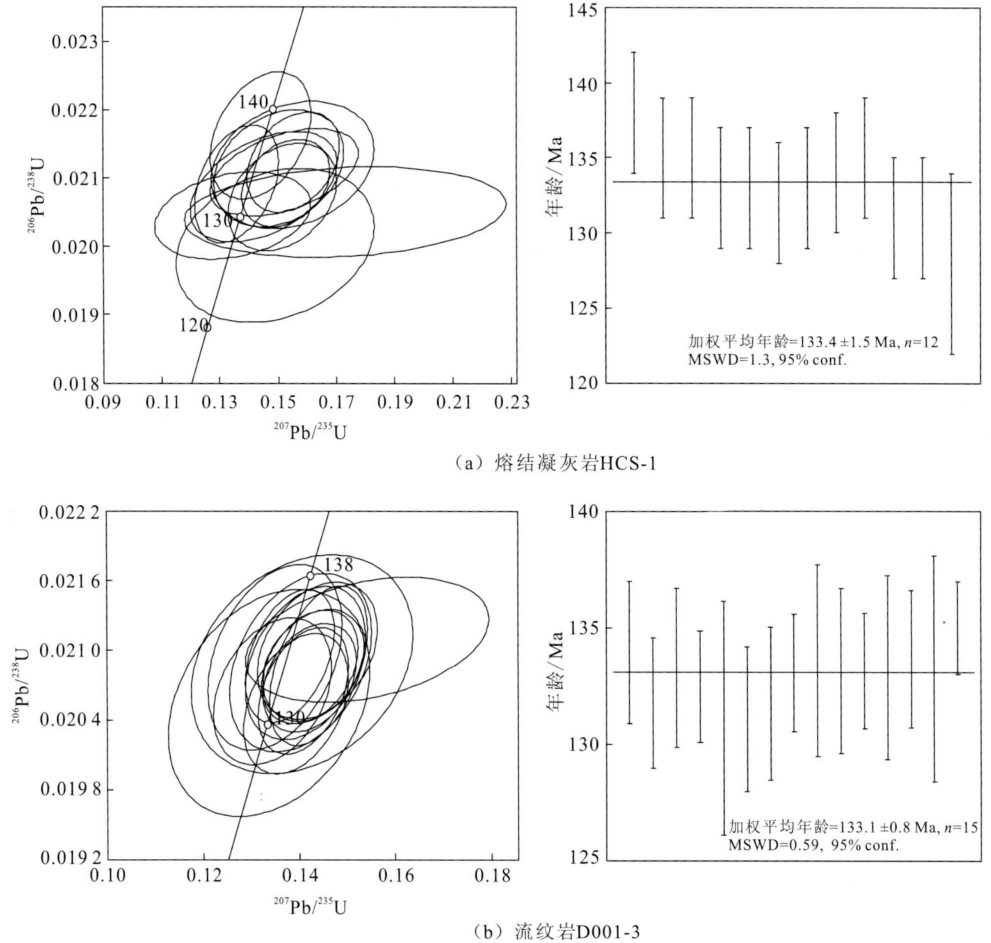

（a）熔结凝灰岩HCS-1

（b）流纹岩D001-3

图 3-18　陈棚组岩屑晶屑熔结凝灰岩与流纹岩锆石 U-Pb 年龄

皇城山银矿床距离付家湾火山喷发中心约 1 km，受火山机构的枝杈状裂隙构造控制。银矿赋存于此种裂隙中，呈上宽下窄、北东宽深、西南窄浅的楔形，沿走向指向付家湾火山喷发中心。矿化蚀变带自北东向南西由宽变窄（由石英大脉变为稀疏细脉），距离火山中心越近蚀变程度越强，显示了成矿与陈棚组火山活动的密切成因联系。矿区内大面积发育酸性火山热液流体淋滤形成的孔洞状强硅化岩石，成矿流体具低温（<200 ℃）、低盐度（<5% NaCl）特征（杨梅珍 等，2011），导致岩石高硅蚀变所需的酸性流体可能源于岩浆挥发分在地壳浅部（<4 km）分离出的低密度、低盐度、低金属元素含量和富 SO_2、H_2S 和 HCl 的蒸汽相（Williams-Jones and Heinrich，2005）。矿床地质特征和成因研究均反映皇城山银矿床是陈棚组火山流体的近地表淋滤作用产物（任爱琴，2013，2006；杨梅珍 等，2011；彭翼，1998；肖从辉，1991；徐国风 等，1989）。因此，陈棚组火山喷发时限（约 133 Ma）可以基本代表皇城山浅成低温热液型银矿床的形成时代。

（二）成矿流体特征

流体包裹体资料显示，流体具低盐度（盐度<5%NaCl）特征，与闪锌矿贫铁、高 Ti、强内反射显示低温成分标型及矿石微细粒和胶状结构等为低温条件下的沉淀结构相一致。成矿流体具低温特征，均一温度为 150～180℃，最高为 200℃。

据杨梅珍等（2011）对皇城山成矿流体和成矿机制研究认为：导致岩石高硅蚀变所需的酸性流体源自岩浆挥发分在地壳浅部（<4 km）分离出的低密度，富 SO_2、H_2S 和 HCl，低盐度和低金属元素含量的蒸汽相（Anthony et al.，2005）。一般来说，Ag 在热液体系中主要是以氯化物的络合物形式迁移 （Seward，1976）。杨梅珍等（2011）认为岩浆蒸汽冷凝并与围岩发生相互作用导致了银的最终沉淀。其银矿化作用被认为是岩浆热液体系进入结束期低温岩浆蒸汽的冷凝物。银及贱金属硫化物沉淀一般晚于多孔状硅质蚀变岩，其沉淀的流体环境 pH 高于硅质蚀变。矿化蚀变水平分带特征指示流体流动方向为从下向上运移。随着温度降低气相冷凝度和解离程度提高，酸性变强，流体的淋滤作用愈强，因此形成蚀变带上宽下窄的火焰状形态（杨梅珍 等，2011）。

（三）成矿物质来源

皇城山银矿床矿石中黄铁矿和方铅矿硫同位素分别为-11.7‰～-12.1‰和-22.0‰（肖从辉，1991）。一方面，硫同位素在黄铁矿与方铅矿之间分馏明显，这与皇城山银矿低温成矿特征一致，温度越低同位素分馏越明显，黄铁矿相对于方铅矿富集重硫。另一方面，金属硫化物总体显示明显的重硫亏损（$\delta^{34}S$：-11.7%～22‰）特征，可能是不同价态硫矿物之间的同位素分馏造成的。皇城山银矿床金属硫化物较强的 $\delta^{34}S$ 亏损是低温条件下不同氧化还原状态硫同位素强烈分馏的结果。

矿区矿石铅和岩石铅同位素组成具有一致性，均具有较高的放射性成因组分，且变化较大，$^{206}Pb/^{204}Pb$ 多变化于 16.887～17.448（陈棚组熔结凝灰岩为 16.66），$^{207}Pb/^{204}Pb$ 多变化于 15.351～15.545（陈棚组熔结凝灰岩为 15.17），$^{208}Pb/^{204}Pb$ 多变化于 37.347～38.284。具有中低级区域变质岩深熔作用形成的花岗岩体系铅同位素组成特征。铅同位素模式年龄总体偏低，一般在 568～959 Ma，（个别在 462 Ma、999 Ma）反映了中生代岩浆与基底陆壳之间的密切关系和下地壳岩浆源区特征。铅同位素示踪结果表明，矿床成矿作用与中生代岩浆作用密切相关，它们为基底陆壳深熔作用的产物。

（四）成矿机制及动力学环境

皇城山银矿成矿作用发生在大别造山带 135 Ma 左右的构造转换时期大规模酸性火山岩浆喷发作用环境。大面积硅化次生石英岩显示火山气液在较大地区范围的汇流与扩散。次生石英岩的发育范围与火山作用活动范围基本一致，明显与地表或近地表的酸性及中性火山作用过程有成因联系。在大别山北麓信阳-霍山中生代火山岩带中，皇城山-上天梯一带中酸性火山喷发作用最为强烈，以大量发育流纹质熔结凝灰岩为特征。酸性岩浆由于黏度大，较容易形成近地表中间岩浆房，具有良好的“热机”作用，从而形成近地表天水的对流循环系统。同时岩浆热液体系本身加入了部分挥发分和成矿金属元素，为成矿提供了必要的物质供给。

四、成矿要素

大规模中酸性火山岩浆作用形成大的岩浆热源，导致大气地表水长时间对流循环，促使成矿物质富集，这是皇城山矿床银成矿的主要机制。该矿床赋存于遭受过淋滤作用的硅质岩石中，形成于火山喷发派生的高氧化态酸性流体的火山热液环境。一般高硫化型矿床形成与火山活动同时，由岩浆蒸汽的浓缩作用形成富 HCl 和 H_2SO_4 的强酸流体与围岩发生强烈的相互作用（Hedenquist and Lowenstern，1994）。皇城山银矿区大面积硅化蚀变带显示火山气液在大部分地区的汇流与扩散。因此，强烈的酸性火山活动是皇城山银矿床最重要的成矿因素。岩浆热液上升产生的局部应力发生同热液断裂作用形成的枝杈状裂隙系统是酸性流体-岩石相互作用和矿质沉淀的有利场所。火山活动中心稍外围枝杈状裂隙发育的地段是成矿有利地段。

第七节　大悟县白云金矿床

大悟县白云金矿床位于湖北省大悟县南东方向约 11 km 处，行政区划隶属大悟县阳平镇管辖，距京广线广水站直距约 24 km，交通方便。区域大地构造位于南秦岭大别造山带大悟-红安-刘河-高压变质带。

1973 年，湖北省区域地质测量队通过 1∶20 万大悟南半幅、黄陂幅区域地质矿产调查，在蒋家楼子一带圈定 III 级黄金重砂异常一处。随后，该队于 1975～1978 年开展的 1∶5 万大悟县南半幅、小河镇幅区域地质矿产调查时，经重砂加密测量、石英脉调查，首次在矿区内发现了含金石英脉。1977～1979 年，湖北省第六地质大队对 I 号脉进行了详查，于 1980 年提交了《大悟白云金矿熊家沟矿段详查地质报告》。湖北省鄂东北地质大队于 1984 年 12 月由提交了《湖北省大悟县白云金矿区 I 号矿体初勘地质报告》。1988～2008 年，湖北省鄂东北地质大队对该矿区持续开展了地质勘查工作。

截至 2016 年底，白云金矿床 I 号脉和 II 号脉累计查明资源储量：金 4 323 kg，伴生银 6 t。

一、矿区地质背景

矿区内出露地层主要为新元古代红安岩群黄麦岭岩组和七角山岩组（图 3-19）。黄麦岭岩组（Pt_3h）：分布于矿区中部偏东，主要岩性为白云钠长片麻岩、石英片岩、钠长角闪片岩、钠长变粒岩、浅粒岩、含锰大理岩、石墨片岩、石英岩、磷灰岩及锰土矿，为一套变质碎屑岩、含磷锰矿层的变质碎屑岩系和变质碳酸盐岩组合。七角山岩组（Pt_3q）：分布于矿区东部，呈弧形分布，岩性为白云石英片岩、绿帘钠长角闪片岩和变粒岩、浅粒岩等。

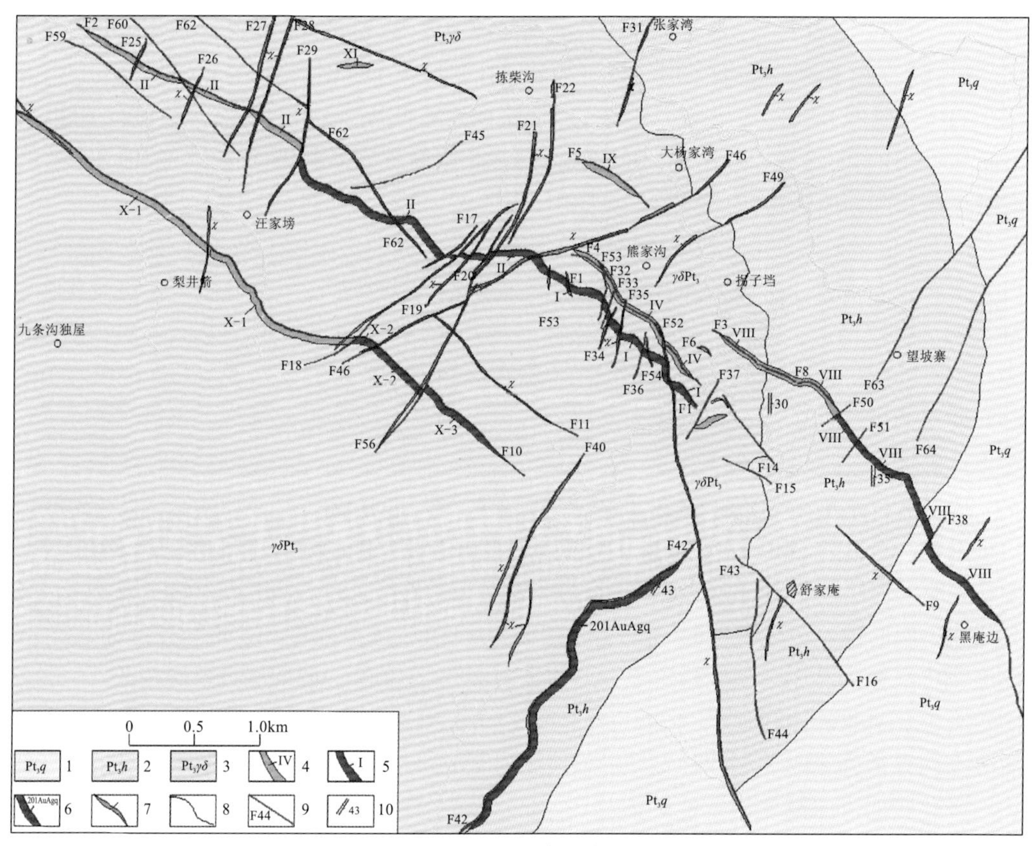

图 3-19　大悟县白云金矿床地质略图

1.新元古界红安岩群七角山岩组；2.新元古界红安岩群黄麦岭岩组；3.新元古代花岗闪长岩；4.含金矿化石英脉及编号；5.含金石英脉及编号；6.含金银石英脉及编号；7.煌斑岩脉；8.地质界线；9.断层及编号；10.片理产状

矿区内发育的岩浆岩主要为新元古代大磊山岩体，主要岩性为一套花岗质、花岗闪长质片麻岩。矿区内广泛分布有不同方向的煌斑岩脉，多沿断裂充填，脉体一般长数米、数十米至数百米乃至几千米，厚度一般 0.50～10 m，岩性以云煌岩为主，可分成矿前后两期，成矿前的煌斑岩脉多充填于北西向断裂带中，含金石英脉一般沿煌斑岩顶、底板充填，局部呈细脉状穿插于煌斑岩脉中；成矿后的煌斑岩脉多充填于北北西向、北北东向、北东向断裂中，且切割北西向含金石英脉。

矿区位于大磊山穹窿及其东翼，褶皱构造不发育，地层呈单斜产出，近南北走向，倾向从北东向、东向，转向南东向，倾角一般 30°～50°。区内脆性断裂构造发育，主要有北西向、北北西、北东—北北东向、北北东向四组。其中，以北西向断裂规模较大，是矿区内的主要控矿断裂，它控制了矿区主要工业矿体的展布及规模。

二、矿床地质特征

白云金矿床位于大磊山穹窿的中心部位及其东翼，所有矿脉及矿化脉体均产于断裂破碎带内的石英脉中，已查明工业矿体有 5 条矿脉，分别是：I 号含金石英脉（以下简称“I 号脉”）、II 号含金石英脉（以下简称“II 号脉”）、VIII 号含金银石英脉（以下简称“VIII 号脉”）、X 号含金银石英脉（以下简称“X 号脉”）和 201 号含金银石英脉（以下简称“201 号脉”）。其中 201 号脉赋存在北北东向层间断裂破碎带内，其他 4 条矿脉均赋存在北西向断裂破碎带内的石英脉中。

I 号脉位于矿区中部，东南端起自锅铺河，向北西经熊家沟，终止于 F46 断层，是白云金矿床的主体。矿脉受 F1 断裂控制，沿北西方向展布，呈板脉状，厚度变化系数 71.41%，属较稳定类型。矿脉出露最大标高+270 m，最大控制斜深 325 m。矿体西段较陡，东段较缓；地表较陡，深部变缓，矿脉在横向上呈舒缓波状。受 F33、F35、F36、F52 断层的破坏，矿脉被切割成为五段，各段之间呈右列雁行式排列。该矿脉圈定有 1 个工业矿体。

II 号脉位于矿区西部，受 F2 断裂控制，沿北西方向展布，东起 F46，西止朱家湾，呈板脉状，全长 3 560 m，出露最大标高 371.2 m，最大控制斜深 355 m。矿脉倾角东缓西陡，地表较缓，中部较陡，深部又变缓，表现为“舒缓波状”的形态特征。矿脉被 F29 分成东、西两段。东段长 1 640 m，厚度 0.2～0.40 m，最厚 0.77 m，平均厚度为 0.27 m，厚度变化系数为 70%，属较稳定型；总体走向 290°～300°，倾向南西，倾角 45°～60°。圈定有 1 个工业矿体。西段长 1 920 m，厚度 0.1～0.20 m，最厚 0.70 m，平均厚度为 0.12 m，厚度变化系数为 85%，属较稳定型；总体走向 290°～300°，倾向南西，倾角 45°～79°。该段矿化较弱，未圈定出工业矿体。

X 号脉位于矿区南部，受 F10 断裂控制，沿北西方向展布，西起四方湾，东至蒋家楼子，呈似板脉状，全长 5 300 m，一般厚 0.13～1.65 m，最厚 1.80 m，平均厚度为 0.52 m，厚度变化系数为 107%，属不稳定类型。矿脉出露最大标高+464m，最大控制深斜 340 m。由于受 F18、F56 断裂的破坏，矿脉由西向东依次分为 X-1、X-2、X-3 三段。X-1 段金银矿化较差，仅圈定有两个规模较小的工业矿体；X-2 段和 X-3 段金银矿化较好，各圈定一个规模较大的工业矿体。矿体总体走向 300°左右，倾向南西，倾角较陡，在 54°～75°。

矿区主要围岩蚀变为硅化、黄铁矿化、钾化、碳酸盐化等。硅化发育于含金石英脉两侧，宽度一般 5～30 cm；钾化常见于含金石英脉的旁侧，形成钾化蚀变带，呈不规则的“晕”边；黄铁矿化发育于靠近含金石英脉的围岩一侧，黄铁矿主要呈星散状、浸染状、条带状产出，越靠近含金石英脉矿化越强；碳酸盐化表现为成矿期后蚀变。

矿石中主要矿石矿物有黄铁矿、方铅矿、闪锌矿、黄铜矿及银金矿等；脉石矿物主要有石英、钾长石、绢云母、斜长石、绿泥石、方解石等。各矿脉金属矿物及脉石矿物有一定差异矿石结构主要为他形粒状结构、粒状变晶结构，其次为半自形粒状变晶结构、花岗变晶结构、压碎结构、交代结构、填隙结构、包含结构等。矿石构造主要为星散状构造、稀疏浸染状构造、细脉浸染状构造、稠密浸染状构造、块状—稠密浸染状构造、浸染—条带状构造、团块状构造、角砾状构造、网脉状构造等。金主要以银金矿的形式产出，矿物颗粒大小在 5～100 μm，属显微金。银金矿颗粒呈液滴状或不规则形状充填于黄铁矿、石英颗粒的裂隙或间隙中，少量被包裹在硫化物矿物、石英颗粒之中。

三、矿床成因

前人从 I 号脉、II 号脉、VIII 号脉及 X 号脉中采集样品进行流体包体 Rb-Sr 等时线年龄测定结果得出两条线性很好的等时线，其中一条代表（131±10）Ma，另一条代表（232±16）Ma。I 号矿脉蚀变岩石的 K-Ar 法同位素年龄为 184 Ma（刘腾飞，1997）。根据 X 号矿脉含金石英脉充填煌斑岩脉裂隙的地质特征，采用 LA-ICP MS 锆石 U-Pb 定年法获得了煌斑岩成岩年龄为（126.8±2.0）Ma（曹正琦 等，2017），可以认为本区金矿形成于（126.8±2.0）Ma 之后。根据矿床地质特征及构造演化历史，确定白云金矿床成矿时代为燕山晚期。

石英流体包裹体测温资料表明，该矿床成矿温度为 224～306 ℃，成矿压力为 229×10^3～407×10^3 Pa，成矿深度为 1.90～2.97 km。矿床中金矿物的成色特征表明金矿物主要形成于浅部环境。

该矿床成矿过程可概括为：燕山中—晚期岩浆活动，在大磊山穹窿深部形成了以岩浆期后热液为主的大规模的流体作用。这些流体沿北西西向或北北东向的断裂或裂隙上升。流体运移过程中，由于温度的下降、压力的减小而在适当的环境沉淀、充填成矿。高压流体的水力压裂作用经多次的开放、愈合、开放而形成含金同构造脉体。

桐柏-浠水断裂带是主导性的导岩控矿构造，其派生的一系列北西西向陡倾角脆性断层是主要容矿和储矿构造。成矿作用主要发育在两个构造部位：一是在大磊山花岗岩体内部，显张性；二是在岩体与基底变质岩系结合部，早期挤压形成糜棱岩，晚期发生脆性破碎，经热液作用形成矿化蚀变岩（图 3-20）。

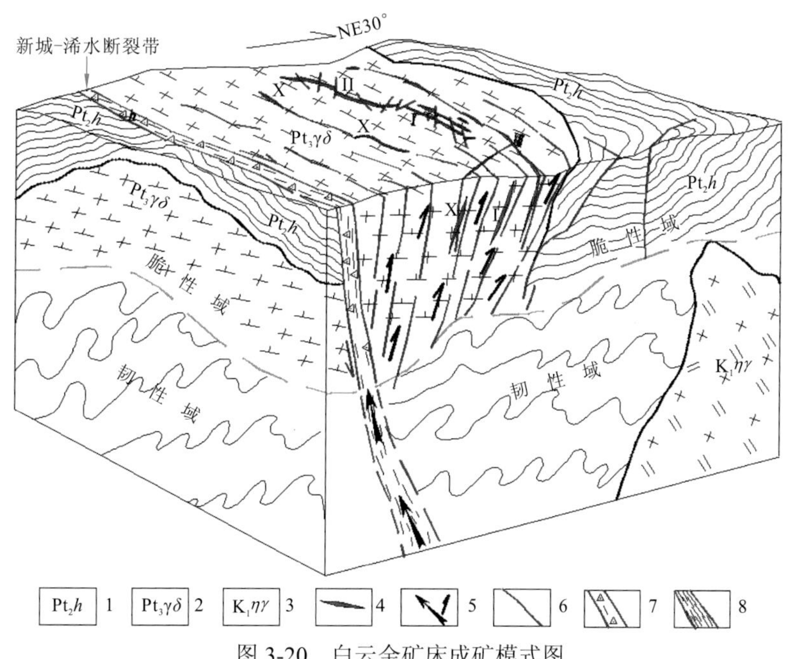

图 3-20 白云金矿床成矿模式图

1.新元古界红安岩群黄麦岭岩组；2.新元古代大磊山花岗闪长岩；3.白垩纪二长花岗岩；4.含金石英脉；5.含矿热液运移方向；6.脆性断层；7.浅层次脆性断裂带；8.深层次韧性剪切带

四、成矿要素

（1）岩浆岩条件：白垩纪中酸性岩浆活动诱发的大规模流体作用是成矿重要驱动力。含金石英脉的氢、氧同位素分析结果表明，成矿流体来源于岩浆热液，后期混入了大气降水。

（2）断裂构造：区域构造处于桐柏-浠水和英店-青山口两条深大断裂与北北东向的澴水大断裂交汇部位的东侧，构造及岩浆活动强烈，形成了独特的大磊山穹窿构造特征，它是本区主要控岩控矿构造，控制了金银矿的分布。矿体赋存于北西西向陡倾角脆性断层带内。金矿体严格受断裂构造控制，根据断裂构造展布方向分为北西西向、北北东向、北北西向、北东—北北东向。北西西向（285°～305°）是主要控矿断裂，控制了主要含金石英脉矿体的展布及规模，和控制少量含金石英脉的北北东向断裂为矿区内容矿构造。而北北西向、北东—北东东向断裂，为成矿后构造，切割了早期的北西西向断裂及含金石英矿脉，造成东盘北移，平距为 1～10 m，明显是区域较晚期的构造活动。

第八节　罗田县陈林沟金矿床

湖北罗田县陈林沟金矿区位于罗田县北西约 24 km 处，有公路通往县城，交通方便。区域构造位于秦岭-大别造山带桐柏-大别（超）高压带。

1971 年，湖北省区域地质测量队在 1∶20 万罗田幅区域地质矿产调查过程中，首先发现了陈林沟铅锌矿点，并对其进行踏勘和检查。1979 年 6～12 月，湖北省第三地质大队对矿区进行了 1∶1 万土壤地球化学测量和激电测量，大致查明了马家沟金多金属矿体的形态、规模、产状及其变化特征。1981～1984 年，中南冶勘 604 队对矿区进行了初步普查，于 1984 年提交了《湖北省罗田县陈李沟金银多金属矿找矿评价地质报告》。1986～1987 年，湖北省鄂东北地质大队对矿区进行了普查，于 1988 年 4 月提交了《湖北省罗田陈林沟金矿初步普查地质报告》。2002～2004 年，湖北省鄂东北地质大队在对罗田县响水潭地区开展的金多金属矿普查—详查工作中，对本矿区重点进行了普查工作，于 2006 年 2 月提交了《湖北省罗田县响水潭地区金多金属矿普查-详查地质报告》。截至 2016 年底，陈林沟金矿区累计查明资源储量：金 1 467 kg，共生银 23 t，伴生铜 793 t。

一、矿区地质背景

矿区内出露地层为古元古界大别岩群斜长角闪岩组（Pt_1Db^a），为一套高角闪岩相—麻粒岩相的变质岩组合，岩性以黑云斜长片麻岩、变粒岩、斜长角闪岩为主。

矿区内岩浆活动频繁，主要集中于三个时期：一是古元古代侵入岩，经变形变质作用改造，主要为一套二长花岗质-花岗闪长质-英云闪长质片麻岩；二是新元古代鲤鱼寨英云闪长岩体（$Pt_3\gamma\delta o$）；三是中生代白垩纪龙井脑花岗岩岩体群（$K_1\eta\gamma$）。其中，白垩纪花岗岩是本区金及多金属矿的主要成矿物质来源。

矿区内褶皱构造不发育，多是露头尺度的片内无根褶皱。本区脆性断裂构造极为发育，主要有南北向、北北东向、近东西向和北西向四组，其中近东向（F1）断裂规模较大，是矿区内主要控矿断裂，它控制了矿区主要工业矿体的展布及规模。该断裂长 6 km，宽 2～8 m，倾向南，倾角 70°～80°，局部近于直立。

二、矿床地质特征

陈林沟金矿床赋存于近东西向（F1）断裂带中，全长大于 6 000 m，地表出露宽 7～10 m，沿走向和倾向呈舒缓波状，主体倾向南，局部北倾，倾角较陡，一般 70°～85°。断裂带中发育有各种蚀变矿化碎裂岩，并充填有矿化石英脉。依据矿体产出状态及含矿断裂的分布规律，自西向东分为马家沟、陈林沟、吴家畈及方家大湾四个矿段（图 3-21）。

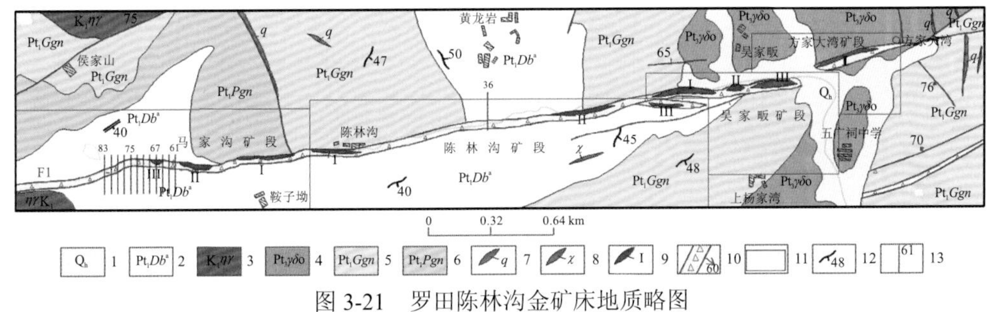

图 3-21　罗田陈林沟金矿床地质略图

1.全新统；2.古元古界大别岩群斜长角闪岩岩组；3.上白垩统二长花岗岩；4.新元古代英云闪长岩；5.古元古代二长花岗质片麻岩；6.古元古代英云闪长质片麻岩；7.石英脉；8.煌斑岩脉；9.矿体及编号；10.断层破碎带及编号；11.矿段范围；12.片麻理产状；13.勘探线编号

马家沟矿段位于矿区西部马家沟一带，该矿段含矿断裂倾向 165°～185°，倾角陡，在 65°～83°之间变化，断裂带长约 1 200 m，宽 3～8 m，向西延伸至图外。断裂带内主要发育有各种硅化钾化碎裂岩、硅化碎裂岩及硫化物矿化石英脉、块状铅锌矿脉等。其中硅化钾化碎裂岩、硅化碎裂岩普遍具有黄铁矿化。本矿段共圈定有 3 个工业矿体，单工程矿体厚一般 0.50～1.78 m，平均 1.14 m，最厚 6.06 m（图 3-22）。

陈林沟矿段位于矿区中西部陈林沟至黄龙岩一带。该矿段含矿断裂产状变化较大，西侧倾向 355°～5°，倾角 70°～80°，东侧倾向 170°～185°，倾角 75°～80°。断裂带内主要发育有硅化钾化碎裂岩、硅化碎裂岩、黄铁矿化硅化岩、硅化碎裂岩。该矿段共圈定有 3 个工业矿体，单工程矿体厚一般 0.42～1.05 m，平均 0.69 m。

吴家畈矿段位于矿区中部吴家畈一带，该矿段含矿断裂倾向 160°～175°，倾角 80°～83°。带内主要发育硅化钾化碎裂岩、硅化碎裂岩、矿化石英脉、硅化岩及碎裂花岗岩、伟晶岩等。本矿段共圈定有 3 个工业矿体，单工程矿体厚一般 0.85～1.80 m，平均 1.36 m，最厚 3.25 m。

方家大湾矿段位于矿区中东部，含矿断裂产状变化较大，主体倾向 150°～160°，倾角 75°～82°，局部倾向 330°～335°，倾角 75°～80°。断裂带中发育有硅化钾化碎裂岩、硅化碎裂岩及少量石英脉，地表多表现为褐铁矿化、硅化碎裂岩和褐铁矿化石英脉，偶见新鲜硫化物。

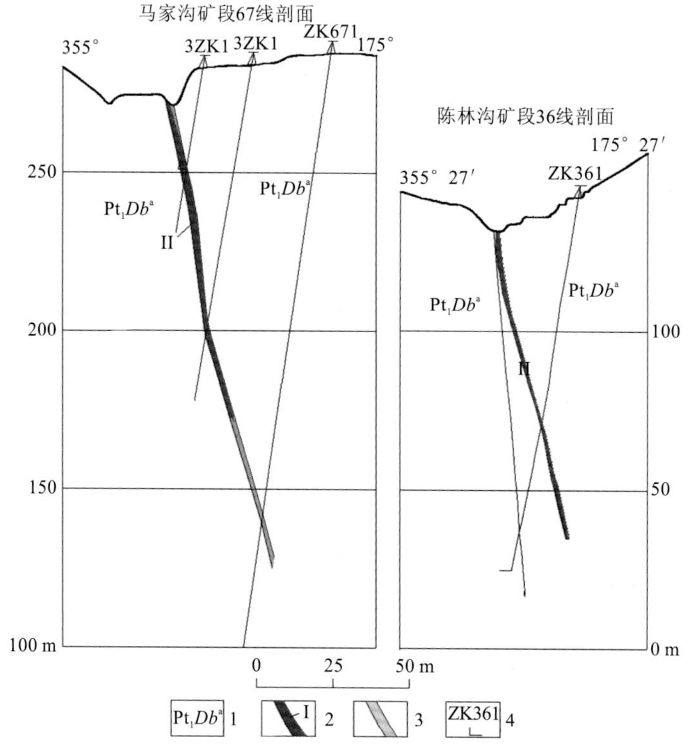

图 3-22 陈林沟金矿区 67 线、36 线勘探线剖面图

1.古元古界大别岩群斜长角闪岩岩组；2.金银矿体及编号；3.金银矿化体；4.钻孔位置及编号

矿体直接顶底板围岩均为硅化钾化碎裂岩、硅化碎裂岩。围岩蚀变主要有硅化、黄铁矿化、钾化及绿泥石化 4 种，局部地段发育少量的绢云母化、绢英岩化、铅锌矿化等，在马家沟矿段西部矿体顶底板围岩普遍发育碳酸岩化。

主要矿石矿物有黄铁矿、方铅矿、黄铜矿、闪锌矿及少量自然金、斑铜矿、铜蓝、铜矾等；脉石矿物有石英、钾长石、斜长石、绢云母、绿泥石、方解石等。矿石结构主要为粒状结构、乳浊状结构、交代熔蚀结构及碎裂结构等。矿石构造主要有块状构造、脉状构造及浸染状构造等。金矿物主要为自然金和银金矿，常以裂隙金、晶隙金的形式产于黄铁矿、方铅矿、黄铜矿和闪锌矿的裂隙和晶隙中，或与石英连生，或以包体金包裹于硫化物中，自然金多呈不规则片状、树枝状，少数粒状，片径 0.01 mm×0.05 mm～0.1 mm×0.2 mm；银以互化物形式如银金矿、金银矿产于方铅矿、黄铁矿、黄铜矿、闪锌矿等硫化物的裂隙和晶隙中，或以硫化物如辉银矿等形式存在。

根据野外观察和对矿石矿物共生组合、结构、构造研究，陈林沟金矿可划分为 4 个热液成矿阶段。①石英-黄铁矿阶段：是成矿早期阶段，多为细小星点状黄铁矿、方铅矿、黄铜矿化等，强烈硅化作用常形成强硅化岩、绢英岩等，伴随有绢云母化、绿泥石化及绢英岩化，该阶段有一定的金银矿化，形成部分银金矿体。②石英-金银多金属硫化物阶段：石英脉充填时伴随有以方铅矿、闪锌矿为主的硫化物矿化，这些硫化物多呈条带状、不规则状产于石英脉的边部。③金银多金属硫化物阶段：主要形成金银多金属矿，块状方铅矿、闪锌矿呈矿脉产于石英脉中部。④晚期石英阶段：晚期纯白色石英细脉沿裂隙充填破坏原矿体。

三、矿床成因

根据马家沟、陈林沟、吴家畈 3 个矿段矿石中矿物包体测温资料，该矿床成矿温度为 120～322℃，且自早至晚成矿温度具有明显的降低趋势，在第三阶段形成的矿石矿物中出现辉银矿和硫砷铜矿等硫盐矿物也证明这一特征。成矿压力为 420×10^3～500×10^3 Pa，成矿深度为 2.40～2.90 km。矿床中金矿物的成色为 671‰～705‰。从成矿温度及成色特征表明金矿物主要形成于浅部环境，矿床为与中生代花岗岩活动有关的中—低温热液矿床。

采自马家湾矿段石英-多金属硫化物脉矿石中的石英和方铅矿流体包裹体 Rb-Sr 等时线年龄为（123.0±11）Ma（杜建国 等，2000），相邻的郭云坳金多金属矿的 K-Ar 年龄为 103.0 Ma，表明该矿床金属矿化主要发生在白垩纪。

本区与金银多金属矿成矿关系最为密切的是燕山晚期酸性侵入岩，由于该时期岩浆活动的结果，在矿区周围及深部形成了以岩浆期后热液为主的大规模的高压流体，这些流体一部分沿北西向或近东西向的断裂或裂隙上升，由于温度的下降，压力的减小而在适当的环境沉淀、充填成矿。通过本区的桐柏-浠水断裂带是主要的导矿构造，控矿构造为一系列北西向断裂构造及其不同方向的派生断裂构造；近东西向陡倾角脆性断层是主要的容矿和储矿构造。具体发育在两个部位上：一是在花岗岩体内部，显张性，经石英脉充填成矿；二是在岩体与基底变质岩系结合部，早期挤压形成糜棱岩，晚期发生脆性破碎，经热液作用形成蚀变岩型的矿体。该矿床成矿模式见图 3-23。

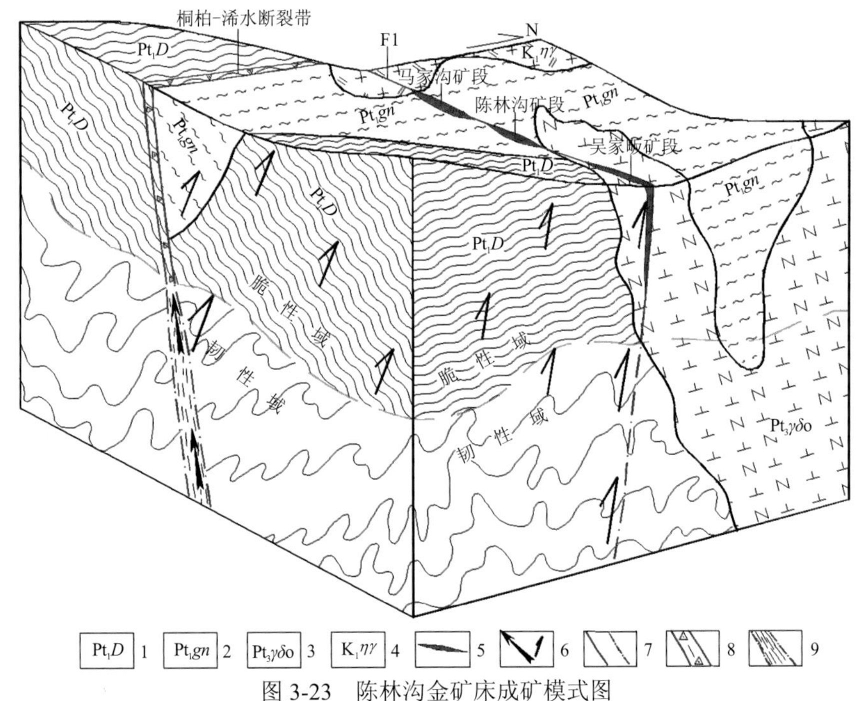

图 3-23　陈林沟金矿床成矿模式图

1.古元古界大别岩群；2.古元古代花岗质-英云闪长质片麻岩；3.新元古代英云闪长岩；4.早白垩世二长花岗岩；5.含金石英脉；6.含矿热液运移方向；7.脆性断层；8.浅层次脆性断裂带；9.深层次韧性剪切带

四、成矿要素

（1）岩浆岩条件：在大崎山穹窿的中心部位的陈林沟金矿床成矿物质来源于燕山期花岗岩，成矿流体来源于岩浆热液，后期混入了大气降水。

（2）断裂构造：断裂构造对本区矿床的赋存形态起着重要的控制作用，它们决定了本区矿体的赋存部位、产状、形态特征和空间展布。特别是断裂构造对矿床的控制作用尤为明显，在内生矿床中，断裂构造常常是岩浆、热液上升和运移的重要通道，同时也是含矿热液有利的储矿空间。区域上北西向和北北东向断裂构造为导矿构造，近东西向断裂构造为储矿构造；近东西向断裂构造的产状变化部位、膨大部位及不同方向断裂构造的交汇部位为成矿有利部位。含矿断裂早期表现为交代型，后期以充填为主，由石英脉型金及多金属矿发展为石英脉、蚀变岩混合型的金银铜矿，深部为蚀变岩型金矿。

第四章　区域金银成矿规律

金银矿是武当-桐柏-大别成矿带优势矿种，点多，分布广。成矿带内已发现金银矿床（点）284 处，其中大型矿床 3 处、中型矿床 4 处、小型矿床 68 处、矿点 209 处。代表性的矿床有老湾、破山、银洞坡、黑龙潭、银洞沟、白云、陈林沟、余冲、东溪、界岭等。

研究区（桐柏-西大别地区）是武当-桐柏-大别成矿带金银矿产出主要地区，也是我国重要的金银矿床集中区。区内金银成矿优越，矿床点星罗棋布，找矿潜力巨大。2011～2018 年，中国地质调查局在区内组织实施一系列区调、矿调项目，圈定了数百处地球化学金银等综合异常，提交了一大批金银多金属找矿靶区。河南、湖北两省地质勘查基金及民营资本及时跟进投入，在河南老湾金矿深部与外围新增金金属资源储量超过 208 t，金城金矿金资源储量有较大增长。湖北省提交了金鸡坳、邢川水库、双庙关、王家台等 7 处矿产地。通过典型矿床解剖研究认为，研究区原生金银矿床成因类型主要包括受构造控制的岩浆热液脉型和浅成低温热液型，成矿峰期在 140～125 Ma，与早白垩世中酸性岩浆活动关系密切。

第一节　矿床成因类型

桐柏-大别地区金银矿床类型多样，产出层位复杂，赋存样式多样。在该区金银矿床中，既有产于变质岩中的石英脉型和蚀变岩型金矿床，如老湾、银洞坡等；也有产在花岗岩中的石英脉型金矿床，如陈林沟金矿床；还有与火山作用有关的金矿床，如东溪、皇城山等。通过典型矿床解剖研究认为，桐柏-大别地区原生金银矿床成因类型主要可分为受构造控制的岩浆热液型、浅成低温热液型及斑岩-夕卡岩型。

受构造控制的岩浆热液型金银矿床是桐柏-大别地区最重要的金矿成因类型，包括老湾金矿床、围山城矿集区、黑龙潭金矿床和白云金矿床。该类型矿床往往产出于变质岩系中，以往研究多认为金矿床主要与区域变质作用有关，亦有部分研究者认为成矿与燕山期岩浆活动有关（杨梅珍 等，2014）。年代学研究显示，老湾金矿床绢云母 Ar-Ar 年龄为（138.0±2.0）Ma，黑龙潭金矿床石英 Rr-Sr 等时线年龄为（132.6±2.7）Ma，与邻近的早白垩世中酸性侵入岩近于同时形成。金矿床矿石硫化物均一化程度高，显示深源成因特征。白垩纪浅成岩浆活动对热液成矿体系具有重要意义。

区域上该类型金银矿主要赋存在变质地体中，经过区域变质和多期构造叠加改造-热事件影响，成矿元素从地层不断活化迁移。控矿因素包括脆-韧性剪切带、变火山-沉积岩系、同构造中酸性侵入岩体等（图 4-1）。矿化标志有黄铁绢英岩化背景上的绿泥石-磁铁矿蚀变组合、黄铁矿（褐铁矿）化多金属矿化。桐柏-大别地区发育一系列北西—

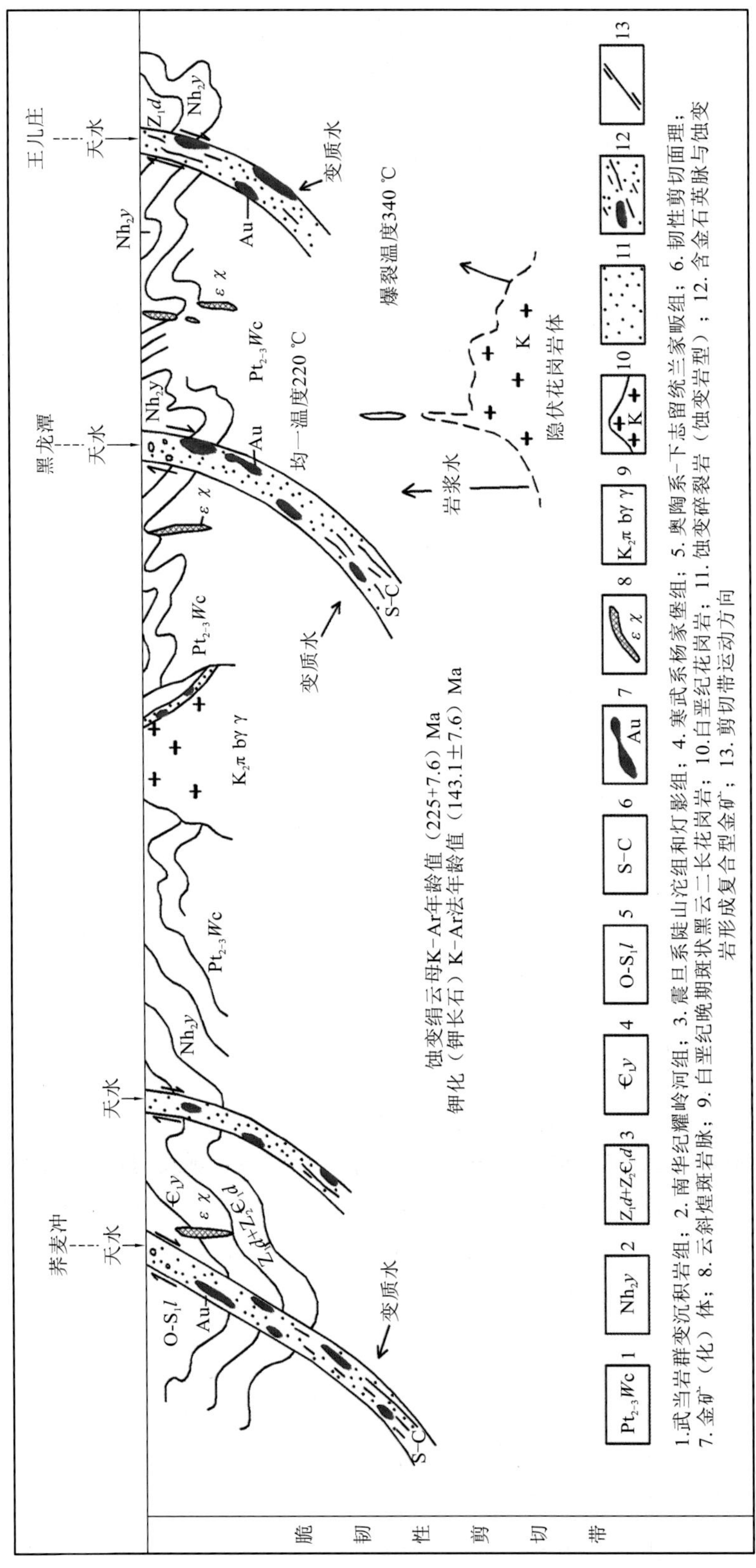

图 4-1　随枣地区蚀变岩型、石英脉型金矿区域成矿模式图

北西西及北北西向为主的多期活动断裂和不同深度、不同层次、不同规模的韧-脆性剪切应变带，包括不同方向的次级断裂，分别切过各类矿源层为含矿热液提供容矿空间。中生代花岗岩及岩脉侵入活动为金银的成矿作用、富集、定位创造有利条件。

与火山作用有关的浅成低温热液型金银矿床可分为高硫化型和低硫化型，代表性矿床分别为皇城山银矿床和东溪金矿床等，主要分布在北淮阳中生代火山岩带。这两个矿床分别与陈棚组和毛坦厂组火山作用成因联系密切，可能是北淮阳火山盆地形成期间的产物。

斑岩-夕卡岩型铅锌银矿床常产出于斑岩钼矿床外围，与斑岩型钼矿床伴生，主要与白垩纪花岗质浅成岩浆活动关系密切，代表性矿床有沙坪沟和千鹅冲钼矿床外围银铅锌矿化点、天目沟钼银多金属矿床等。此类矿床在大别地区亦较为常见。

第二节　成矿建造

一、地层（岩组）建造

桐柏-大别地区变质岩经历了多期次、漫长的构造-地质演化，其中具有较高的金、银等金属成矿物质，成矿与地层（岩组）关系密切，具有一定的层控特征。区域主要含矿岩系包括：龟山岩组（老湾金矿床、薄刀岭银金矿床含矿岩系）、歪头山组（围山城金矿床含矿岩系）、浒湾岩组（金城金矿床含矿岩系）等。与成矿关系密切的是新元古代—古生代火山-沉积作用，可能为成矿提供了良好的物质来源。

龟山组：由一套绿片岩相至角闪岩相的变质岩系组成，主要岩性为二云石英片岩、斜长角闪片岩、白云质大理岩及硅质岩。该岩层分布于龟梅断裂与老湾断裂所挟持的呈北西西向的狭长带状构造带内，表观上是受多次剪切作用的不同岩性的岩片拼贴而成，不具有地层学意义。根据龟山组稀土元素和微量元素的研究，认为其原岩为基性火山岩、火山碎屑岩及砂泥质沉积岩。该组岩石形成于过渡壳性质的弧后盆地环境，为一套有利于金银成矿的火山-沉积建造（谢巧勤 等，1999）。

歪头山组出露于桐柏地区固县镇-围山城一带广泛分布，延续稳定。南阳盆地以西伏牛山区没有该地层出露。一般认为，歪头山组与其上覆地层二郎坪群是北秦岭古火山断陷带中的一套新元古代—古生代的地层。该岩系为围山城金银矿集区的重要含矿岩系，可能为矿源层，为一套中浅变质的火山碎屑-沉积岩系。下部岩性组合为黑云变粒岩、黑云斜长变粒岩、黑云斜长片岩、斜长角闪片岩、白云石英片岩，含蓝晶石、十字石及少量硅线石，银洞岭及老洞坡银多金属矿床产于其中。中部岩性组合为变粒岩、变粉砂岩、云母石英片岩、碳质绢云石英片岩夹斜长角闪片岩及大理岩透镜体，为银洞坡特大型金矿含矿层。上部岩性组合为黑云变粒岩、斜长角闪片岩、碳质绢云石英片岩夹大理岩透镜体，为破山大型银矿含矿层。

浒湾岩组：其北侧以平天畈韧性剪切带与定远组构造接触，南侧与红安岩群七角山岩组构造接触，西侧被灵山花岗岩侵入，呈北西西向带状。该岩组主要岩性为变质-变形较强的榴辉岩、榴闪岩、含榴白云片麻岩、白云石英片岩、白云斜长片麻岩，按照岩性组合主要分为榴闪岩、云英岩、片麻岩岩段，是一套不同时代、不同成因的构造岩块的混杂堆叠，并无层序和时代概念。其原岩为一套以中基性—酸性火山岩为主，夹陆源碎屑沉积岩及碳酸盐岩沉积，原岩建造特征反映为由大陆边缘弧到洋盆沉积。根据其内部发育镁质—铁镁质岩块，这些铁镁质岩块的原始地球化学特征同大洋玄武岩极其相似，说明它的构造环境是直接沉积在洋壳之上、靠陆壳一侧的火山弧沉积。该岩组为金城金矿的含矿岩系。

有学者认为，Au 的主要来源为原始的铁镁质火山岩，只要存在此类岩石，就可作为 Au 的终极来源（谢巧勤 等，1999）。区域内歪头山岩组、龟山岩组、浒湾岩组均表现为一套变基性火山岩、火山-沉积岩建造。且从北向南，区域内发育条山铁矿、刘山岩 VMS 型铜锌矿床、金银地球化学异常，暗示了 Fe-Cu、Zn-Au、Ag 的地球化学分带，这些均可能与新元古代—古生代海底火山-沉积作用有关。综上，桐柏-大别地区变质火山-沉积岩系原岩建造为后期 Au、Ag 成矿奠定了基础，提供了良好的成矿物质来源。

二、侵入岩成矿建造

桐柏-大别地区一些规模较大的花岗质岩体有老湾岩体、梁湾岩体、灵山岩体七尖峰杂岩体、梅川杂岩体等。

老湾岩体：出露于老湾金矿带，主要岩性包括中细粒二长花岗岩和似斑状中粗粒黑云母二长花岗岩。岩体总体呈近东西向带状展布，出露宽 1～2 km，长 23 km。其北界受老湾断裂带控制，沿断裂带岩石破碎，构造角砾岩发育，热液蚀变普遍，伟晶岩脉多见，岩石无定向组构。老湾岩体的就位与老湾断裂早期活动有关，即老湾岩体属岩墙扩张式被动侵位。其 SHRIMP 锆石 U-Pb 年龄为（132.5±2.4）Ma（刘翼飞 等，2008），揭示岩体形成于早白垩世。

梁湾岩体：出露于围山城金银矿集区西北部，侵入到新元古界歪头山组中，以岩株状产出，露面积约 20 km^2。岩体以似斑状二长花岗岩为主，岩体内见到花岗闪长岩，花岗闪长岩有一定蚀变。似斑状二长花岗岩：岩石呈灰白色、灰红色，似斑状结构，交代结构，基质为中粒结构，斑晶矿物为微斜长石（20%～25%）、斜长石（30%～35%），黑云母 3%～6%。副矿物为榍石、磁铁矿、磷灰石和锆石等。SHRIMP 锆石 U-Pb 年龄为（132.5±2.3）Ma、（137.0±3.4）Ma（江思宏 等，2009b）。

灵山岩体：出露面积约为 138 km^2。该花岗岩体与中新元古界浒湾岩组、定远组、红安岩群七角山岩组呈明显侵入接触关系。主要岩性为黑云母二长花岗岩。花岗岩体内部优势可见微粒包体，主要由斜长石和黑云母组成。岩石新鲜面呈灰白色—肉红色，中粗粒花岗结构，块状构造，主要矿物组成为钾长石 25%～45%，斜长石 25%～45%，石英 25%～35%，黑云母 2%～5%。钾长石一般为微斜条纹长石，呈自形板状，受构造影响发育裂隙，颗粒一般比较粗大，大多在 5 mm 左右，常见卡斯巴双晶及格子双晶，晶体内有细粒的更长石包体；斜长石呈自形—半自形板状，发育聚片双晶、卡纳复合双晶，其边部常有细粒石英分布，少数晶体有环带构造，环带间界线并不是特别明显，粒径一般为 0.8～3.5 mm；石英为他形或球粒状聚晶，粒径在 2～6 mm，具波状消光；黑云母为半自形板片状，多色性明显，副矿物有锆石、磁铁矿、磷灰石、榍石等。其 LA-ICPMS 锆石 U-Pb 年龄为 130～125 Ma。该岩体外围产有陡坡钼矿床和金城金矿床等。

七尖峰杂岩体：是随北地区出露面积较大的花岗岩体之一，面积大于 400 km^2。该岩体由周楼、三合店、大仙垛、金子岭、三冠垛、玉皇顶、檀山岩体等岩体组成，主要岩石类型为二长花岗岩、黑云母（角闪石）二长花岗岩体、斑状二长花岗岩体和中粗粒黑云二长花岗岩体等。其岩石化学特征为碱质含量高，各岩体 Na_2O+K_2O 均在 8.47%以上，最高达到 9.28%，属于过碱性花岗岩。沿该岩体周围发育众多贵、多金属矿化，主要金银矿床有卸甲沟—黑龙潭金矿床等。

梅川杂岩体：主要岩性有石英二长岩体、垄坪斑状黑云母二长花岗岩及中细粒黑云母二长花岗岩体、田家寨和大王寨钾长花岗岩体和婆婆寨碱长花岗岩体。岩体外围发育有刘元铜矿床、赤铜山铜矿床。

典型矿床解剖研究揭示，早白垩世岩浆活动提供了成矿所需的流体、热源和成矿物质。需要指出的是：已有矿床地质和年代学研究表明，上述岩基或规模较大岩体的形成时间多明显晚于成矿时限，如老湾金矿成矿时间为（138±2）Ma（张冠 等，2008b），而老湾岩体侵位时限为（132.5±2.4）Ma（刘翼飞 等，2008）；灵山岩基侵位时限为（130～125）Ma。区域内金城金矿、老湾金矿、凉亭银金矿均产在近东西向区域主干断裂带附近，如老湾金矿床总体走向为 93°，在 85°～93°变化；薄刀岭银金矿床控矿断裂走向为 75°～85°。这些特征均反映了区域金银矿化与近东西向构造-岩浆活动之间的密切联系。断裂带附件近东西向斑岩脉反映了浅成高位岩浆活动。金城和老湾金矿区表现出以浅成岩浆活动为中心的 Mo→Cu-Pb-Zn-Ag→Au 岩浆热液体系矿化的分带性。金矿化体系稍微远离岩浆活动中心，主要出现在外围。综上认为，桐柏-大别地区大规模出露的花岗质岩基是下地壳构造拆沉的地表反映，区域金银成矿形成于构造-挤压转换环境，略早于拆沉时限，与桐柏-大别造山带巨量岩浆活动之前的浅成高位岩浆活动密切相关。松扒-龟梅断裂带中东西向花岗斑岩脉带是这种岩浆活动的重要指示（朱江 等，2018；杨梅珍 等，2014）。

白垩纪成矿事件是大别山金银多金属成矿的最主要阶段。与区域构造-岩浆演化相对应，大别山白垩纪成矿作用也可分为三个阶段，并形成了具不同成矿特色的成矿作用：①岩浆热液型脉状金银矿床成矿时间多集中于 140～130 Ma，如老湾金矿床、黑龙潭金矿床和白云金矿床等；②浅成低温热液型金银矿床成矿作用发生在 133～125 Ma，受大别山北缘（北淮阳地区）晚中生代火山岩带控制，相关火山岩出露于陈棚组、金刚台组、响洪甸组和毛坦厂组，如皇城山和东溪金银矿床等；③125～105 Ma 形成了大别山最具特色的大型和超大型斑岩型钼矿床，如千鹅冲钼矿床、大银尖钼矿床、天目沟钼矿床、汤家坪钼矿床、沙坪沟钼矿床等。该期成矿相关岩浆岩成因上具 A 型或分异 I 型特征。岩浆系统中挥发分和 Mo 的高效对流运移可能对超大型钼矿床的形成具有重要意义（Ren et al.，2018a，b）。

三、区域性构造与成矿

除区域成矿动力学背景决定着沉积、岩浆、变质等成矿建造外，区域性大构造也具有鲜明的区域成矿意义。

（一）主要深断裂带的控矿作用

深大断裂引导着地幔物质和热量向地壳浅部迁移，成为重要的区域性构造岩浆岩带。本区燕山期北东向断裂与印支期北西（西）向断裂带交汇处，形成巨大的裂隙系统，便于充分的物质交换，有利于发生成矿作用。因此，深大断裂往往控制着成矿亚带和多个矿集区的分布。

青峰-襄樊-广济断裂带控矿：具多期控矿特点，西段有加里东期与东河基性—超基性岩有关的含钯钛磁铁矿及铜矿化和竹溪—丰溪一带的层间破碎带型铅锌矿等，中东段随南地区发育燕山期金银铜多金属矿化；东段有浠水一带的金银矿等。

龟山-梅山断裂控矿：是桐柏-大别造山带一条重要的控岩控矿断裂，不仅作为北淮阳燕山期火山岩带的北部边界，同时在该断裂带中形成了剪切带型老湾金矿和马畈金矿、火山－次火山热液型皇城山银矿、白石坡银铅锌多金属矿及安徽汞洞冲银铅锌多金属矿。

桐柏-桐城断裂控矿：是桐柏-大别造山带一条最重要的控岩控矿断裂，是北淮阳构造带与北大别变质杂岩带的边界断裂，也是北淮阳中生代火山岩带的南部边界断裂。带内分布有小型花岗岩岩株及有关的一系列钼、铜多金属矿床，如肖畈、母山、千鹅冲、沙坪沟等钼多金属矿床。

（二）区域性隆起（穹窿构造）的控矿作用

区域性隆起（穹窿）构造不仅是一个构造表象，通常也包含有巨大的热异常，是深部热事件在浅部的构造响应。

许长海等（2001）研究表明，在热窿伸展过程中，大别强热中心集中沿麻城-岳西热轴迁移摆动。不仅反映岩浆作用期次，也反映深部岩浆中心有规律的迁移，130 Ma 岩浆活动沿麻城-岳西热轴根部进行，120 Ma 转移到岳西北侧区域，110 Ma 发生在英山、岳西和太湖交界区，热伸展作用强度逐渐减弱（图 4-2、图 4-3）。

（三）大型剪切带对成矿的控制作用

与热隆升作用相伴的混合岩化、滑脱剪切及岩浆侵入，常导致流体的定向运动和物质组分的重大重组，有利于成矿作用的发生。桐柏-大别地区已确定有大磊山、大崎山和青石三个次级构造岩浆穹窿。在湖北地区，大磊山隆起对应着已知的金及多金属矿化集中区，并呈现出从中心向外有高温组合向低温组合的变化趋势。所以，穹窿构造控制的往往是一个成矿亚系列。

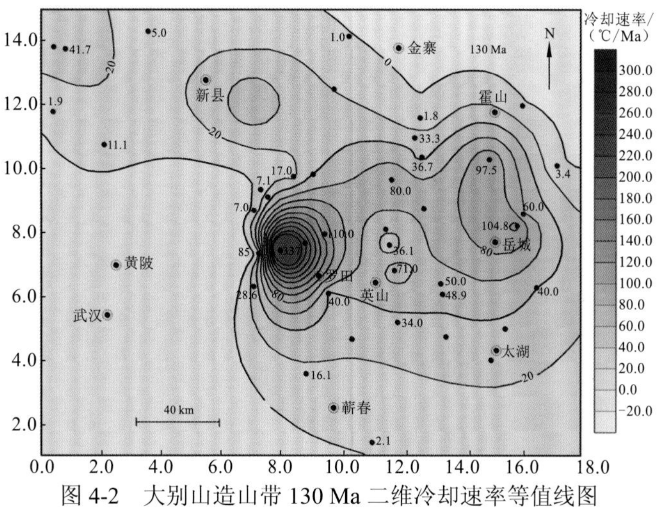

图 4-2　大别山造山带 130 Ma 二维冷却速率等值线图

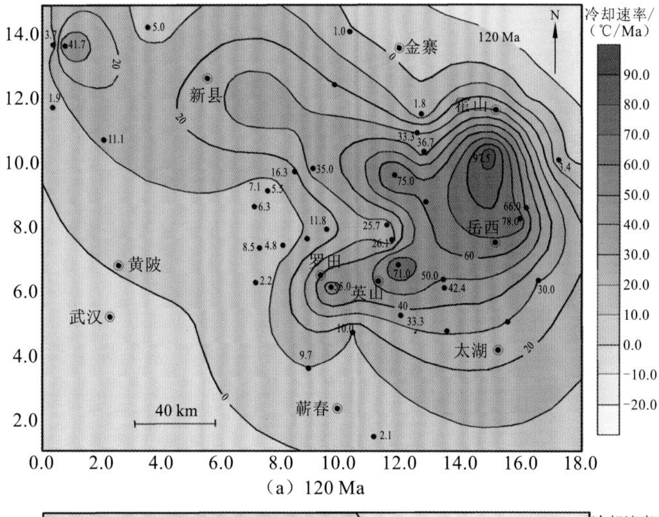

（a）120 Ma

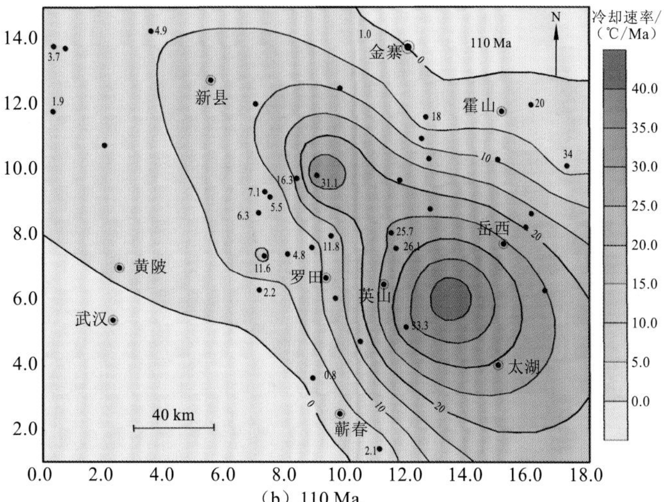

（b）110 Ma

图 4-3　大别山造山带 120 Ma 与 110 Ma 二维冷却速率等值线图

武当、随枣、大别地区发育的剪切带对金银多金属矿的控制作用前人已做研究（吴德宽和刘兴义，2002；韦昌山 等，2001；刘忠明和谭秋明，1999；秦正永 等，1997；马启波 等，1996；蔡学林和傅昭仁，1996；谭秋明，1993）。本区的剪切带可分为逆冲推覆、滑脱拆离（伸展构造）和走滑三类。

1. 逆冲推覆剪切带

逆冲推覆构造主要发育于印支期—燕山期，如随北逆冲推覆构造、武当山逆冲推覆构造等。成矿富集作用往往发生在晚期的脆韧性—脆性过渡阶段。

2. 滑脱剪切带

中、新元古界之间滑脱带。主要出露于桐柏-大别地区的大悟宣化店-麻城大河铺一带、蕲春一带，常由数条顺层韧性剪切带组成。沿剪切带分布有多个金银多金属矿化带。

武当岩群火山岩层与火山-沉积韵律层之间多层滑脱拆离构造带。滑脱面位于火山岩与正常沉积层之间靠近沉积岩一侧，形成金银矿床，如许家坡金银矿、银洞沟金银矿。

武当岩群与耀岭河群之间韧性剪切带。在武当地区表现为地层缺失，界面附近发育脉状金矿化；在白岩沟一带耀岭河群中垂直层面的石英脉中含矿，但同一脉体进入武当岩群中则无矿化出现，而在高庙一带矿脉则可贯穿界面。在随北一带，该界面因顺层剪切形成互相包裹的褶叠层和铲式断层，为该区主要控矿构造。

震旦系陡山沱组砂岩与片岩之间、片岩与灰岩间顺层滑脱剪切带。该类剪切带在武当西缘郧西一带具有重要的控矿意义，如佘家院子银金矿、六斗金矿均受层间剪切带控制。

震旦系陡山沱组与灯影组之间的脆性顺层剪切带。该带在随南控制铅锌银矿化。

3. 走滑剪切带

主要走滑剪切带有北西向及北东—北北东向两组。前者主要有新城-黄陂-广济断裂带、两郧断裂带、白河-石花街断裂带，后者主要有团-麻断裂带、郯庐断裂带。这些走滑剪切带早期以韧性、韧脆性为主，晚期以脆韧性—脆性为主，矿化常富集在晚期脆韧性—脆性断裂裂隙或蚀变带中。

第三节　成矿时空规律

桐柏-大别地区原生金银矿床成因类型主要包括受构造控制的岩浆热液型、浅成低温热液型和斑岩-夕卡岩型，区域成矿峰期集中在 140～125 Ma。不同矿床的时空分布和控矿因素存在一定差异。

受构造控制的岩浆热液型：是桐柏-大别地区脉状金银矿最主要的成因类型，主成矿峰期为 138～130 Ma，分布于桐柏老湾地区、随州卸甲沟-黑龙潭、红安华河-檀树岗一带及南大别地区。其成矿与早白垩世岩浆活动关系密切。初始成矿流体起源于岩浆水。早白垩世岩浆活动为成矿提供有效的热源、流体和成矿物质。其典型矿床包括河南老湾金矿床[（138.0±1.4）Ma，绢云母 Ar-Ar）]、湖北黑龙潭金矿床[（132.6±2.7）Ma]、白云金矿床（128 Ma），成矿时间主要集中在早白垩世（138～120 Ma）。空间分布上主要受区域性韧性剪切带控制，如区域性近东西向桐柏-商城断裂、新黄断裂带。晚侏罗世—早白垩世，区域挤压作用力逐渐减小，形成一系列滑脱剥离韧性剪切带的同时，走滑型韧性剪切变形叠加于早期韧性逆冲推覆构造之上，使得研究区主体格局基本定型。该韧性剪切带早期以韧性逆冲型剪切为特征，晚期则以右行走滑型韧性剪切为特征，反映了挤压-伸展应力条件的转换。关于大别山右行剪切的时限，程万强（2012）认为剪切变形发生在 138～144 Ma；韩建军等（2014）提出其峰期在 172～137 Ma。而该组断裂带内广泛发育的近东西向花岗岩脉无疑是伸展作用的反映。本次工作获得研究区斑岩脉侵位时限在 133 Ma。区域上，松扒断裂带内花岗斑岩时限为（138±2）Ma。燕山期浅成岩浆作用和右行脆-韧性断裂构造是研究区金多金属成矿作用的关键控矿因素。测区 Au 异常高值区也分布在近东西向右行断裂构造发育部位，如平天畈韧性剪切带、南寺韧性剪切带等。研究区金成矿时间应与近东西向斑岩脉侵位时限（133 Ma 左右）接近。综上，早白垩世浅成花岗质岩浆活动和韧脆性构造带是此类矿床最重要的成矿要素。其空间展布受区域性断裂构造带控制，成矿峰期在 140～130 Ma。

浅成低温热液型：主要分布于北淮阳和大别山北麓的东西向火山岩盆地中，东部晓天-磨子潭火山盆地和西部皇城山一带。又可进一步分为高硫化型和低硫化型矿床（李兆鼐 等，2004）。前者代表性矿床为皇城山银金矿床，分布于东大别山地区（杨梅珍 等，2011）；后者代表性矿床有东溪金矿床、南关岭金矿床，分布于西大别山地区（朱江 等，2017；张定源 等，2014）。这些矿床均与北淮阳地区早白垩世中酸性火山活动成因关系密切，成矿时间集中在 133～125 Ma。

斑岩-夕卡岩型：主要为与浅层斑岩有关的中低温热液型银铅锌矿床，常分布在斑岩钼矿床周边，与斑岩型钼矿床伴生。代表性矿床有沙坪沟钼矿床、千鹅冲钼矿床外围银铅锌矿化点、天目沟钼银多金属矿床。对于该类型矿床，地表有较完整的低温元素化学异常，主要为不强的 Pb-Zn-Ag 多金属矿化，深部钼矿化逐渐增强往往成为单一的钼矿化。主要分布在北淮阳构造带，成矿时间集中在早白垩世（130～105 Ma）。此类矿床以钼矿为主，铅锌银多为伴生矿产。

第四节　区域重要地质事件与金银多金属成矿

以构造演化为主线，以沉积作用、岩浆作用、变质作用和成矿作用为标志，初步认为武当-桐柏-大别地区经历了大别、晋宁—加里东、海西—印支和燕山—喜马拉雅四大成矿构造旋回。研究区四个主要构造旋回中发育不同成矿动力学背景，主要包括：大别期陆壳增生阶段的裂谷-裂陷背景下的伸展体制，中元古代晚期多岛洋伸展体制，新元古代早期弧后伸展体制、新元古代晚期—早古生代裂解伸展体制，早古生代沟-弧-盆体制、晚古生代汇聚—印支期碰撞造山体制、早侏罗世—早白垩世早期构造转换体制、早白垩世晚期—

晚白垩世山根垮塌-伸展体制等 8 种构造体制（表 4-1），形成相应的成矿建造（表 4-2）。

表 4-1　武当-桐柏-大别地区构造阶段及动力学背景

<table>
<tr><th>构造旋回</th><th>武当-随枣地区</th><th>桐柏-大别地区</th><th>北淮阳地区</th></tr>
<tr><td>大别期陆壳增生阶段</td><td></td><td colspan="2">裂谷-裂陷背景下的伸展体制</td></tr>
<tr><td rowspan="4">晋宁期—加里东期造山阶段</td><td></td><td colspan="2">中元古代晚期多岛洋伸展体制</td></tr>
<tr><td></td><td>晋宁俯冲-碰撞造山体制</td><td>弧后裂谷伸展体制</td></tr>
<tr><td colspan="3">新元古代中晚期—早古生代早期超大陆裂解体制</td></tr>
<tr><td>早古生代晚期弧后伸展体制</td><td>加里东岩浆弧</td><td>加里东俯冲造山体制</td></tr>
<tr><td rowspan="2">海西期—印支期造山阶段</td><td>晚古生代伸展体制</td><td>隆起区（?）</td><td>晚古生代残余前陆盆地</td></tr>
<tr><td colspan="3">印支期陆陆碰撞造山体制</td></tr>
<tr><td rowspan="3">燕山期—喜马拉雅期陆内伸展阶段</td><td>?</td><td colspan="2">晚侏罗世—早白垩世早期构造转换体制</td></tr>
<tr><td>?</td><td colspan="2">早白垩世中晚期山根垮塌-伸展体制</td></tr>
<tr><td colspan="3">晚白垩世—古近纪断陷-伸展体制</td></tr>
</table>

表 4-2　武当-桐柏-大别地区主要成矿体制与成矿建造

<table>
<tr><th>成矿动力学背景</th><th>（变质）沉积成矿建造</th><th>分布地区</th><th>（变质）侵入岩成矿建造</th><th>分布地区</th></tr>
<tr><td>大别期伸展体制</td><td>变质表壳岩系（磁铁矿、金红石、铬铁矿、蓝晶石、矽线石、钾长石）</td><td>桐柏-大别</td><td>变质基性—超基性侵入岩（金红石、铬铁矿、硅酸镍和蛇纹石）</td><td>桐柏-大别</td></tr>
<tr><td rowspan="2">中元古代晚期—早古生代裂解体制</td><td>浅变质火山-沉积岩系（Cu、Pb、Zn、Au、Ag）</td><td>北淮阳、武当-随应</td><td>变质基性—超基性侵入岩（金红石、铬铁矿、钛铁矿、伴生铂钯）</td><td>桐柏-大别</td></tr>
<tr><td>震旦系—寒武系碎屑岩-碳酸盐岩-硅质岩的黑色岩系（V、Mo、U、Ni、Ag、Zn、磷矿、黄铁矿、重晶石）</td><td>武当-随应、北淮阳</td><td>志留纪碱性岩-碳酸岩成矿建造（?）</td><td>武当-随应</td></tr>
<tr><td>早古生代晚期俯冲造山体制</td><td>奥陶系—志留系弧后海槽以碎屑岩为主的变质火山沉积建造</td><td>武当-随应</td><td>加里东期中酸性侵入岩（金、银多金属）</td><td>桐柏</td></tr>
<tr><td>晚古生代汇聚—印支期造山体制</td><td>泥盆纪金锑碎屑岩建造</td><td>武当-随应</td><td></td><td></td></tr>
<tr><td>中新生代构造转换-伸展体制</td><td>中生代中酸性火山-沉积岩系（Au、Ag、膨润土、珍珠岩、沸石）</td><td>北淮阳、随应、大别</td><td>燕山期中—酸性侵入岩（Mo、Au、Ag、Pb、Zn、Cu）</td><td>北淮阳、随应、桐柏-大别</td></tr>
</table>

桐柏大别地区金银成矿关系主要形成于早白垩世晚期—晚白垩世山根垮塌-伸展构造体制，其也是中国东部晚中生代构造体制转化-成矿的重要组成部分。燕山期岩浆活动是成矿带内时代最新、规模最大的一次构造-热事件，成因上可能与中生代中国东部地球动力学大调整和岩石圈拆沉有关。该时期区域金银成矿作用与区域内早白垩世强烈的中酸性岩浆活动关系密切，成矿时间为 140～105 Ma，空间上主要分布在南阳盆地以东（北淮阳构造带、桐柏-大别构造带和南秦岭构造带均有发育），主要矿床类型包括岩浆热液石英脉型金银矿、次火山-浅成热液型金银矿和斑岩-夕卡岩型银铅锌矿，代表性矿床包括老湾金矿床[（138.0±1.4）Ma]、黑龙潭[（132.6±2.7）Ma]、白云（128 Ma）、东溪金矿床（132 Ma）和皇城山银矿床。除与钼矿化相伴生的斑岩-夕卡岩型银铅锌矿外，该期区域金银矿成矿时间多集中在 140～130 Ma。大别山地区岩浆岩地球化学性质和年代学研究认为，早于 135 Ma 的早白垩世中酸性岩浆可能与加厚下地壳重融有关；135 Ma 左右的中酸性岩浆可能形成于挤压体制向伸展体制的转换环境；130～110 Ma 的中酸性岩浆可能为陆壳伸展、岩石圈地幔上涌环境的产物。已有成矿年代学研究表明，区内岩浆热液型和次火山-浅成热液型金银矿更多的与 140～130 Ma 岩浆活动相关。

一、新元古代—古生代板块体制与金银成矿

桐柏-大别地区变质岩系经历了多期次、漫长的构造-地质演化，具有较高的金、银等成矿物质，与成矿关系密切的可能是中元古代—古生代火山-沉积作用，为成矿提供了良好的物质来源。如围山城矿集区金、银矿床产在歪头山组，老湾金矿床、薄刀岭银金矿床主要与龟山岩组关系密切，浒湾岩组是金城金矿床含矿岩系。

中新元古界除少量陆缘碎屑沉积外，大多是火山-沉积岩系。火山岩具非典型双模式特征（杨荣兴 等，1999；刘国惠 等，1993），主要由酸性和基性两个端元组成。基性端元富 Mg、Fe，富碱性或偏碱性，富大离子亲石（large ion lithophile，LIL）元素，REE 分配型式为富集型，具明显裂谷火山岩特征。但部分（如宽坪群、松树沟组等）显示为大洋或岛弧拉斑玄武岩特征（刘国惠 等，1993；张国伟 等，1988）。近年来的研究发现，桐柏-大别腹地很多高级变质岩系的原岩也是该阶段（8 亿～7 亿年）形成的，应属上述火山岩系的一部分。

上述岩石地层单元主要有龟山岩组、宽坪群、武当群、耀岭河群、红安群、宿松群、张八岭群、卢镇关群等，近年来的高精度年代学研究成果表明，这些层位形成时代介于 11 亿～6 亿年，其中龟山岩组、宽坪群、部分红安群、宿松群可能为中元古代晚期—新元古代早期产物，其他均为新元古代晚期地层。两套火山岩之间既有反映晋宁期显著造山运动的角度不整合接触关系，也有非造山性质的平行不整合，甚至是连续沉积的过渡关系（刘国惠 等，1993；张国伟 等，1988）。

对于上述两套火山岩系的构造背景，张国伟等（1995）认为，中元古代构造背景为“裂谷夹杂小洋盆”，而新元古代构造背景目前普遍认为与这一时期的超大陆裂解事件

有关，即秦岭-大别造山带在经过晋宁造山运动后迅速转入到超大陆裂解阶段。

安徽省地质调查院（1999）提出：800 Ma 左右晋宁运动，扬子地块向大别微古陆俯冲对接（或残留局部海盆），在构造超压和流体共同作用下，俯冲基性岩块、碳酸盐岩、长英质陆壳岩石等在达到地幔深度时，形成早期高压、超高压榴辉岩和各种非基性高压、超高压变质岩。在拆沉阶段，由于软流层上涌，带入大量热量，当热平衡温度超过岩石始熔点时，下地壳和上地幔部分熔融，分异结晶出各类钙碱性片麻岩体，在密度倒置引起的浮力作用下，大致沿原俯冲路径构造剪切回流至中、下地壳，经角闪岩相变质作用改造，被肢解挟带的难熔残块及高压、超高压岩石得以部分保存，并与原岩同时代的各类中低压岩石共存。同时构造深熔岩浆（混溶岩浆）对区域变质岩进行强烈的混合岩化改造，在回流过程中形成流变混杂岩带（即剪切流变带），完成一次韧性再造过程和构造抬升。本阶段大别杂岩基本形成定位，宿松岩群经受高压低角闪岩相-绿片岩相变质。北淮阳地区类似弧后盆地沉积环境，可能一直持续到泥盆纪，沉积了一套巨厚的陆原碎屑类复理石建造。

晋宁造山后，武当-桐柏-大别地区迅速进入新元古代裂解阶段。高精度年代学证明第一次裂解发生在 7.6 亿～7.9 亿年，在造山带北部形成裂谷槽盆火山沉积建造（二郎坪群、庐镇关岩群等），南部形成以细碧角斑岩为特征的海相火山-沉积岩系（张八岭群、武当群等）。第二次裂解发生在 6.1 亿～6.4 亿年（薛怀民 等，2011；闫海卿 等，2011；洪吉安 等，2009；刘贻灿 等，2006；马昌前 等，2006），形成周庵岩体为代表的超基性侵入岩、耀岭河群为代表的海相火山岩系及同期大范围出露的基性—超基性岩墙。

与北秦岭板块向南仰冲相对应的还有两条岩浆岩带。在北淮阳地区，以断续分布的奥陶纪的马畈闪长岩体、铁佛寺花岗岩体、桃园二长花岗岩体（张利 等，2001）等岩体为代表，总体北西向展布，向西与北秦岭岩浆弧相接（马昌前 等，2004a，b）。在南部的随州地区，以志留纪碱性花岗岩及辉长岩为代表，如黄羊山碱性花岗岩体属非造山产物（马昌前 等，2004a，b），向西稳定延伸，是南秦岭早古生代晚期的双峰式侵入岩带的一部分。双岩浆带分别是古秦岭洋板块在加里东期向南俯冲和扬子地块北缘弧后扩张的产物（马昌前 等，2004a，b）

随着俯冲作用的持续，北淮阳海逐渐闭合。泥盆纪时，造山带东部桐柏-大别地区华北地块与桐柏-大别微古陆开始对接：一方面结束了北淮阳构造带的裂谷-弧后盆地-裂谷复杂的盆地演化史，但在局部依旧残存陆间海并沉积石炭纪及以后地层；另一方面二郎坪岩群、庐镇关岩群、佛子岭岩群新元古代晚期—早古生代地层发生了角闪岩相-绿片岩相区域动力变质。这一阶段并不能排除混溶岩浆作用和俯冲形成的高压、超高压榴辉岩可能性（如太湖石马、英山密封尖及罗山熊店等地榴辉岩）。

与上述两大裂解和俯冲造山背景相伴产出的矿产可能有：与细碧角斑岩有关的火山成因块状硫化物型（volcanogenic massive sulfide，VMS）铜多金属矿床，以及与中新古元代泥砂质沉积岩夹基性-张性火山岩建造有关的一系列金矿床等，与火山喷发-沉积有关的磷块岩沉积，以及沉积变质型石墨矿床。由北向南，区域地球化学背景和矿床空间分布展示了 Fe-Cu、Zn-Au、Ag 的地球化学分带，可能与新元古代—古生代海底火山-沉积作用有关。综上，桐柏-大别地区变质火山-沉积岩系中带来的贵-多金属元素为后期 Au、Ag 成矿奠定了基础，提供了良好的矿源层或物质来源。

二、晚中生代陆内大规模构造-岩浆活动与金银成矿

早白垩世构造-岩浆-成矿事件是武当-桐柏-大别成矿带时代最新、规模巨大的一次构造热事件，可能与中生代中国东部地球动力学大调整相关（毛景文 等，2003a，b）。区域内该期次成矿事件以强烈的钼、金银、铅锌成矿为特色，空间上主要分布在南阳盆地以东的北淮阳构造带和大别构造带，成矿时间为 140～105 Ma，矿床成因类型包括岩浆热液型金银钼矿床、与火山-次火山作用有关的金银铅锌矿床和斑岩-夕卡岩型钼多金属矿床等，代表性矿床有老湾金矿床（杨梅珍 等，2014）、沙坪沟钼矿床（黄凡 等，2011）、东溪金矿床（张定源 等，2014）、白云金矿床（曹正琦，2016）等。成矿作用主要与早白垩世中酸性岩浆活动关系密切。大别造山带早白垩世岩浆岩研究表明：140～130 Ma 形成的钙碱性和高钾钙碱性中酸性岩主要与加厚下地壳重融有关；130～110 Ma 形成的富硅富钾的呈岩株、岩脉产出的花岗岩、正长岩类是陆壳强烈伸展、岩石圈地幔上涌的环境产物（陈玲 等，2012）。北淮阳构造带早白垩世岩浆活动可进一步分为 140～133 Ma、133～126 Ma 和 125～110 Ma 三阶段（图 4-4），分别对应下地壳重熔、岩石圈拆沉减薄和岩石圈持续伸展的构造环境（赵新福 等，2007）。

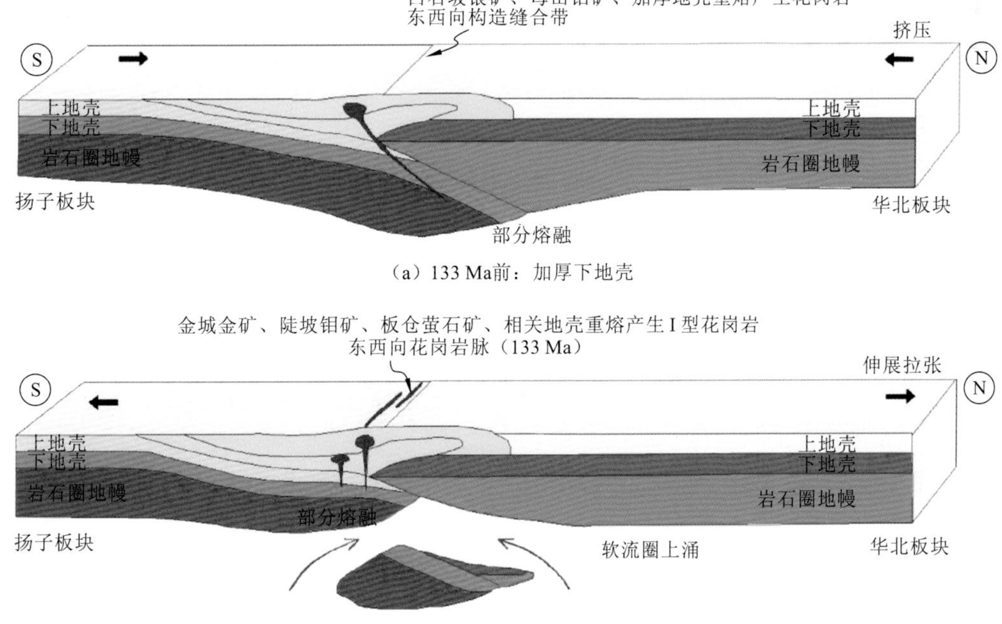

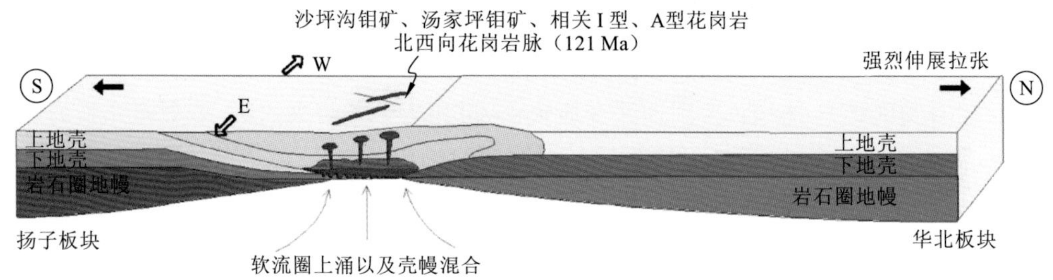

（c）124 Ma后：软流圈上涌、岩石圈减薄

图 4-4　西大别地区白垩纪构造岩浆与成矿动力学演化模型图

区域应力场分析揭示大别山地区在印支期扬子板块与华北板块碰撞之后经历了持续南北向挤压的应力环境，并导致地壳压缩加厚。挤压向伸展环境转化可能发生在132 Ma左右的构造拆沉时期。基于岩浆岩成因记录，大别山地区早白垩世大规模岩浆作用可大致分为三个阶段：①早阶段（>133 Ma），花岗岩具有高Sr低Y的地球化学特征，普遍含角闪石，被认为形成于加厚基性下地壳（>50 km）的部分熔融；②中阶段（133～125 Ma），未发生形变的花岗岩和大规模火山岩不再具有高Sr/Y值特征，被认为是地壳物质在小于 35 km 下地壳发生部分熔融的产物；③晚阶段（125～110 Ma），岩浆岩主要类型为霞石正长岩、正长岩和钾长花岗斑岩等，形成于强烈的岩石圈伸展背景（任志 等，2014；陈伟 等，2013；陈玲 等，2012；Huang et al.，2008；续海金 等，2008；赵新福 等，2007；Xu et al.，2007；Wang et al.，2006）。西大别地区大规模发育的花岗岩脉群地球化学分析表明：①东西向岩脉起源于正常厚度条件地壳物质重熔，形成于地壳拆沉初期；②北西向岩脉形成于拆沉后强烈伸展背景，伴随岩石圈地幔上涌；③133～120 Ma，研究区主构造线方向发生了改变。区域构造环境经历了：>133 Ma持续挤压、133 Ma 左右近东西向应力拉张、120 Ma 近南北向应力拉张的转化。大别山东缘郯庐断裂带在早白垩世同样发生了强烈的走滑-热事件[朱光等（2016）曾报道了这一带郯庐 5个糜棱岩全岩和 1 个白云母的 Ar/Ar 坪年龄，其年龄介于 124.7～132.5 Ma]，表现为近北东向左旋平移活动。该构造应力方向的转换可能与古太平洋板块俯冲方向调整有关。

白垩纪成矿事件是大别山金银钼铅锌多金属成矿的最主要阶段。与区域构造-岩浆演化相对应，大别山白垩纪成矿作用也可分为三个阶段，并形成了具不同成矿特色的成矿作用（图 4-4）。

（1）岩浆热液型脉状金银矿床成矿时间多集中于 140～130 Ma，如老湾金矿床绢云母 $^{40}Ar/^{39}Ar$ 坪年龄为（138.0±1.4）Ma（张冠 等，2008a；杨梅珍 等，2014），黑龙潭金矿床石英中流体包裹体 Rb-Sr 年龄为（132.6±2.7）Ma，白云金矿床绢云母 Ar-Ar 年龄为 128 Ma（曹正琦，2016）。

（2）浅成低温热液型金银矿床成矿作用发生在 133～125 Ma，受大别山北缘（北淮阳地区）晚中生代火山岩带控制，相关火山岩出露于陈棚组、金刚台组、响洪甸组和毛坦厂组。从西向东，火山活动时限变得略年轻；火山岩具有酸性程度逐渐降低、幔源组分逐渐增多的变化趋势 （朱江 等，2019，2018；李鑫浩 等，2015）。

（3）125～105 Ma 形成了大别山最具特色的大型和超大型斑岩型钼矿床。例如，千鹅冲钼矿床辉钼矿 Re-Os 等时线年龄为（127.8±0.87）Ma（杨梅珍 等，2010），大银尖钼矿床辉钼矿 Re-Os 等时线年龄为（122.4±7.2）Ma（罗正传 等，2010），天目沟钼矿床辉钼矿 Re-Os 模式年龄为（121.6±2.1）Ma（杨泽强，2007a），汤家坪钼矿床辉钼矿 Re-Os 等时线年龄为 113.1±7.9Ma（杨泽强，2007a），沙坪沟钼矿床辉钼矿 Re-Os 等时线年龄为 113.21±0.53Ma（陈红瑾 等，2013；黄凡 等，2011）。该期成矿相关岩浆岩成因上具 A 型或分异 I 型特征。促使该期强烈斑岩型成矿作用发生的因素可能包括：①减薄地壳条件下，浅成岩浆能够更容易地快速上侵，物理化学条件的转变促使流体减压沸腾；②相关岩浆源区往往存在幔源物质加入；③岩浆系统中挥发分和 Mo 的高效对流运移（Ren et al.，2018a，b）。

第五章　控矿因素、找矿标志与综合信息找矿模型

国内外许多矿床地质学家历来非常重视成矿地质环境和矿床模式研究，符合客观实际的找矿模型能在矿产资源勘查评价过程中发挥巨大作用。根据多年来项目研究工作的积累和相关资料的搜集，总结了桐柏-大别地区典型金银矿床综合信息找矿模型。

第一节　受构造控制的岩浆热液型脉状金银矿

该类型金银矿是区域金银找矿的主攻方向，代表性矿床有老湾、银洞坡、黑龙潭、白云、金城、陈林沟等金银矿床。本次工作以这些金矿为基础，结合区域成矿特征，总结研究区受构造控制的岩浆热液型金银矿控矿因素、找矿标志及综合信息找矿模型。分老湾、白云和陈林沟三个式。

一、老湾式

（一）地质背景

1. 大地构造位置

区域此类金银矿床多产在区域性深大断裂的次级断裂附近，其控矿断裂往往具韧-脆性转化性质。譬如老湾金矿床地处桐柏造山带古生代增生块体与中生代碰撞增生带结合部位，矿化空间上受松扒韧性剪切带控制（图 5-1）。

2. 赋矿岩系

研究区此类金银矿床赋矿岩系复杂多样，既有元古宙—古生界变质岩系，也有花岗质岩类。老湾金矿赋矿地层为中元古界龟山岩组，北侧为古元古界秦岭岩群的斜长角闪片麻岩、斜长角闪岩和大理岩等岩石组合；南侧为早白垩世老湾黑云二长花岗岩体南部接触带。龟山岩组已发生强烈的构造变形、中深变质作用及构造置换，已丧失了地层层序律的特征。原岩组成可能为一套海相喷发的火山-沉积岩系，该变质岩系可能起到金银等成矿物质初始富集作用。大别核部湖北陈林沟地区金银矿床多产在花岗质岩类中。

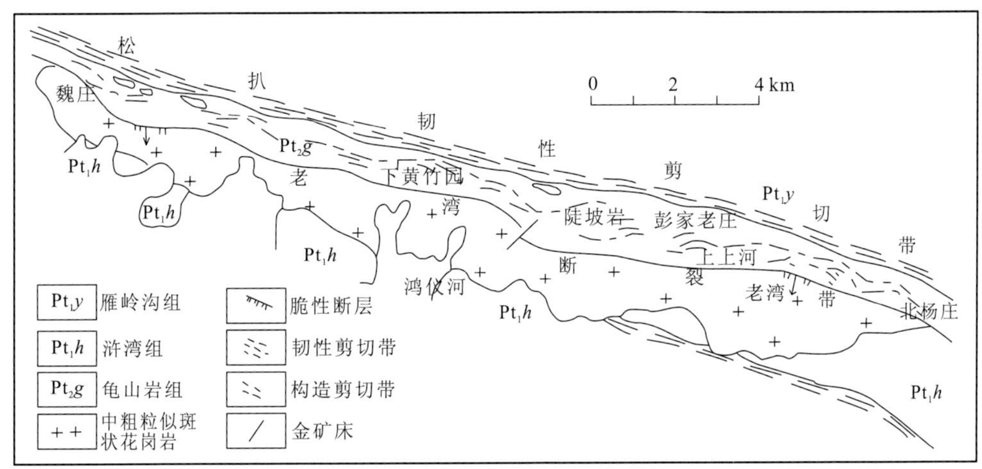

图 5-1　老湾金矿带地质构造略图（河南省地质矿产勘查开发局，2005b）

3. 侵入岩

尽管区域金银矿床往往产在变质岩系中，但年代学和地球化学证据均表明：区域内脉状金银矿床成矿时限主要为白垩纪，更可能与早白垩世桐柏-大别造山带巨量岩浆活动关系密切。

老湾金矿带酸性岩浆岩较发育，其中以老湾黑云二长花岗岩体规模最大，纵贯全区，分布于老湾断裂南侧。花岗斑岩呈脉状近东西向展布于矿区北部松扒断裂带上，走向北西，一般 285°～295°，倾向北，倾角 70°～80°，脉宽 2～6 m，单脉长数百至数千米，一般为 2～3 条平行相伴产出，或断续呈岩墙、岩脉状的单脉或相互平行的复脉产出，与围岩的接触面较平直、清晰，是区内比较发育的脉岩之一。花岗斑岩的侵位时代应早于老湾花岗岩，因为花岗斑岩局部已受到韧性变形，而老湾花岗岩在侵位后仅受到脆性剪切作用（河南省地质矿产厅第三地质调查队，1990）。杨梅珍等（2014）获得其锆石 U-Pb 年龄为（138.9±3.3）Ma，与老湾金矿成矿时限基本一致。

4. 控矿构造

成矿受区域性韧性剪切带及韧性变形后期派生的韧脆性断裂带控制。如老湾金矿体主要分布在该强应变带及其两侧的脆性断裂中，脆韧性构造斜切岩层及糜棱面理夹角 35°～55°，走向、倾向上均呈波状弯曲。该构造常呈隐蔽型，结构面不明显，构造带内的糜棱岩与围岩没有明显界限，此种构造是老湾金矿带内最主要的导矿及容矿构造。

（二）主要控矿因素

该类型金银矿床主要控矿因素包括：①脆-韧性剪切带；②中酸性岩浆活动。

以老湾金矿床为例：该矿床位于近东西向的老湾韧性剪切带内，该剪切带是老湾金矿的控矿构造。北西西向脆性、脆-韧性断裂构造控制着金矿脉及矿体的展布，是主要的容矿构造。矿区片理化带、蚀变破碎带、剪切裂隙等构造中 Au 的富集主要与韧性剪切带有关，并伴随有 Ag、Pb、Cu、Bi 等多种元素富集。老湾金矿的形成过程经历了变质、变形作用的预富集，后经岩浆热液重新活化，最后充填、交代定位于韧性剪切带后期的脆性、脆-韧性断裂构造中。

（三）找矿标志

1. 找矿地质标志

该类型金银矿床的直接找矿标志包括：①黄铁绢英岩化背景上的绿泥石-磁铁矿蚀变组合；②黄铁矿（褐铁矿）化、多金属矿化。

以老湾金矿床为例：矿区内发育的强应变带、构造菱形块体及脆-韧性扭裂面是重要的成矿标志。工业矿体主要赋存在脆-韧性构造带的局部引张部位、构造交叉部位及倾向上倾角由陡变缓部位。矿区围岩蚀变较多，但黄铁矿化、硅化、钾长石化和金矿化关系最为密切，是本矿区最明显的地质找矿标志，烟灰色石英和黄铁矿组合往往指示了金矿化的发育。

2. 地球物理特征

1∶25 万布格重力异常平面图上，桐柏地区处于区域重力高值区。围山城金银多金属矿带表现为重力低值区，在西部包括了桃园花岗岩体、梁湾花岗岩体、破山大型银矿、银洞坡大型金矿，向东延伸至朱庄以东。推测深部应有与桃园、梁湾岩体类似的低密度酸性岩体。

老湾金矿带、围山城矿集区存在有碳质片岩及很强的黄铁矿化，航电异常与这两种地质因素有密切关系。碳质片岩引发航电异常对找矿意义比较有限，但黄铁矿引发异常往往对找矿具有较大意义。

3. 地球化学特征

研究区目前浅部资源基本勘查程度较高，深部盲矿、隐伏矿成为主要寻找对象，现有矿区的勘探程度不足，未对矿脉深部进行控制，这些地段是新增储量的重要来源，对深部找矿具有十分巨大的潜力。原生晕法是指导深部找矿的重要方法，也具有指导找矿的实际意义。

根据元素的原生晕分布图、元素的地球化学亲和性和成矿体系的物理化学条件，认为 As、Ba、Sb、Hg 属于前缘元素，Sn、Mo、Bi、W 属于尾晕元素，Au、Ag、Pb、Cu 属于近矿元素。

（四）综合信息找矿模型

老湾金矿床的优化找矿标志组合及综合信息找矿模型如表 5-1、图 5-2 所示。其中，在龟山组火山-沉积岩系、区域脆-韧性变形带交换部位、同构造中酸性侵入岩体的外接触带附近，出现以 Au 为主的多元素化探异常、矿化蚀变、高极化＋相对高磁＋低阻＋（高 As、Sb、Au、Ag）异常等标志组合对找矿最有利。

表 5-1　老湾式金矿床综合信息找矿模型

找矿标志		信息显示特征
地质条件	地层	中元古界龟山岩组富金矿源层
	构造	叠加在早期韧性剪切带上的脆性构造破碎带
	岩浆岩	中生代中酸性侵入岩
	围岩蚀变	硅化、绢云母化
	伴生矿化	黄铁矿化、方铅矿化—闪锌矿化
地球物理标志	探测目标物	黄铁绢英岩化和二云石英片岩接触部位韧性层间蚀变岩
	目标物物性	高极化率，中、低电阻率
	地面异常	高电阻异常和高极化异常并列出现部位
	深部异常	井中低阻、高激电异常为含矿位置
地球化学标志	元素组合	主要 As、Sb、Au、Ag；次要 Cu、Pb、Zn、Ni、Mo
	垂向分带	As-Sd-Au-Ag-Cu-Zn-Pb-Ni-Mo（由上至下）
	水平分带	Au-Sb-As-Ag-Ni-Cu-Pb-Zn-Mo（按异常晕宽，由外至内）
	元素比值	（As+Sb）/（Mo×10+Pb）≥2

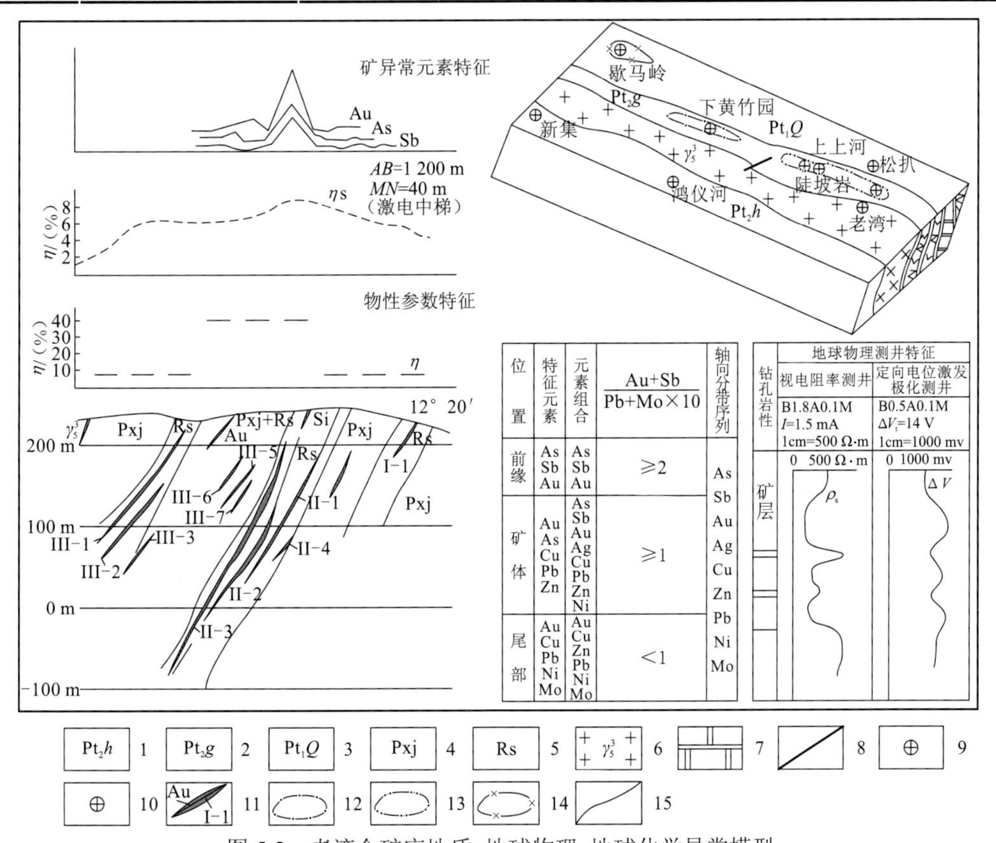

图 5-2　老湾金矿床地质-地球物理-地球化学异常模型

1.中元古界浒湾岩组；2. 中元古界龟山岩组；3.古元古界秦岭岩群；4.斜长角闪岩；5.二云石英片岩；6.燕山期花岗岩；7.大理岩；8.断裂带；9.金矿床；10.金矿点；11.金矿体及编号；12.Au、As、Sb、Ag 组合异常；13.As、Sb、Ag、Pb、Au 组合异常；14.As、Sb、Pb、Ni、Au 组合异常；15.地层界线

二、白云式

（一）地质背景

1. 大地构造背景

白云金矿区位于秦岭褶皱系桐柏-大别中间隆起桐柏山复背斜大悟褶皱束大磊山背斜（穹窿）的中部及东部，新（城）-黄（陂）断裂以北，澴水断裂以东（图 5-3），属

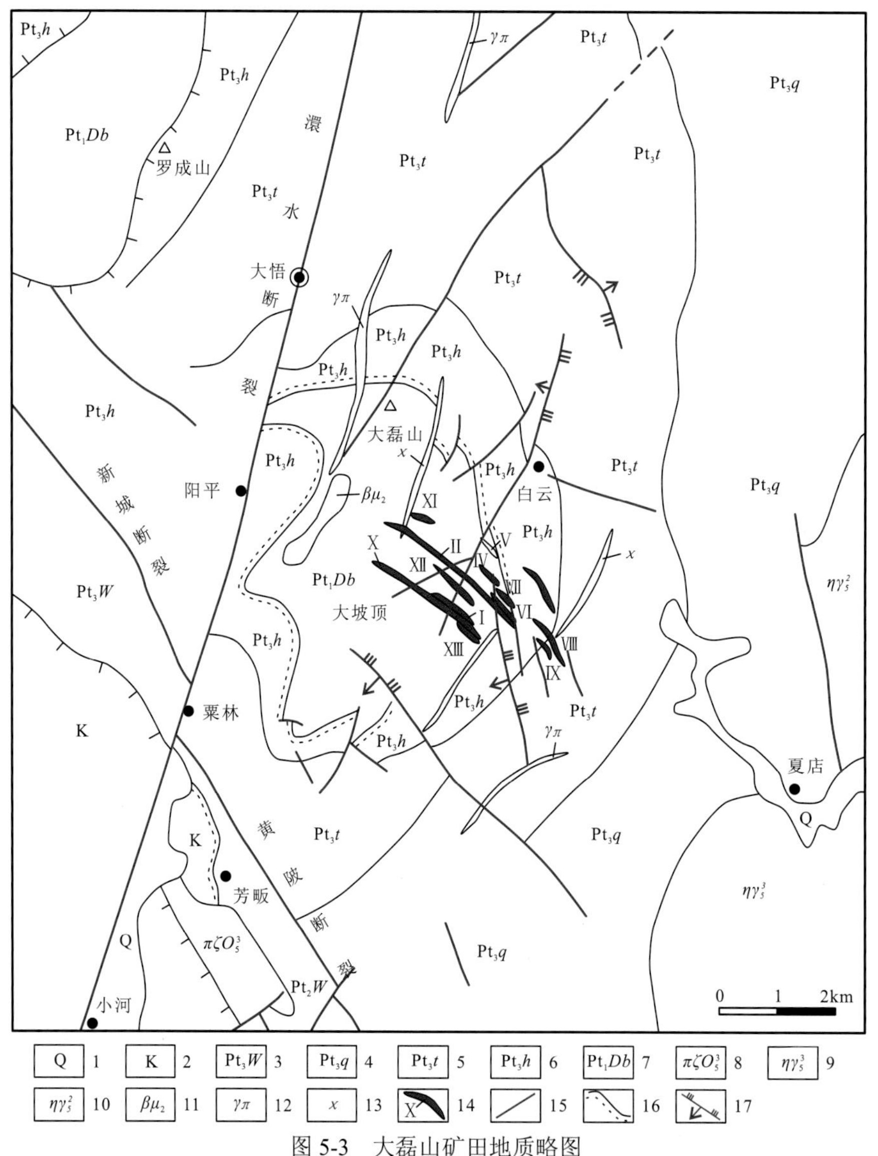

图 5-3　大磊山矿田地质略图

1.第四系；2.白垩系；3.新元古界武当岩群；4.新元古界红安岩群七角山岩组；5. 新元古界红安岩群天台山岩组；6. 新元古界红安岩群黄麦岭岩组；7.古元古界大别岩群；8.燕山晚期斑状石英正长岩；9.燕山晚期二长花岗岩；10.燕山早期二长花岗岩；11.晋宁期辉绿岩；12.花岗斑岩脉；13.斑岩脉；14.矿体及编号；15.断层；16.不整合界线；17.推覆构造

桐柏山-大别山金、银、铜、铅、锌多金属成矿亚带（III60-2）大悟-红安银金铜成矿区（IV-8），大磊山金矿田（V-44）。

2. 赋矿岩系

赋矿围岩为古元古界大别岩群及新元古界红安岩群片麻岩。穹窿核部出露的是大别山变质杂岩体，主要是一套古老的花岗质片麻岩，其片麻理发育。在与上覆红安岩群接触面附近，部分为（变晶）糜棱岩化岩石。周围出露的是红安岩群的岩石组合，主要由中下两部分组成，下部为云母石英岩、含磷灰石层、石英石墨片岩、大理岩等，是一套典型的含磷、碳、锰的沉积变质岩系；中部为白云钠长片麻岩、含榴绿片岩、绿帘角闪片岩等，是一套以变酸性火山岩为主的岩石组合。

3. 侵入岩

矿区内发育的岩浆岩主要为新元古代大磊山岩体，呈岩基状，经变形变质作用改造，主要岩性为片麻状二长花岗岩，为一套花岗质、花岗闪长质片麻岩；距矿区 5 km，为夏店岩体，岩性为中粒黑云二长花岗岩，成岩年龄为 127 Ma。矿区内广泛分布有不同方向的煌斑岩脉，多沿断裂充填，岩性以云煌岩为主，可分为成矿前和成矿后两期。成矿前的煌斑岩脉多充填于北西向断裂带中，含金石英脉一般沿煌斑岩顶底板充填，局部呈细脉状穿插于煌斑岩脉中；成矿后的煌斑岩脉多充填于北北西向、北北东向、北东向断裂中，且切割北西向含金石英脉。

4. 控矿构造

矿区断裂构造发育，有北西向、北北西向、北东—北东东向、北北东向四组，共同组成“×”状断裂网，两网之间呈小角度叠加，同属穹窿构造所制约，尤其以北西向和北北东向二组断裂最为发育，而且规模较大，成为矿区的主要控矿构造。穹窿核部以 Au 矿化为主，向其翼部则变为 Au、Ag 矿化—Ag 矿化，而在北东向的控矿断裂中，则以 Ag 矿化为主。

（二）主要控矿因素

构造与成矿：新黄断裂带是主导性的控岩控矿构造，北西向陡倾角脆性断层是主要的容矿和储矿构造。具体发育在两个部位上：一是在大磊山花岗岩体内部，显张性；二是在岩体与基底变质岩系结合部，早期挤压作用形成的糜棱岩叠加晚期脆性构造。

岩浆与成矿：综合分析认为金矿成矿作用与燕山期岩浆活动密切相关。岩浆活动为金银成矿提供了热动力条件、流体和成矿物质。由于燕山中—晚期岩浆活动，在大磊山穹窿深部形成了以岩浆期后热液为主的大规模的高压流体。这些流体沿北西向或北北东向的断裂或裂隙上升，由于温度、压力的减小而在适当的环境沉淀、充填成矿。另外，高温流体的水力压裂作用经多次的开放、愈合、开放而形成含金脉体。

（三）找矿标志

1. 地质标志

（1）北西向与北北东向等不同方向断裂构造的交汇部位，产状变化部位，膨大部位。

（2）断裂构造内发育煌斑岩脉或者含硫化物石英脉。

（3）硅化、钾化、绢英岩化、黄铁矿化。

2. 物探标志

（1）负磁场向正磁场急剧变化带。

（2）磁背景场上的低值异常。

（3）重力边缘梯级带。

（4）沿北西向展布的重力梯级带。

3. 化探标志

（1）Au、Ag、Cu、Pb 单元素衬值异常。

（2）Au×Ag、Au×Cu、Ag×Pb、Au×Ag×Cu×Pb 累乘异常。

（3）Au、Ag 元素具浓度分带，有明显的浓集中心。

（4）异常具水平分带，中心部位为 Au×Ag 或 Au×Cu、Au×Ag×Cu×Pb 等，向外分别为 Cu×Pb、W×Sn、Hg×As×Sb。

4. 重砂标志

黄金异常；黄金铅异常；辰砂黄金异常；黄金、辰砂、铜异常；铅、铜、黄金异常；黄金、银、锡石异常；锡石、黄金异常；黄金、铅、雄黄、辰砂异常。

5. 遥感标志

环形构造与线形构造的交汇部位。

6. 其他标志

老窿、旧采坑、废矿堆等；褚色岩石常指示有金矿床存在。

（四）综合信息找矿模型

白云式金矿床找矿模型见表 5-2。其中，不同方向断裂构造的交汇部位，膨大部位，产状变化部位，出现以 Au 为主的多元素土壤地球化学异常，矿化蚀变强，煌斑岩脉等标志组合对找矿最为有利。

表 5-2　白云式金矿床综合信息找矿模型

找矿标志		信息显示特征
地质条件	构造	北西向、北东—北北东向断裂构造
	岩浆岩	燕山期中酸性侵入岩、煌斑岩脉、花岗斑岩脉
	围岩蚀变	钾化、硅化、黄铁绢云母化、绢云母化，围岩蚀变的强度与控矿断裂关系密切，并存在分带性，从断裂构造中心向两侧围岩蚀变由强硅化钾化→硅化钾化→弱硅化钾化依次转变
	伴生矿化	黄铁矿化、黄铜矿化、方铅矿化、闪锌矿化
	成矿时代	（126.8±2.0）Ma
地球物理标志	地球物理特征	矿体位于 0～50 nT 变化的低弱负磁场中，北西向桐柏-浠水重力梯级带南侧附近，该梯级带沿北北东向出现同向扭曲带的东侧附近。
地球化学标志	地球化学异常	Au、Ag 具有明显的浓集中心，元素浓度从矿体向外围内、中、外带分带现象明显，Sn 具有中、外带的分带特征，这三元素的外带较吻合，其中，内带有一定的位移，其他元素无浓度分带现象，核部 Au、Ag 分布，Cu、Pb、W、Sn 围绕 Au、Ag 异常分布，Hg、As、Sb 异常在外围分布

三、陈林沟式

（一）地质背景

1. 大地构造背景

该矿区位于桐柏-大别山造山带中部，团麻断裂以东，桐柏-浠水断裂北缘（图 5-4），芦家河构造岩浆穹窿的南东侧，属中深度变质岩区。早期构造主要表现一系列韧-脆韧性的变形作用；晚期构造主要表现为一系列的脆-韧脆性的构造改造作用。

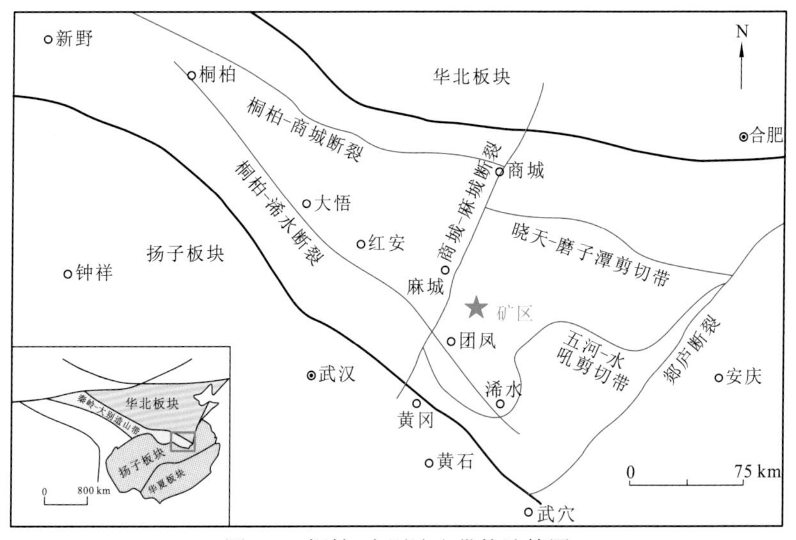

图 5-4　桐柏-大别造山带构造简图

2. 赋矿岩系

矿区内赋矿岩系主要为古元古界大别岩群和新元古代侵入岩。陈林沟金矿赋矿地层为古元古界大别岩群片麻岩-斜长角闪岩组，岩性为黑云角闪斜长片麻岩、黑云二长片麻岩、黑云角闪斜长片麻岩夹斜长角闪岩，为一套高角闪岩相—麻粒岩相的变质岩组合，反映了由中基性火山沉积—火山碎屑沉积—富铝含钙陆源碎屑沉积的原岩建造。新元古代侵入岩主要为片麻状英云闪长岩和片麻状二长花岗岩。

3. 侵入岩

矿区出露新元古代侵入岩和燕山期侵入岩，新元古代侵入岩主要为片麻状英云闪长岩和片麻状二长花岗岩，与金矿成矿作用关系不密切。燕山期侵入岩包括：在矿区的北端为徐天寨岩体，南端为龙井堖岩体。岩性主要为二长花岗岩、黑云二长花岗岩，地表受北东向和北西向断裂控制，钻孔资料及物探资料显示其深部为一巨大岩基，与龙井脑岩体相连。矿区出露的岩脉主要为花岗岩脉和煌斑岩脉。

4. 控矿构造

陈林沟金矿床赋存于近东西向断裂带中，全长大于 6 km，地表出露宽 2～10 m，沿走向和倾向呈舒缓波状，主体倾向南，局部北倾，倾角较陡，一般为 70°～85°，金矿体赋存于断裂构造的膨大部位。断裂带中发育有各种矿化蚀变碎裂岩，并充填有含金石英脉。

（二）主要控矿因素

本区的桐柏-浠水断裂带是主要的导矿构造，控矿构造为一系列北西向断裂构造及其不同方向的派生断裂构造；近东西向陡倾角脆性断层是主要的容矿和储矿构造。

燕山晚期酸性侵入岩是重要致矿因素。

（三）找矿标志

1. 地质标志

（1）矿化标志：断裂构造中发育黄铁矿化、黄铜矿化、方铅矿化、闪锌矿化、孔雀石化等。

（2）围岩蚀变标志：钾化、硅化、黄铁绢英岩化，其中烟灰色—灰色硅化与金矿化关系密切。

（3）构造标志：不同方向断裂构造的交汇部位，主断裂构造的次级断裂构造发育部位，断裂构造膨大部位是矿化发育的有利部位。

（4）脉岩标志：地表断裂构造内出露的煌斑岩脉、辉绿玢岩脉，说明可能存在富矿体。

2. 物探标志

（1）磁力高与重力低相对应出现是隐伏规模较大的岩体标志，在区域负磁场中出现的低而宽缓的正磁场是隐伏岩体标志。

（2）在区域正、负磁场中出现的低值带，磁场值在-60～75 nT 变化，一般是硅化破碎带的反映，是金成矿的有利部位。

（3）在断裂破碎带上出现的激电异常是金银多金属的找矿标志。激电异常与电阻率异常对应出现低阻高极化特征，是找矿的有效标志。

3. 化探标志

（1）断裂带中岩石 Au、Ag、Cu、Pb、Zn、Hg 元素异常套合。

（2）各种异常应具有清晰的浓度分带，主要成矿元素内、中、外带应有一定的规模，具有明显的浓度中心。浓集中心所反映的含金石英脉或蚀变岩带较破碎，并有硫化物充填。可见到黄铁矿化，方铅矿化，黄铜矿化等。

4. 重砂标志

有含金微水系重砂异常单元分布，且连续集中；重砂有用矿物组合为自然金—方铅矿—辰砂—黄铁矿等。

（四）综合信息找矿模型

前缘晕元素 As、Sb、Au 异常可作为寻找深部盲矿体的标志。断裂构造由浅往深 Ag/Au>10，Pb/Zn>1.5，说明深部也存在盲矿体。

通过野外地质调查及资料分析，建立了地质-地球物理-地球化学找矿模型（表 5-3、图 5-5）。

表 5-3　陈林沟式金矿床找矿模型

找矿标志		信息显示特征
地质条件	地层	赋矿围岩夹斜长片麻岩、斜长角闪岩
	构造	近东西向断裂构造与其他断裂的交汇部位
	岩浆岩	中生代中酸性侵入岩
	围岩蚀变	烟灰色—灰色硅化、黄铁绢英岩化、钾化
	脉岩	断裂构造内煌斑岩脉、辉绿玢岩脉
	矿化	黄铁矿化、黄铜矿化、方铅矿化、闪锌矿化、孔雀石化
地球物理标志	磁场	在区域正、负磁场中出的低值带，磁场值在-60～75 nT 变化
	重力场	重力梯级带，在 0～50 nT 变化的低弱负磁场区内
	激电中梯	异常反映低弱狭窄，强度在 2.5%～3.0%变化、低阻高极化、高阻高极化
地球化学标志	元素组合	Au、Ag、Cu、Pb、Zn、As、Hg
	轴向分带	Mo-Co-Bi-Pb-Sb-Hg-Cu-Zn-Ag-As-Au
	横向分带	Cu-Bi-As-Sb-Hg-Au-Pb-Ag-Zn-Mo-Co
	元素含量比值	Ag/Au>10，Pb/Zn>1.5
重砂异常	重砂有用矿物组合	自然金—铅矿物—辰砂—雄黄—黄铁矿

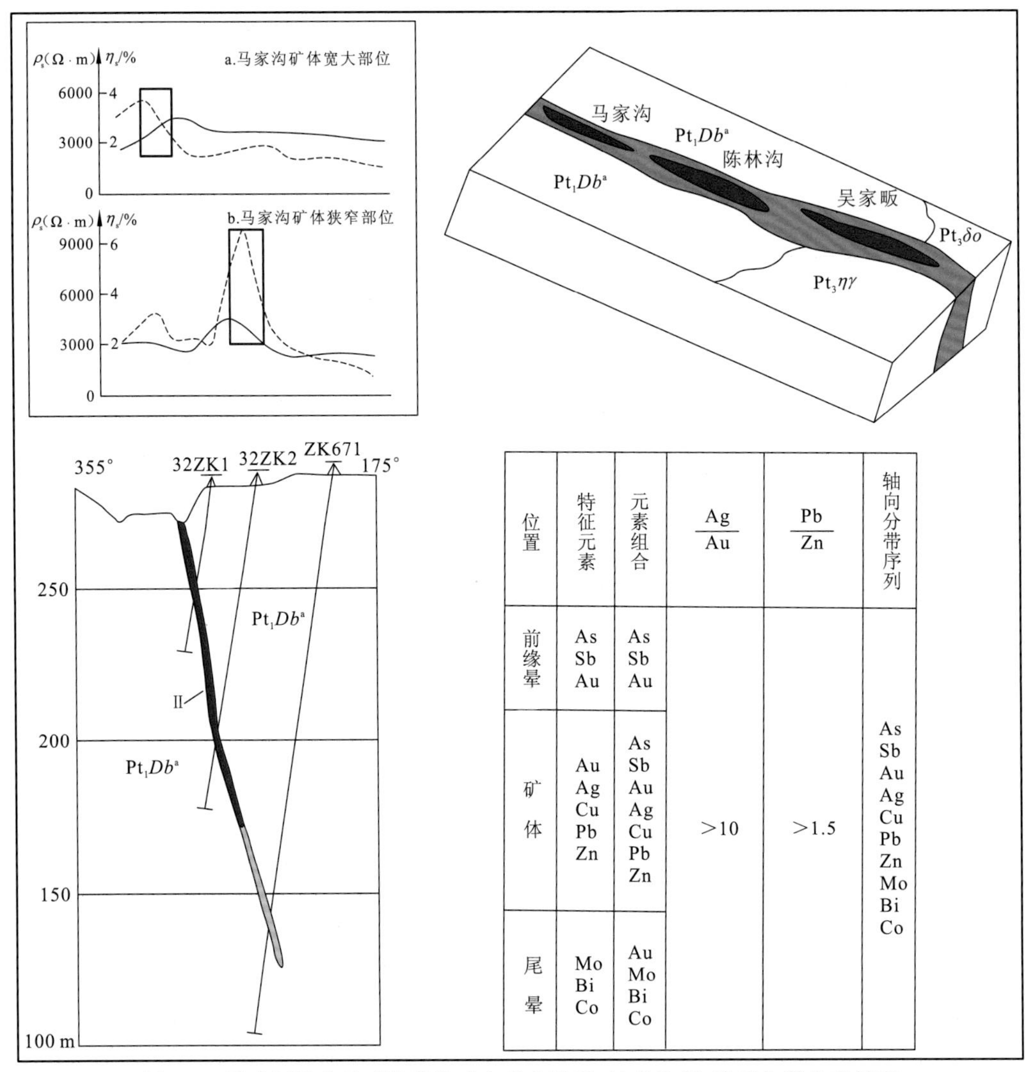

位置	特征元素	元素组合	Ag/Au	Pb/Zn	轴向分带序列
前缘晕	As Sb Au	As Sb Au			
矿体	Au Ag Cu Pb Zn	As Sb Au Ag Cu Pb Zn	>10	>1.5	As Sb Au Ag Cu Pb Zn Mo Bi Co
尾晕	Mo Bi Co	Au Mo Bi Co			

图 5-5　浅成低温热液型陈林沟式金矿床地质-地球物理-地球化学找矿模型

Pt_1Db^a 为古元古界大别岩群片麻岩、变粒岩岩组；$Pt_3\eta\gamma$ 为新元古代二长花岗岩；$Pt_3\delta o$ 为新元古代石英闪长岩

第二节　浅成低温热液型金银矿找矿模型

研究区浅成低温热液型矿床可分为高硫化型和低硫化型两个亚类，代表性矿床分别为皇城山银矿床和东溪金矿床。此类型矿床与早白垩世中酸性火山-次火山活动成因关系密切，以皇城山银矿、东溪金矿为基础，结合区域成矿特征，建立桐柏-大别地区浅成低温热液型金矿的综合信息找矿模型（周锦科，2015；陈磊 等，2013；陈衍景，2010；江思宏 等，2004）。分皇城山和东溪两个式，两者矿床成因类型分别属于高硫化型和低硫化型浅成低温热液矿床。

一、皇城山式

（一）地质背景

1. 大地构造位置

研究区该类型金银矿床主要产出于北淮阳中生代火山岩盆地。早白垩世 133～125 Ma 期间，大别造山带发生加厚下地壳拆沉，区域近 SN 向挤压应力被完全释放，进入拉张环境，并沿桐柏-晓天-磨子潭断裂形成了北淮阳地区晚中生代火山岩带。该火山岩带长逾 330 km，宽 10～50 km，西起河南信阳，东至安徽六安，与郯庐断裂带交接。该火山岩带南、北两侧分别受晓天-磨子潭断裂和确山-合肥断裂所限，呈近东西向带状展布。其自东向西可分为 5 个火山构造单元，包括信阳火山沉积盆地、光山-商城火山沉积盆地、金刚台火山群、霍山-舒城火山沉积盆地和晓天-磨子潭火山沉积盆地（张鹏，1998），分别出露陈棚组、金刚台组（李鑫浩 等，2015；黄皓和薛怀民，2012；黄丹峰 等，2010）、响洪甸组和毛坦厂组（张定源 等，2014）。

2. 岩浆岩条件

皇城山银矿床主要赋矿围岩为下白垩统陈棚组火山沉积岩。陈棚组出露于北淮阳火山岩带的西段，呈孤岛状零星出露于信阳市罗山县仙桥、光山县马畈、泼河一带，呈北西西向展布，总面积约 30 km^2。该火山岩系主要为一套陆相火山喷出岩和火山碎屑岩，其下部以中酸性熔岩为主，主要岩性为英安岩、流纹岩夹中酸性角砾熔岩；上部以火山碎屑岩为主，主要岩性为火山角砾岩、凝灰质角砾岩等。赋矿陈棚组火山岩主要岩性为熔结含砾浆屑凝灰岩、晶屑凝灰岩、含火山泥球岩屑晶屑凝灰岩、紫红色凝灰质泥砂岩。

3. 构造

皇城山银矿床受下白垩统陈棚组火山机构控制，含矿构造为枝杈状裂隙-断裂系统，形成于下地壳拆沉早期。矿区发育 40 多条枝杈状火山机构裂隙，长 10 m 至 300 余 m，宽一般 2～10 m，最宽 60 余 m。

（二）主要控矿因素

本类型金银矿床属于与陆相火山-次火山岩有关浅成低温热液型矿床，属于高硫化型亚类。其蚀变以孔洞状石英、硫酸盐及黏土化等酸性淋滤产物为特征，流体酸性性质主要源于岩浆酸性挥发分在液相中的解离及 SO_2 的歧化或氧化反应，孔洞状硅化岩是主要赋金部位。酸性岩浆流体与岩石的相互作用是皇城山高硫化型矿床成矿的主要机制。

该类型金银矿的主要控矿因素包括：①陆相火山盆地中的火山机构和断裂破碎带；②火山口周围环状断裂系统；③高渗透率火山碎屑岩。

（三）找矿标志

1. 地质找矿标志

（1）地层标志：下白垩统陈棚组陆相酸性火山岩。

（2）构造标志：火山机构中枝杈状裂隙。枝杈状硅化带总体特征表现为走向杂乱、形态各异、硅化强度不一、规模大小不等，均具有不同程度的银矿化。

（3）岩浆岩标志：岩浆喷出岩，主要岩性为安山岩、安山质凝灰岩、安山质角砾凝灰岩、安山质火山角砾岩等。

（4）围岩蚀变：以发育多孔状石英岩的硅化带和高级泥化带为特征，伴生黄铁矿化。

（5）地球化学标志：Ag、Pb、Sb、Zn 等低温元素组合异常。

2. 地球物理特征

晓天-磨子潭火山岩盆地位于南部大别重力低值区与北部北淮阳变质火山沉积岩系的高值区之间过渡带上，构造上与磨子潭大断裂大致对应。区域上看，该重力过渡带在西部的河南省境内为变化迅速的陡变带，在安徽省境内为变化相对缓慢的且有一定分布宽度的过渡带。矿区主体位于第二旋回火山岩盆地之间的相对高值区。

3. 地球化学特征

皇城山-白石坡一带银（金）异常强度高，规模大，连续性好，具浓度分带，并伴有 Pb、Zn、Cu、Mo、Mn、Hg 等元素异常。银（金）异常与成矿区（带）吻合，Mn、Cd 偏离成矿区（带）两侧，反映了地层中基性组分及后生叠加地球化学作用，Hg 则与断裂构造有关。

（四）综合信息找矿模型

根据地质、地球物理、地球化学特征及其成因机理，建立皇城山式浅成低温热液型（高硫化亚型）银矿床综合信息找矿模型见表 5-4。

表 5-4 皇城山式浅成低温热液型（高硫化亚型）银矿床综合信息找矿模型

找矿标志		信息显示特征
地质条件	地层	下白垩统陈棚组陆相酸性火山岩
	构造	火山机构中枝杈状裂隙。枝杈状硅化带总体特征表现为走向杂乱、形态各异、硅化强度不一、规模大小不等
	岩浆岩	下白垩统陈棚组火山岩和火山碎屑岩[U-Pb 年龄为（133±2）Ma]
	围岩蚀变	强硅化、高岭土化、蒙脱石化
	伴生矿化	黄铁矿化
地球物理标志	探测目标物	多孔状次生石英带（银矿物和金属硫化物及重晶石呈他形粒状填隙于细粒石英间隙中）
	目标物物性	含矿断裂带为高极化率，中、低电阻率
	地面异常	带状中-低电阻、高极化异常区
	深部异常	银高背景区中低负异常地带，特别是存在物探视电阻率强高阻体的地段，具有找矿意义
地球化学标志	元素组合	Ag、Pb、Sb、Zn 等低温元素组合异常

二、东溪式

（一）地质背景

1. 大地构造位置

东溪金矿床产于北淮阳构造带中生代晓天火山岩盆地边缘，紧邻桐柏-磨子潭断裂。该火山岩盆地长约 40 km，宽 2～8 km，出露面积约 200 km^2。其基底变质岩系包括新太古界—古元古界大别群杂岩、下古生界佛子岭群和上古生界梅山群，主要岩性有黑云斜长片麻岩、角闪黑云斜长片麻岩，夹少量浅粒岩和二长片麻岩及条带状混合片麻岩。

2. 岩浆岩条件

东溪金矿床赋矿围岩为毛坦厂组安山质火山岩。毛坦厂组主要岩性为安山岩、安山质凝灰岩、安山质角砾凝灰岩、安山质火山角砾岩、粗安岩、粗面质凝灰岩等，夹有层凝灰岩及凝灰质粉砂岩薄层或透镜体。各类岩石多呈面型似层状分布，厚度 100～230 m，自南向北由薄变厚。根据各类岩石空间展布特征分析，区内至少有三个火山活动韵律，显示出爆发-溢流（宁静）-间歇沉积的火山活动过程。

3. 构造

东溪金矿床主要受北西向断裂破碎带控制，控矿断裂具有张扭性构造性质。破碎带内角砾岩广泛发育。含金脉体以网脉状、单脉状产出，表现为裂隙充填成因，脉体成分主要为石英，其次为方解石，局部有冰长石，这些热液矿物以自形为特征，常具有梳状结构，反映为张性生长环境。因此，脆性断裂构造是东溪金矿床的主要控矿构造。

（二）主要控矿因素

此类型金银矿床属于与陆相火山-次火山岩有关的浅成低温热液型矿床，属于低硫化型亚类。矿区热液爆破角砾岩、刃片状方解石/石英、细粒梳状石英及具快速冷却无序结构的冰长石，是沸腾作用的产物，而沸腾同时控制金沉淀。高角度张扭性断裂破碎带中热液充填是东溪金成矿特征。

该类型金银矿的主要控矿因素包括：陆相火山盆地中的火山机构和断裂破碎带。

（三）找矿标志

1. 地质找矿标志

低硫化亚型银矿地质找矿标志包括：

（1）地层标志：下白垩统陆相火山岩。

（2）构造标志：成矿前或成矿时所形成的，与火山机构有关的断裂和与区域应力作用有关的断裂构造。

（3）岩浆岩标志：酸性火山喷出岩，主要岩性为熔结含砾浆屑凝灰岩、晶屑凝灰岩、含火山泥球岩屑晶屑凝灰岩、紫红色凝灰质泥砂岩等。

（4）围岩蚀变：硅化、冰长石化、绢云母化、褐铁矿化、碳酸盐化、青盘岩化等。

（5）地球化学标志：化探异常、重砂异常。

2. 地球物理特征

东溪-南关岭金矿区位于带状异常区边部的低值区内，地表出露为中生代火山岩，其东部为平缓的面状负异常区与西部带状负异常区过渡区域。东溪-南关岭含矿构造带位于一条狭窄的槽状负异常内。1∶5 万航磁显示，扫帚河-童家河硅化、明矾石化构造破碎带为一条带状负异常槽。

3. 地球化学特征

根据 1∶20 万水系沉积物金异常资料，东溪-南关岭金矿与隆兴金矿正好都是分布在一条长达 20 余 km 的金异常带上，北西向展布，异常值高。异常高值区分别对应隆兴金矿、戴家河金矿、东溪-南关岭金矿。中生代火山岩（陈棚组、毛坦厂组）对金银异常有明显的控制作用，是特征的富 Au、Ag 层位。重砂测量显示东溪-南关岭矿区南部为大片金异常区。

（四）综合信息找矿模型

根据地质、地球物理、地球化学特征及其成因机理，建立东溪式浅成低温热液型（低硫化亚型）金银矿综合信息找矿模型见表 5-5。

表 5-5 东溪式浅成低温热液型（低硫化亚型）金银矿床综合信息找矿模型

<table>
<tr><th colspan="2">找矿标志</th><th>信息显示特征</th></tr>
<tr><td rowspan="5">地质条件</td><td>地层</td><td>白垩系毛坦厂组高钾钙碱性安山质火山岩，及晓天组碱性火山岩组成的陆相火山岩系</td></tr>
<tr><td>构造</td><td>与火山机构有关的断裂，磨子潭断裂带</td></tr>
<tr><td>岩浆岩</td><td>早白垩世碱性的酸性岩石单元</td></tr>
<tr><td>围岩蚀变</td><td>硅化、冰长石化、绢云母化、褐铁矿化、碳酸盐化、青盘岩化</td></tr>
<tr><td>伴生矿化</td><td>黄铁矿化、磁铁矿化</td></tr>
<tr><td rowspan="4">地球物理标志</td><td>探测目标物</td><td>隐伏的微细粒石英正长岩及其上部角砾岩和裂隙带系统，伴有硅化、黄铁矿化断层角砾岩带及其中的石英脉、石英方解石脉</td></tr>
<tr><td>目标物物性</td><td>石英正长岩为带状中高阻，其上部破碎系统和含矿断裂带为高极化率，中、低电阻率</td></tr>
<tr><td>地面异常</td><td>地表含矿破碎带为带状中-低电阻、高极化异常区</td></tr>
<tr><td>深部异常</td><td>井中低阻-高极化异常</td></tr>
</table>

续表

找矿标志		信息显示特征
地球化学标志	元素组合	主要 Au、Ag、As、Sb；次要 Cu、Pb、Zn、W、Mo
	垂向分带	As-Sb-Au-Ag-Cu-Zn-Pb-Ni-Mo（由上至下）
	水平分带	Au-Sb-As-Ag-Ni-Cu-Pb-Zn-Mo（按异常晕宽，由外至内）
重砂异常		金异常

第六章　找矿远景区划分与找矿方向

在成矿区带划分和成矿规律研究的基础上进行了找矿远景区划分。从找矿远景区的自然地理与位置、成矿地质背景、物化遥异常特征、矿产产出特征等方面详细分析了找矿远景区的金银资源潜力，并指出了下一步的找矿方向。

第一节　成矿区带与找矿远景区划分

找矿远景区是指成矿地质条件、物化探异常、蚀变信息以及已有矿床、矿（化）点分布反映成矿有利，可能发现矿产资源的地区（陈毓川 等，1998）。根据区域矿产空间分布的集中性、区域成矿作用的统一性、成矿区（带）与矿床成矿系列的对应关系及地球化学场、地球物理场特征等因素进行划分。因此找矿远景区与成矿区（带）划分有着密切的联系。

找矿远景区范围（面积）没有严格的大小要求，一般根据找矿-成矿预测级别的不同，随工作区（或研究区）范围大小变化而变化。本次是在 IV 级成矿区带基础上圈定的找矿远景区，其范围（面积）相当于 V 级成矿区带。因此，首先应对研究区进行成矿区带划分。

一、成矿区带划分

本书是在陈毓川（1999）主编的《中国主要成矿区带矿产资源远景评价》和徐志刚等（2008）编写的《中国成矿区带划分方案》I～III 级成矿单元划分方案的基础上，依据武当-桐柏-大别成矿带相关成矿特征，结合河南、湖北、安徽三省矿产资源潜力评价划分成果（湖北省地质调查院，2013；安徽省地质调查院，2011；河南省地质调查院，2011d），初步划分了 IV 级成矿单元，划分结果见图 6-1 和表 6-1。

二、找矿远景区划分

找矿远景区一般是根据成矿有利度和地质找矿工作的需要来划分。本次是在 IV 成矿区带划分基础上，结合区域成矿规律研究成果，推测圈定的具有进一步工作的靶区（找矿远景区）。

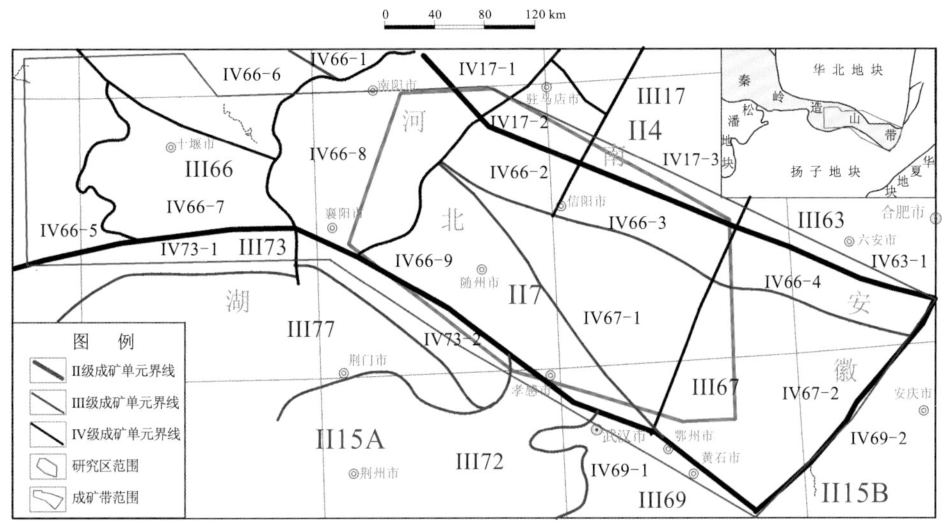

图 6-1　武当-桐柏-大别成矿带及研究区 I—IV 级成矿单元划分示意图

表 6-1　研究区成矿区带划分一览表

I级成矿带	II级成矿带	III级成矿带	IV级成矿带	V级成矿区带（找矿远景区
I4 滨太平洋成矿域（叠加在古亚洲成矿域之上）	II7 秦岭-大别山成矿省	III66 东秦岭 Au-Ag-Mo-Cu-Pb-Zn-Sb-非金属成矿带	IV66-2 河南桐柏金银铜铁多金属成矿带	河南围山城-湖北小林金、银多金属矿找矿远景区
			IV66-9 湖北随枣地区金银钛多金属成矿带	河南湖阳-湖北高城金银多金属矿找矿远景区
				湖北平林-烟店金多金属矿找矿远景区
		III67 桐柏-大别-苏鲁 Au-Ag-Fe-Cu-Zn-Mo-金红石-萤石-珍珠岩成矿带	IV67-1 桐柏金银铜钼铅锌稀土多金属成矿带	河南周党-湖北福田河金银多金属矿找矿远景区
				湖北大新-姚集金多金属矿找矿远景区
				湖北白果-三里畈金多金属矿找矿远景区

（一）划分依据

找矿远景区划分是在成矿区带划分和成矿规律研究的基础上进行的，划分依据主要归纳如下几方面。

（1）大地构造环境、成矿建造。

（2）成矿地质条件（地层、构造和岩浆岩的区别性标志，特别是主体构造线）。

（3）成矿作用及矿产时空分布规律（特别是矿床集中度和矿种类型）。

（4）物探、化探、遥感特征。

根据上述划分原则结合本成矿带范围大小将本区初步划分为 6 个找矿远景区，范围大致相当于 IV 级成矿区带范围内的矿化集中区（V 级）（彭三国 等，2013）。

本次划分的个别找矿远景区稍微跨越本次划分的 III 级成矿区带边界，我们认为合理的理由如下：①找矿远景区划分的中心目标是地质找矿，故在划分时侧重找矿条件的相似性，即主要考虑成矿条件、成矿作用与规律和综合物化探异常分布特征的相似性。②本次找矿远景区原则上不跨 III 级成矿带单元，但不少区域性断裂两侧找矿条件相似。③印支期以前本区成矿主要与北西向（火山）沉积建造-构造活动有关，而印支期以后本区成矿主要与北东向构造-岩浆活动有关，是交叉重叠的，因此 IV 号河南周党-湖北福田河金银、钼、铜、锌多金属矿找矿远景区跨越了 III 级成矿区带边界。这对找矿不仅没有影响，反而存在一定的合理性（彭三国 等，2012a）。

（二）划分结果

根据上述划分依据与原则，将武当-桐柏-大别成矿带桐柏-大别地区（特指本研究区）划分为 6 个金银多金属找矿远景区，即河南围山城-湖北小林金、银多金属矿找矿远景区，河南湖阳-湖北高城金银多金属矿找矿远景区，湖北平林-烟店金多金属矿找矿远景区，河南周党-湖北福田河金银多金属矿找矿远景区，湖北大新-姚集金多金属矿找矿远景区，湖北白果-三里畈金多金属矿找矿远景区。

依据成矿地质条件优劣（成矿地质背景、控矿因素组合、直接间接矿化异常），特别是主要矿产的资源潜力大小，对已有地质和矿产资料的丰富程度深浅，以及可能发现矿产的把握程度高低，将 6 个找矿远景区划分为 A、B、C 三个级别，其中 A 级 1 个、B 级 3 个、C 级 2 个。它在一定程度上反映了找矿的潜力与可靠程度，也为安排进一步找矿工作的方向与先后次序提供一定的依据。具体划分结果见表 6-2 和图 6-2。

表 6-2　武当-桐柏-大别成矿带桐柏-大别地区金银找矿远景区划分一览表

序号	找矿远景区	级别	面积/km²	金银矿主要控矿因素	金银及其他主要矿床、矿点
I	河南围山城-湖北小林金、银多金属矿	A	1 618	龟山岩组、歪头山组是层控构造蚀变岩型金、银多金属矿的赋矿层位，早白垩世花岗岩与区内金银多金属矿的成矿关系密切，东西向和北东向韧性剪切带及断裂构造控制了金、银矿产分布	银洞坡金矿、老湾金矿、张庄金矿、张湾金矿，破山银矿、老洞坡银矿、栾家冲银矿、江庄银矿，大石桥金银矿、刘山岩铜锌矿、铁山庙铁矿等
II	河南湖阳-湖北高城金银多金属矿	B	2 571	区内武当岩群和耀岭河群变质地层中 Au、Ag 丰度值较高，被一系列北西～北西西及北北西向多期活动的韧-脆性剪切带切穿，促进了 Au、Ag 活化迁移，在区域变质作用和多期构造叠加改造以及燕山晚期岩浆热液等作用下，充填、交代富集成矿	汪家湾金矿、卸甲沟金矿、黑龙潭金矿、王儿庄金矿、邢川金矿、枣扒银钼矿、草堰冲金银多金属矿、湖阳铜镍矿等

续表

序号	找矿远景区	级别	面积/km^2	金银矿主要控矿因素	金银及其他主要矿床、矿点
III	湖北平林-烟店金多金属矿	C	1 167	区内耀岭河群变质细碧-石英角斑岩，为该贵多金属矿主要容矿层，受襄-广断裂多期活动影响，断裂构造发育，金矿体严格受北西向脆-韧性剪切带控制，矿体产状与剪切带基本一致，金矿的形成与糜棱岩化及蚀变程度密切相关，地表氧化带，金矿有富集的趋势	荞麦冲金矿、楼子沟金矿、姚家冲金矿、老燕窝金矿，耿集、仁和店、周兴店等铜矿，柳林重晶石矿、柳林等铅锌矿，小关山、大洪山等锰矿，三里岗铁矿等
IV	河南周党-湖北福田河金银多金属矿	B	4 053	区内金矿分布与断裂构造带和岩浆岩带的展布密切相关，燕山期中酸性岩浆活动是本区金矿成矿的主要矿源和热源，近东西向断裂（韧性剪切带），控制了本区地层的展布和岩脉、金属矿床的产出是寻找金银多金属矿的有利地段	金城、龙井沟、张家湾、吴城河、凉庭、孙堰、余冲、凉湾、烟宝地、谭树岗、东湾、石家冲、大河铺、项家冲、肖家凹等金矿，七里坪金铜矿，薄刀岭、白石坡皇城山、凉亭等银矿，千鹅冲、母山、肖畈等钼矿，天台山、后湾、卡房、七里坪、朱堂庙等铅锌矿
V	湖北大新-姚集金银多金属矿	C	2 051	区内岩浆活动频繁，构造作用强烈，大磊山穹窿核部花岗岩及围岩红安岩群在北西向深大剪切构造的作用下将成矿元素活化、迁移、富集，为金银矿床的形成创造了有利条件，北西向、北西西向、北东向断裂是本区金银矿的主要导矿构造和容矿构造	白云、龙须沟、黑沟、诸事万、万家山、黄家湾、三当湾、大石坡、暗冲、四方冲、公牧山等金矿、石子坡银矿、青山口银铅锌矿，芳畈、陈家河、仙姑洞、淘金坑、金马坑铜矿
VI	湖北白果-三里畈金银多金属矿	B	1 804	区内断裂构造以育，岩浆岩分布广泛，燕山期中酸性花岗岩岩浆，为金及多金属矿提供了成矿物源及热源，北西向牛车河断裂、望兵寨断裂、邓家山断裂为成矿物质运移提供了有利通道，控制了区内金银多金属矿床点分布，在北西西向次级断裂的产状变化部位、北北西与近南北向断裂交汇部位富集成矿	陈林沟、程家山、瓜子岩、槐树坳、张家畈、大岔冲、张家山、老屋山、张家冲、祝家冲、老屋、彭家楼等金矿，魏家上湾金银矿，响水潭铜金矿等

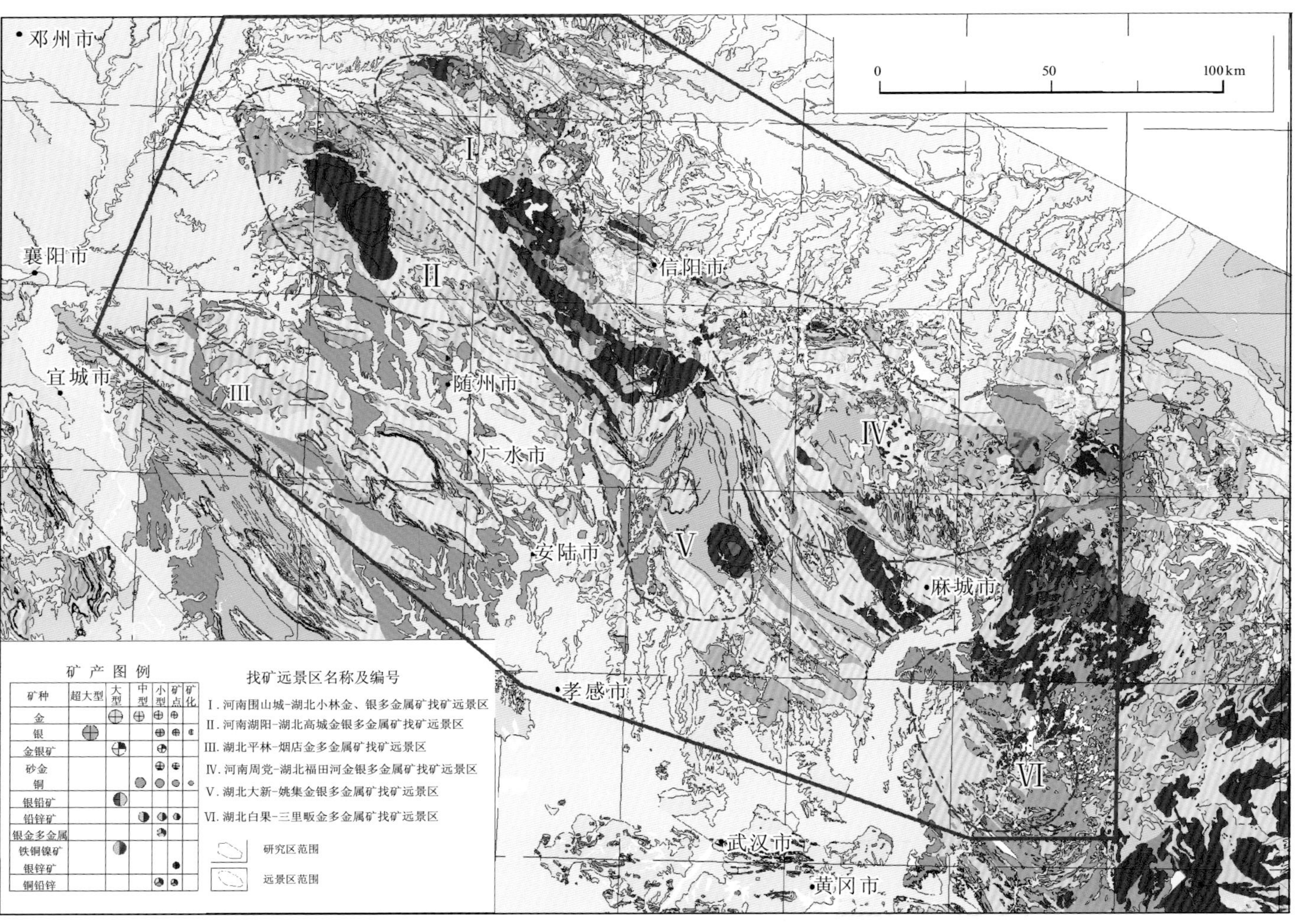

图 6-2 研究区找矿远景区划分示意图

第二节　区域金银矿资源潜力分析

为了有效服务地质找矿战略突破行动，更好地部署下一步地质矿产调查与评价工作，必须充分利用研究区已有的成果资料，分析区域金银矿资源潜力与成矿特征。根据收集的湖北、河南、安徽三省矿产资源潜力评价项目成果资料，配合2013～2018年地质矿产调查成果，我们对研究区金银矿资源潜力进行了大致统计分析。

区内金银矿床主要类型有受构造控制的岩浆热液型脉状金银矿、次火山-浅成热液型。成矿富集作用与构造-岩浆热液、地下水热液有关，并受控于断裂构造和火山机构（戴圣潜 等，2003），下面对金矿、银矿资源潜力分别进行统计分析与评价。

一、金矿

受构造控制的岩浆热液型脉状金矿赋存于武当岩群、大别山岩群、红安岩群、毛集岩群、二郎坪群、峡河岩群、龟山岩组、卢镇关群、耀岭河组、歪头山组等老地层中（河南省地质矿产勘查开发局，1989），集中分布于桐柏老湾-围山城地区、随州卸甲沟-黑龙潭、湖北大悟大磊山、红安华河-檀树岗一带、罗田大崎山等地区。次火山-浅成热液型金矿分布于中生代火山岩盆地中或附近，主要产于北淮阳皇城山地区。此类金矿广义上讲，部分也可归为造山型金矿（郭春影 等，2011）。

预测未查明金矿资源潜力很大，主攻类型为受构造控制的岩浆热液型脉状金矿，其次为次火山-浅成热液型金矿。

金矿代表性的矿床式有卸甲沟式、银洞坡式、老湾式、白云式、陈林沟式等7种，目前探明资源量 89.4 t。据湖北、河南、安徽三省金矿资源潜力评价成果报告资料，按照代表性矿床式的预测模型圈定的最小预研究区共计43处，空间分布与本项目划分的远景区对应关系见图6-3，预测2 000 m以浅资源量283.2 t（注：河南老湾金矿带据最新勘查成果资料进行了修正）。分布在6个远景区内，分别是：①河南围山城-湖北小林金、银多金属矿找矿远景区（I）内圈定出红石、吴家庄、小林、银洞坡西段、银洞坡东段、上上河、老湾、桐树庄的最小预测区共计8处；②河南湖阳-湖北高城金银多金属矿找矿远景区（II）内圈定王家大山、阜山、新市-汪家、新集、新城、吴山、合河、黑龙潭、卸甲沟的最小预测区共计9处；③湖北平林-烟店金多金属矿找矿远景区（III）内圈定赵家湾金矿、徐洞沟金矿、段家湾金矿的最小预测区共计3处；④河南周党-湖北福田河金银多金属矿找矿远景区（IV）内圈定宣化店、黄站、华家河、七里坪、檀树岗、项家冲、胡家山、油籽冲、大旗山、火连畈、河南光山余I冲、河南薄刀岭、河南邱庄的最小预测区共计13处；⑤湖北大新-姚集金银多金属矿找矿远景区（V）内圈定杨寨金矿、白云、诸事万、棺材山、小悟、杨寨的最小预测区共计6处；⑥湖北白果-三里畈金多金属矿找矿远景区（VI）内圈定响水潭、大崎山、但店、程家山、上巴河的最小预测区共计5处。

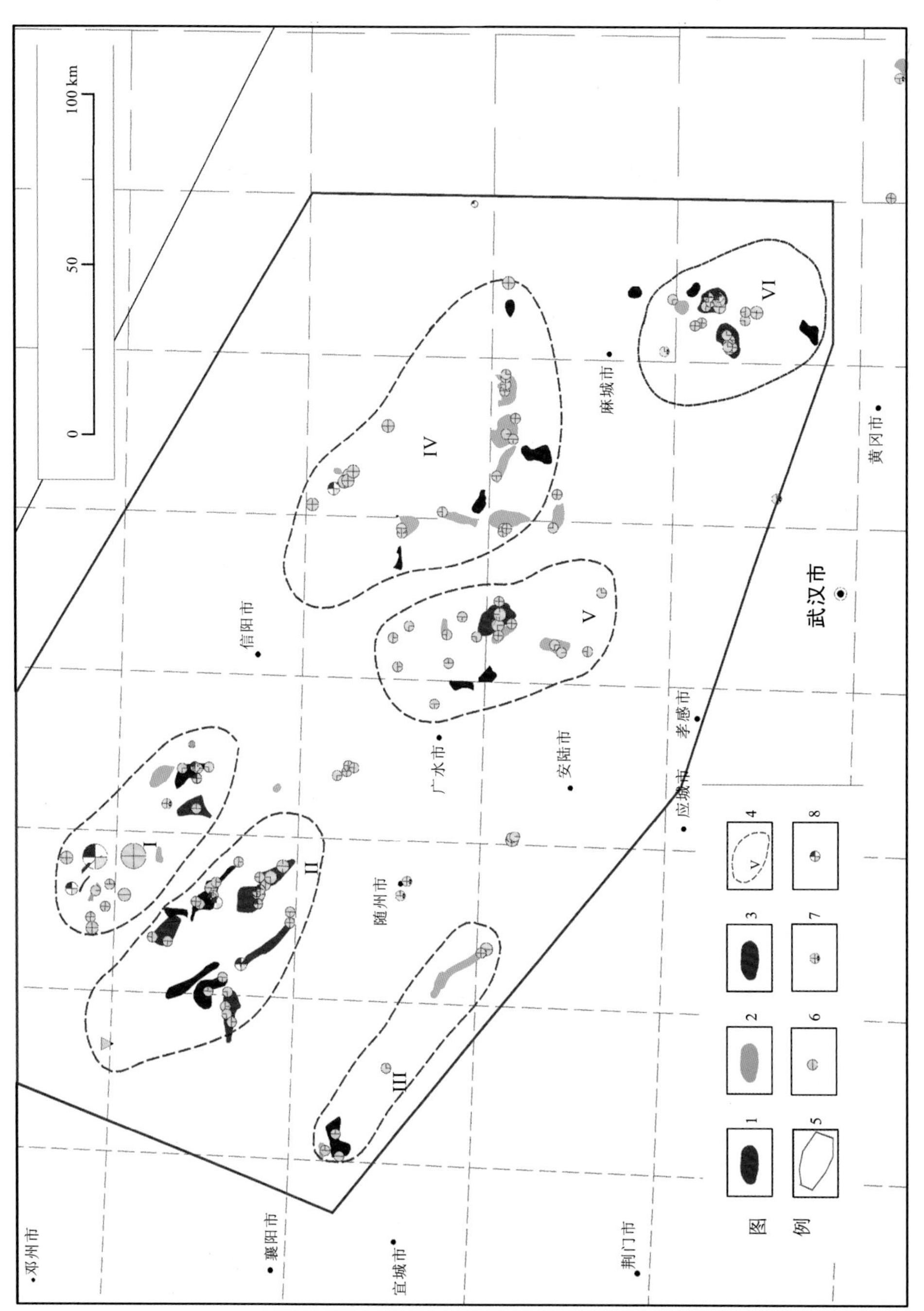

图 6-3　桐柏-大别地区（研究区）金矿床及最小预测区分布图

1. A类预测区；2. B类预测区；3. C类预测区；4. 远景区范围及编号；5. 研究区范围；6. 金矿；7. 砂金；8. 金银矿

二、银矿

银矿床类型主要为受构造控制的岩浆热液型脉状银矿，除独立银矿外，常与金矿、铅锌矿共生或伴生。成矿富集作用与燕山期岩浆热液、构造热液、地下水热液有关。银矿床或金银矿床赋存于武当岩群、红安岩群、龟山岩组、歪头山组、陈棚组中；与斑岩有关的伴生在铅锌矿之中的中低温热液型银矿床常分布在斑岩钼矿床周边；与次火山岩有关的浅成低温热液型银矿床或金银矿床分布在陆相火山岩盆地或产于次火山岩型多金属矿中。综合分析区内银矿资源勘查潜力较大，以受构造控制的岩浆热液型脉状银矿为主。

银矿代表性的矿床式有卸甲沟式、刘山岩式、破山式、白石坡式、皇城山式、凉亭式 6 种。目前探明资源量 10 062 t。据湖北、河南、安徽三省银矿资源潜力评价成果报告资料，按照代表性矿床式的预测模型圈定的最小预研究区 6 处，空间分布与本节划分的远景区对应关系见图 6-4。分布在 5 个远景区内，分别是：①河南围山城-湖北小林金、银多金属矿找矿远景区（I）内圈定湖北省红石金矿、吴家庄金矿、小林金矿、河南桐柏刘山岩、泌阳方老庄、桐柏破山、桐柏银洞岭、桐柏新集村、桐柏三道河的最小预测区共计 9 处；②河南湖阳-湖北高城金银多金属矿找矿远景区（II）内圈定王家大山金矿、大阜山金矿、新市-汪家新集金矿、新城金矿、吴山金矿、合河金矿、黑龙潭金矿、卸甲沟金矿的最小预测区共计 8 处；③湖北平林-烟店金铜铅锌多金属找矿远景区（III）内圈定赵家湾金矿、徐洞沟金矿、段家湾金矿的最小预测区共计 3 处；④河南周党-湖北福田河金银多金属矿找矿远景区（IV）内圈定河南罗山白石坡、罗山皇城山、光山县凉亭、罗山包大院、光山张湾的最小预测区共计 5 处；⑤湖北大新-姚集金银多金属矿找矿远景区（V）内圈定杨寨金矿、白云、棺材山、小悟、杨寨的最小预测区共计 5 处；⑥湖北白果-三里畈金多金属矿找矿远景区（VI）内圈定响水潭、大崎山、但店、程家山、上巴河的最小预测区共计 5 处。

第三节 河南围山城-湖北小林金、银多金属矿找矿远景区(I)

一、远景区地理位置

该区位于桐柏山北麓，行政区划隶属河南省南阳市桐柏县、驻马店市泌阳县、信阳市平桥区管辖，跨湖北随州市小林地区，交通便利。远景区面积约 1 618 km^2。

二、成矿地质背景

远景区位于本区处于秦岭造山带核部，区内变质地层发育，岩浆活动频繁，构造变形强烈，具备金、银、铜、锌多金属矿成矿地质条件（图 6-5）。

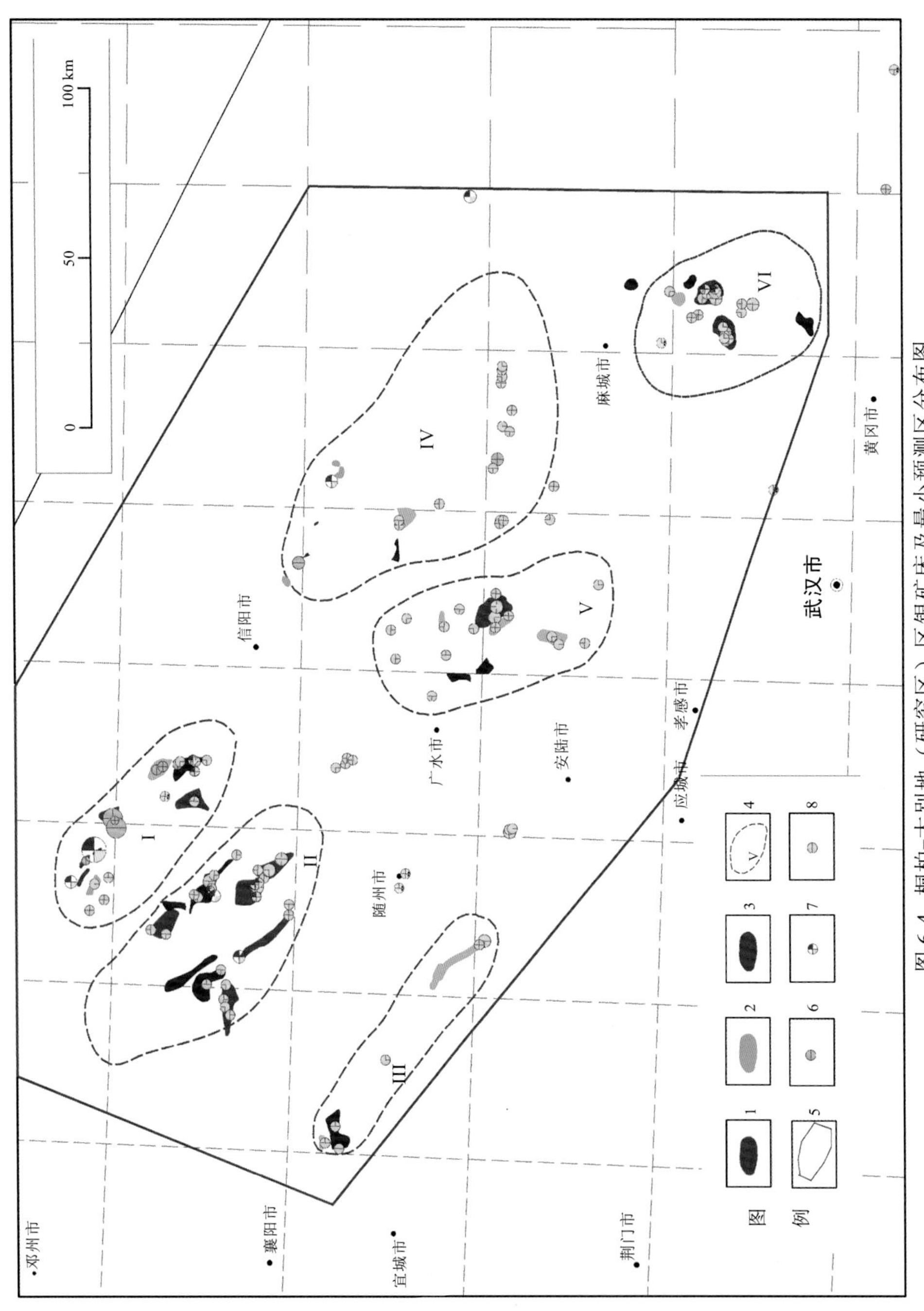

图 6-4　桐柏-大别地（研究区）区银矿床及最小预测区分布图

1. A类预测区；2. B类预测区；3. C类预测区；4. 远景区范围及编号；5. 研究区范围；6. 银矿；7. 金银矿；8. 金矿

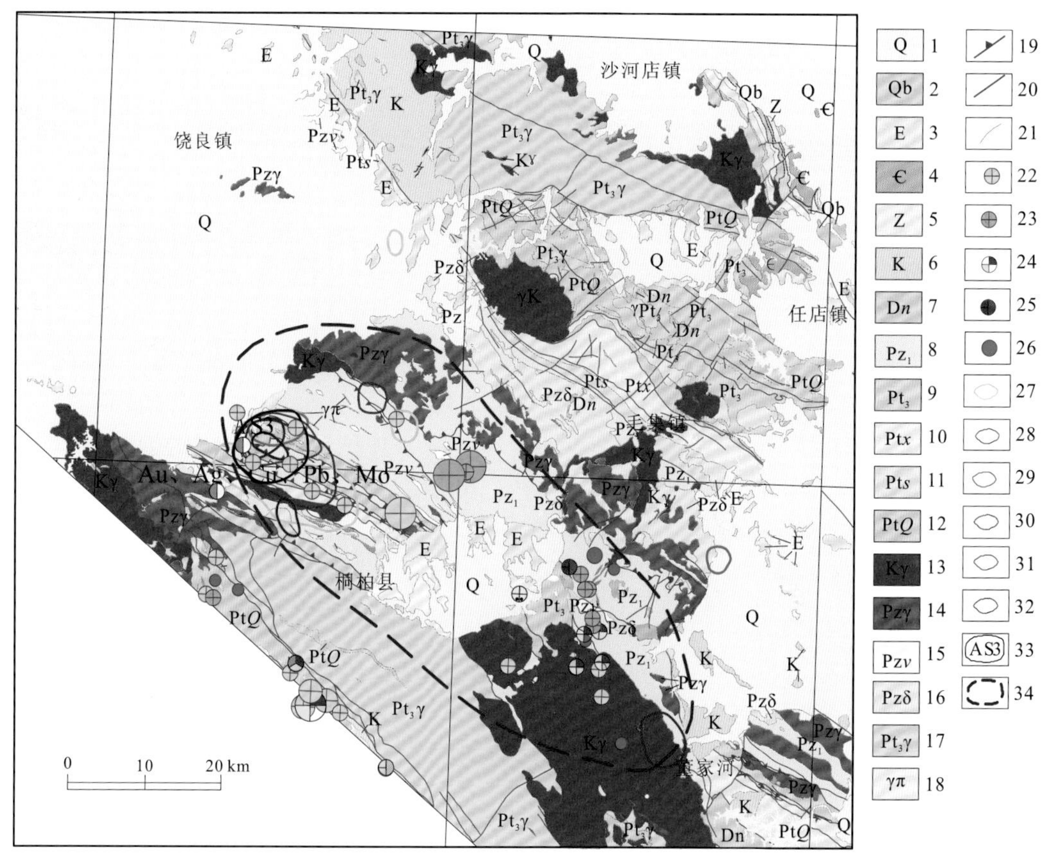

图 6-5　河南围山城—湖北小林金、银多金属矿找矿远景区综合成果图

1. 第四系；2. 青白口系；3. 古近系；4. 寒武系；5. 震旦系；6. 白垩系；7. 泥盆系南湾组；8. 早古生界；9. 新元古界；10. 新元古界宽坪岩群谢湾岩组；11. 中元古界宽坪岩群四岔口岩组；12. 古元界秦岭岩群；13. 白垩纪花岗岩；14. 古生代片麻状花岗岩类；15. 古生代变辉长岩；16. 古生代变闪长岩；17. 新元古代花岗质片麻岩；18. 花岗斑岩；19. 逆冲断层；20. 断层；21. 地质界线；22. 金矿；23. 银矿；24. 金银；25. 银锌矿；26. 铜矿；27. Au 元素异常；28. Ag 元素异常；29. Cu 元素异常；30. Zn 元素异常；31. W 元素异常；32. Mo 元素异常；33. 组合异常及其编号；34. 找矿远景区范围

区内出露地层为秦岭岩群、龟山岩组、肖家庙岩组、歪头山组、二郎坪群和上古生界蔡家凹组（河南省地质矿产勘查开发局，1989），其中歪头山组是银洞坡金矿、破山银矿的赋矿层位，龟山岩组是老湾式金矿的赋矿层位，二郎坪群是刘山岩式海相火山岩型铜锌矿的赋矿层位。

该区火山活动以早古生代（二郎坪群细碧岩-石英角斑岩）最为发育。侵入活动以新元古代中酸性岩、早古生代超基性—中酸性岩、早白垩世花岗岩最为强烈，其中早白垩世花岗岩与区内金银多金属矿的成矿关系密切，代表性岩体有梁湾二长花岗岩和老湾二长花岗岩（湖北省第八地质大队，1993）。

区内基本构造格架表现为成强应变带夹弱应变域的构造变形特征，金矿化带在强应变带和弱应变域的构造岩片中均有产出（刘文灿 等，2003）。燕山期高位岩浆活动和脆-韧性断裂构造耦合是金银矿床关键成矿要素，脆-韧性断裂构造的转化部位是成矿有利部位，东西向、东西西向和北东向断裂构造是本区金银成矿的控矿和导矿构造（彭三国 等，2012a）。

三、物化遥异常特征

远景区位于平氏-新集重力梯度带上，总体南高北低；区域航磁异常走向与地（岩）层走向一致，呈北西向正负相间的条带状分布，大多数金银多金属成矿带分布在负磁异常带上。

航磁异常走向与区域地（岩）层走向一致，呈北西向正负相间的条带状分布，最大值为 800 nT，最小值为-402 nT。围山城金银多金属成矿带处在二郎山-吴城正磁场带北东侧的负磁异常区中，东西长 40 km，南北宽约 3 km，连续性较好，对应地层为歪头山岩组，其磁化强度较上覆二郎坪群低出一个数量级。铜山-天目山银多金属成矿带和邓庄铺-竹沟铅锌银成矿带分布在宽缓正磁场带东北侧负磁场区内，对应地层为毛集岩群。

1∶20 万地球化学异常圈出 3 处浓集明显的异常，化探异常面积大、元素强度高、浓度分带明显。由 Ag、Au、Pb、Zn、Cu、Mo、Sn、Bi、Cr、Ni、Ti、As、Sb、Hg、Cd 等元素构成复杂多元素综合异常区，其中 Au、Ag 异常多集中在歪头山组、龟山岩组分布区，受岩性控制，同时与构造-岩浆岩带热液蚀变作用关系密切，部分异常反映了已知银洞坡金矿、破山银矿等矿床或矿点；Cu、Ni、Cr、Co、V、Ti、Mn 等异常多与基性—超基性岩关系密切；Pb、Zn 异常往往与 Au、Ag 异常套合出现；As、Sb、Hg 异常与构造带关系密切。

在围山城金银矿带上，主要异常元素组合为 Au、Ag，其次有 As、Pb、Zn、Cd，具有清晰的浓度分带，异常套合。Ag、As、Zn、Cd 在矿体上部有较强浓集，浓集中心与 Au 互为对应；Cu 的峰值出现于矿体中下部；Ni、Co、Mo 异常中心趋于矿体下部（姚晓东，2008）。

老湾金矿主要元素组合为 Au、Ag、As、Sb；次要元素组合为 Pb、Zn、Cu、Mo、Ni、Co。异常沿近东西向断裂构造呈带状展布，As、Sb 异常趋于矿体上部浓集；Pb、Zn、Mo、Co、Ni 异常分布在矿体中部，Mo 异常强度地下深处高于地表，多出现在矿体下部（尾部）。成矿元素 Au 及主要伴生元素 As、Sb、Ag、Cu、Pb、Zn 异常强度向东西两端增强，反映矿化向东西两端仍有延伸（年平国和简新玲，1999）。

遥感羟基、铁染异常主要分布在远景区两侧，中部异常较少，沿北西向构造展布。银多金属矿带在 TM 影像特征上为线性色线密集发育的浅斑驳色带，并与地球化学异常、航磁及重力异常带吻合，显示与构造热液活动有关，因此，羟基、铁染对寻找构造热液型金属矿有一定指示意义。

四、矿产特征

区内矿产资源分布广泛，已发现金、银、铜、铅、锌、富铁等金属矿床（点）上百处，已经查明金、银、铜锌、富铁重要矿产地数十处，其中破山银矿达超大型规模，银洞坡金矿、老湾金矿达到大型规模，刘山岩铜锌矿、老洞坡银矿达中型规模。

区内龟梅断裂不仅控制了燕山期北淮阳火山岩带的北部边界，同时在断裂带中形成了老湾金矿、皇城山银矿等一系列矿床，老湾金矿床就产于龟梅断裂带向西延伸部分的松扒韧性剪切带内，老湾金矿带具有“早期老湾韧性剪切带同一成矿构造系统”“中期高角度右型走滑脆韧性断裂构造系统叠加”“晚期构造掩盖或破坏”的三期成矿构造演化体系特点，以及“统一成矿、分段富集、后期叠加与改造”的成矿演化模式（陈建立，2019）。在早期深层次韧性剪切带之上，叠加形成的脆性剪切断裂构造，对金矿成矿作用控制效应更为直接和明显。金矿化部位往往是在脆-韧性变形带的张性、张剪性裂隙或强弱变形过渡地带的扩容空间，成矿作用具多阶段复合叠加特点（林锐华 等，2010）。因此，中期成矿构造主要是叠加在早期深层次韧性剪切带之上，由燕山期高角度右型走滑形成的一系列北西向和近东西向启张的张剪性和压剪性脆性断裂及其派生的剪切裂隙系统所组成。金矿化主要与黄铁矿化有关，围岩蚀变的强弱与元素富集程度呈正相关，蚀变愈强，元素愈富集（年平国和简新玲，1999）。

银多金属矿受地层和构造的双重控制，歪头山岩组发育厚层火山岩、碳硅泥沉积岩和热水交代岩（层状夕卡岩），其上中下三个主要矿源层分别控制了破山银矿、银洞坡金矿和银洞岭银多金属矿的产出。银多金属矿的分布也明显受层间剥离断层或高角度顺层断层控制，硅化与成矿关系最为密切，一般矿体中部及上部硅化最强，侧向及根部较弱，垂向上由矿体前缘玉髓化或石英脉充填，中部交代石英岩至尾部网脉状硅化呈规律性变化。

从遥感影像上清晰可见，桐柏地区纵向上夹持于南阳盆地与吴城或平昌关盆地之间，横向上南北分别为桐柏山北麓地堑与毛集地堑，构成两堑夹一垒的格局；为盆地或地堑围限的中间地块中，尚有层间折离作用形成的大河与围山城相对拗陷，整个桐柏地区犹如沉没熔化的残核。银多金属成矿带不但受矿源层控制，而且均分布在地堑边缘或拗陷中，具有边缘成矿的规律（彭翼和万守全，2002）。

五、金银矿资源潜力与找矿方向

该区为秦岭造山带重要的金银多金属矿化集中区之一。龟山岩组、歪头山组是层控构造蚀变岩型金、银多金属矿的赋矿层位。1∶20 万地球化学异常面积大、元素强度高、分带好、组合复杂。已经查明达大中型金、银多金属矿多位于高强度地球化学异常浓集中心，矿床勘探深度多局限于 300～500 m 以浅。

近年来在区域地质、物化遥综合信息集成研究的基础上，通过新一轮矿产远景调查、矿产勘查项目的实施，在桐柏地区已知矿床深部和矿区外围找矿及弱小异常分布区已取得金矿的重大突破。陈建立（2018）提出了“老湾花岗岩体覆盖于龟山岩组地层之上，岩体下部赋存有金矿体”的重要观点，在老湾断裂南部的花岗岩体之下已控制多层厚大的金矿体，使老湾金矿带的成矿空间拓展到花岗岩体之下，极大地拓展了找矿空间。根据“老湾花岗岩体覆盖于龟山岩组地层之上，岩体下部赋存有金矿体”的观点，河南省地质勘查基金项目“河南省桐柏县老湾金矿深部及外围普查”在老湾矿段长 3 km 的范围内施工了 50 多个钻孔，在老湾断裂南部的花岗岩体之下控制到多层厚大的金矿体。老湾矿段龟山岩组成矿空间从地表 400 m 拓展到了 900 m 宽度，矿体控制标高从-50 m 延深到了-500 m，深部的龟山岩组宽度呈梯形扩展，在-500 m 标高可达 1 500 m 宽，极大地拓展了找矿空间，资源量规模可扩大 5 倍以上，目前估算资源量已超过 208 t，预测金资源量可达 500 t。

据全国统一开展的矿产资源潜力评价成果预测，金、银资源量达大型规模，区内圈定出红石、吴家庄、小林、银洞坡西段、银洞坡东段、上上河、老湾、桐树庄的金矿最小预区共计 8 处；在红石、吴家庄、小林、桐柏刘山岩、方老庄、破山、银洞岭、新集村、三道河的银矿最小预测区共计 9 处。综合近期勘查成果，区内银多金属矿床不仅仅受背斜轴部构造（层间破碎带）和地层的双重控制，深部矿体直接受挤压破碎带控制，具有多期次成矿、多种构造控矿的特征。地质及物化探异常综合信息显示，在已知矿体的深部和外围有盲矿体存在，找矿潜力巨大（汤清龙 等，2010）。建议以构造蚀变岩型金矿和岩浆热液型金银多金属矿为主攻方向。在已圈定的最小预测区开展异常查证和矿产检查，圈定找矿靶区；加强已知矿区深部（1 000 m 以浅）及其外围金银勘查工作部署。

第四节　河南湖阳-湖北高城金银多金属矿找矿远景区（II）

一、远景区地理位置

该区位于汉十铁路、高速公路线以北，新城-吴店以南。西延伸到南阳盆地河南省唐河县。行政区划隶属湖北省枣阳市、随州市和河南省唐河县等地，交通便利。面积约 2 571 km^2。

二、成矿地质背景

远景区属秦岭造山带的东延部分，地处应山褶皱带西段，出露地层有新太古界—新生界，北西部为盆地覆盖，中部被七尖峰岩体所占据，其余分布为区域变质岩（图 6-6）。

新城-黄陂断裂北东为桐柏杂岩群，由新太古代—古元古代的花岗片麻岩及变质表壳岩系、变质基性岩等组成（胡起生，2001），经历了高级变质作用及多期混合岩化作用；南西则为新元古代武当岩群和南华系耀岭河群，武当岩群由上下两个岩组三个岩性段组成；西部盆地中的盖层为古近系。

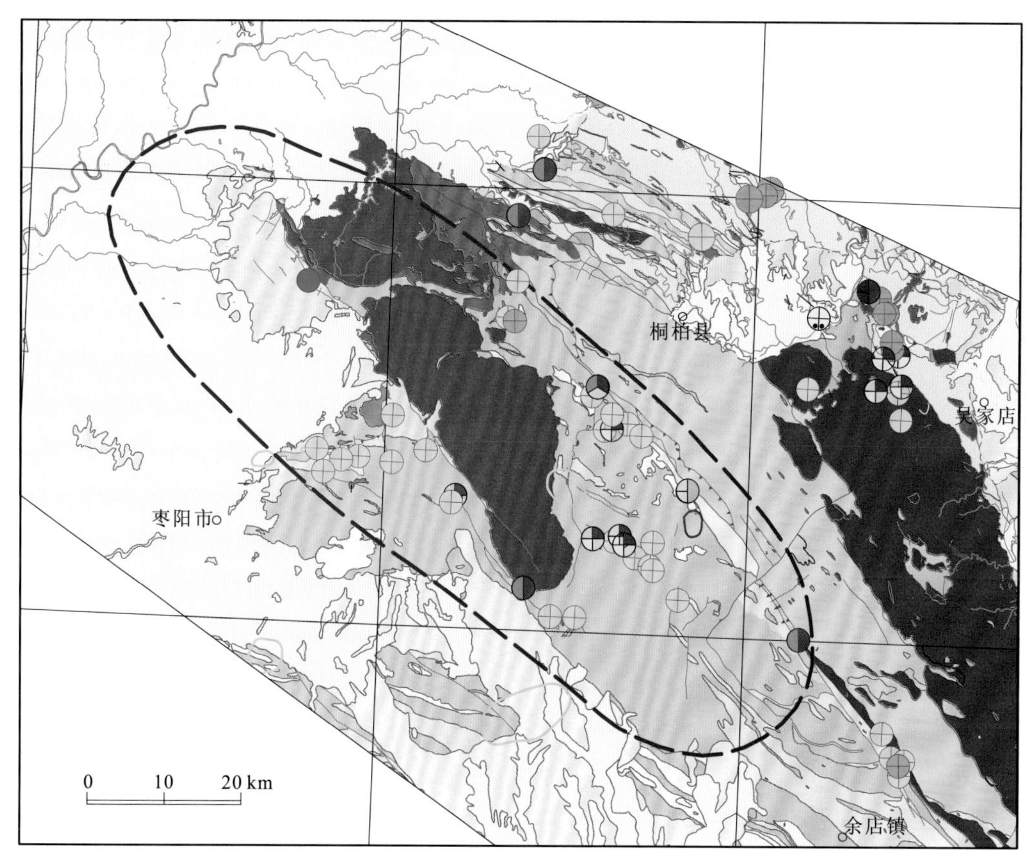

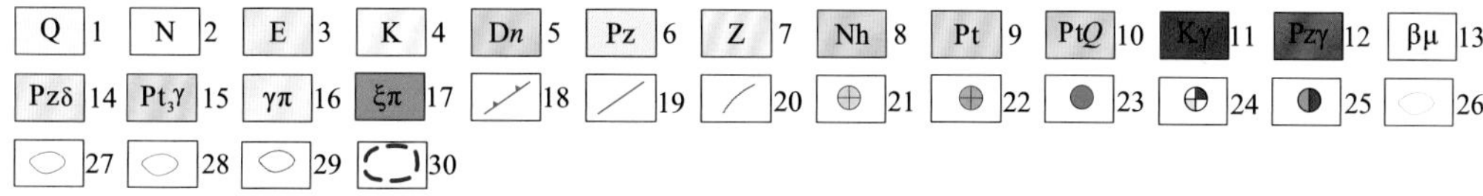

图 6-6　河南湖阳-湖北高城金银多金属矿找矿远景区综合成果图

1.第四系；2.新近系；3.古近系；4.白垩系；5.泥盆系南湾组；6.古生界；7.震旦系；8.南华系；9.元古宇；10.白垩纪秦岭岩群；11.白垩纪二长花岗岩；12.片麻状花岗岩类；13.辉长辉绿岩；14.古生代闪长岩类；15.新元古代花岗质片麻岩类；16.花岗斑岩；17.正长斑岩；18.逆冲断层；19.断层；20.地质界线；21.金矿；22.银矿；23.铜矿；24.金银；25.铅锌矿；26.Au 元素异常；27.Ag 元素异常；28.Cu 元素异常；29.Zn 元素异常；30.找矿远景区范围

区内发育一系列北西—北西西向及北北西向为主的多期活动断裂和不同深度、不同层次、不同规模和不同时期的逆冲推覆和伸展滑脱构造，对区内花岗岩的形成和金、银、铜、钼等多金属矿（床）的分布起到重要的控制作用。断裂构造大体有两类三组：一类为北东向韧性剪切带，即新城-岩子河（黄陂）断裂和新市-太山庙断裂；另一类为北东向、近东西向的顺层断裂和近南北向的后期断裂等。

区内岩浆岩以燕山期侵入的周楼、三合店及大仙垛三大岩体联合构成的七尖峰二长花岗岩基体为主，面积约 445 km^2。此外尚有稍晚侵入的花岗斑岩、正长斑岩、伟晶岩、细晶岩等。区内基性侵入岩体及脉状体数量较多，但一般规模较小，较大者有大皐山变基性—超基性岩、大横山岭及万和-天河口一带的变辉长辉绿岩等，其时代为晋宁期－加里东期。

区内岩浆活动频繁且规模较大，岩石变形变质较为强烈，复杂的地质演化过程造就区域多期构造活动，为成矿作用提供了有利空间；强烈的岩浆活动提供了有效的流体、热源及成矿物质，构成了较有利的成矿地质背景。

三、物化遥异常特征

远景区主体位于七尖峰-桐柏低重力区，总体上由北东向南西呈低—高重变化。区内新城-殷店及吴山-泰山庙一线出现的重力梯度带分别与新-黄断裂带及吴山断裂对应。

区内磁场大体以新-黄断裂与吴山断裂为界，可分为北东部和中部的正磁场和南西部的负—低值磁场区，可见正、负磁场间及正、负磁场中的磁力梯度带与断裂构造关系密切。北东部正磁场区与桐柏山杂岩对应，中部正磁场区与七尖峰岩体对应，呈北西向带状展布，其形态东宽西窄，强度东高西低。在总体为正值的基础上，零星分布有低值及负值，局部的磁场波动可能与隐伏岩体有关。负—低值磁场区基本为中元古界、震旦系分布区，呈面型展布，其中在负—低值磁场背景上分布的线状正异常带与超基性—基性岩对应或与隐伏的中酸性岩浆岩有关。

远景区位于随应铁族元素及Au、Cu、Pb、Zn高背景带，铁族元素、Na_2O、Sr、Zr、Ba、Al_2O_3及Au、Cu等组分显高背景-异常分布。其中扬子期基性岩浆侵入活动较为剧烈所形成的铁族元素及伴生的Au等元素异常分布较普遍；燕山期酸性岩侵入在区内七尖峰一带形成较独特的Be、Na_2O、K_2O、U、Th、Sr、Zr、Ba局部富集区并伴Cu等成矿元素的局部异常；沿北西向断裂构造及推覆挤压应变带Au、Pb、Zn、As、Sb、Hg异常发育。其中，与七尖峰复合岩体有关的异常主要元素组合主要为Ag-Au-Mo-Hg-Ni-Cu，分带性较好，具有明显的浓集中心；与吴山断裂有关的异常主要元素组合为Ag-As-Au-Sb，异常规模较大，浓度分带较好，该区带上分布有吴山铜钼矿、陡山寨金矿、鸡鸣山金矿、草堰冲金矿、关坡寨铅锌矿等多金属矿点，为金银、铜钼等多金属的成矿有利区带；与新黄断裂有关的异常主要元素组合为Ag-Mo-Bi-Hg-Au，其异常分带性较好，具有明显的浓集中心，该异常区带上分布有合河金矿床、歪头山金矿点、沙河金矿点等共计十余处金矿点，为金银成矿有利区带。在王家大山—吴山断裂以北主要为Au-Mo-Cu-W异常，异常主要与近东西向、北西向构造相关，如王家大山蚀变岩型金矿、王家大山夕卡岩型铜矿；在王家大山-吴山断裂以南震旦系陡山沱组和耀河岭组地层单元内的Au-Mo-Cu-W-Ni-Co-Cr异常，面积大，分带性好，伴有As-Hg-Ag异常，为金多金属的成矿有利区带（匡华 等，2016）。

区内前人圈定了重砂异常38个，以随县黑龙潭-卸甲沟黄金I级重砂异常以规模大、矿物含量级别高而独居榜首（朱金 等，2019）。异常呈椭圆状，呈北西向展布，长约8km，面积14.2 km^2，经证实为矿致异常，已发现典型金矿床如黑龙潭金矿床、卸甲沟金矿床，以及一系列金矿(化)点如汪家塆金矿点等，该重砂异常与HS-5黑龙潭Au-Ag-W-Pb-Hg-Sb

异常、HS8-卸甲沟 Au-Ag-W-Hg 异常重合，具有较好的找矿前景。

遥感蚀变（羟基、铁染）异常较密集，异常集中分布在武当岩群、震旦系、寒武系中，沿北西向展布，受北西向构造影响，与地层走向吻合，经检查，异常可能由该断裂带矿化蚀变引起（匡华 等，2016）。因此，遥感羟基、铁染异常对寻找构造热液型金属矿有一定指示意义。

四、矿产特征

区内已发现金银矿点五十多处，代表矿床有王家大山金矿、卸甲沟金矿、黑龙潭金矿、王儿庄金矿、草堰冲金矿等构造蚀变岩型金矿，矿体受断裂构造控制，多为脉状、透镜体，具分枝复合，尖灭再现，变化大。少数亦呈似层状出现于层间断裂带内，如王家大山金矿等。

区内不同方向、类型、性质、期次的构造及其相互叠加作用，控制了矿（化）体的分布。从区内金银矿床、矿（化）点地理位置分析，研究区金银及多金属矿产在空间上，主要分布在三个地带：一是新城-黄陂断裂带；二是七尖峰花岗岩西南侧接触带附近；三是吴山-太山庙断裂带。另外有少部分分布在变质地层中，个别产于变基性岩体中。受区域构造格架的控制，区内金银矿（床、化）点在空间上具东西成带、南北成行、群聚分段、不均匀分布的特征，并在不同尺度、级序上体现。区域上与 III 级构造单元相对应的北淮阳、桐柏山、南淮阳 III 级金银多金属成矿带总体呈北西西—北西向展布，而自西向东所显示的殷家山-王家大山、鸡鸣山-吴山、合河-黑龙潭、金银洞-祝园呈近南北向的行状排列构成了区域上东西成带、南北成行的矿化分布格局。在近南北向构造与北西西—北西向构造的交汇部位，矿（床、化）点的集中分布构成局部地段的丛聚性和整体上的分段性。在矿田及矿区尺度上，矿化分布的丛聚性和分段性亦有表现，如王家大山-吴山一带，矿化总体呈近东西展布，但金矿化主要集中王家大山、草堰冲、吴山一带。在环七尖峰成矿区中主要控矿构造在空间上具有南北等距、多“层”分布的特征，并在不同尺度、级次及层次上体现。在不同的成矿区域受不同类型的构造控制，矿化带的展布特点有明显差异。七尖峰地区的北西西—北西向韧脆性剪切带主要控制蚀变岩型金矿化，其次为北东向构造主要控制破碎蚀变岩型金矿（如邢川金矿、横山岭金矿），近东西向、近南北向、北西向断裂主要控制石英脉型矿化；不同期次、类型构造的复合叠加控制了富矿体的产出，并使矿体规模增大（如合河、黑龙潭）；构造的性质、产状及局部应力场的变化控制着矿（化）体产出的形态等（匡华 等，2016）。

区内矿化的空间分带主要表现在矿化类型和成矿元素在空间呈带状展布。在环七尖峰地区，金矿（床、化）点总体上环七尖峰复合花岗岩分布（彭三国 等，2017），并自岩体向外显示出矿化类型由以石英脉型为主→以蚀变岩与石英脉复合型为主→以蚀变岩型为主的分带性，成矿元素由复杂趋简单，显示金银多金属→金银→金的分带性，矿床主要出现在距花岗岩 8～10 km 蚀变岩与石英脉复合型、蚀变岩型矿化带和金银、金元素带中（胡起生 等，2003）。七尖峰花岗岩东侧近岩体的王家湾金矿点主要为石英脉型，矿化元素除 Au 外，尚有 Ag、Cu、Pb、Zn 等，到黑龙潭矿化类型为蚀变岩与石英脉复合型，矿化元素为 Au、Ag，到卸甲沟矿化类型主要为蚀变岩型，矿化元素主要为 Au，矿床位于黑龙潭、卸甲沟。在七尖峰花岗岩的西侧吴山—王家大山亦有类似的变化。

研究表明，金矿化与韧性剪切带的变形强度有关，在控矿的次级构造中金矿化的强度和分布也是很不均匀的，矿体均呈透镜状或脉状产出，并且都位于剪切带的最强变形区，如黑龙潭剪切带型金矿，金矿化产于变形最强的剪切带中心部位，而向两侧依次减弱。后期脆性断裂叠加使金矿化富集在韧性剪切带中金矿化差别很大，较富的矿体一般受后期叠加的脆性断裂控制，如卸甲沟金矿，韧性剪切带中的岩石经历脆性变化而产生碎裂化，形成碎裂状蚀变岩型金矿石，且破碎和蚀变程度越高，矿化越好（胡中岳 等，2004）。

总之，本区韧性剪切带或脆-韧性剪切带发育，规模较大，剪切带含矿性好，矿床都受剪切带控制，金矿化与韧性剪切带关系密切，为今后在该区找矿工作提供了重要信息。

五、金银矿资源潜力与找矿方向

该远景区为七尖峰中酸性花岗岩、大阜山变基性—超基性岩及其两侧武当岩群中酸性—中基性变质沉积火山岩所覆，受北西向构造影响，在围岩变质地层中金银矿床（点）多，成矿条件优越，找矿潜力巨大。据全国统一开展的矿产资源潜力评价成果预测，区内圈定出：王家大山、阜山、新市-汪家新集、新城、吴山、合河、黑龙潭、卸甲沟等金矿、银矿共同的最小预测区合计 8 处，预测金资源量 107.5 t。区内已知有黑龙潭金矿床、卸甲沟金矿床，其中黑龙潭金矿床共圈出 19 个金、银矿（化）体，金最高可达 145.5 g/t，银最高可达 4 428.5 g/t，初步获得（333+334）金 1.67 t；卸甲沟金矿床金银矿体资源量（333+334）金 4.30 t，平均品位为 5.40 g/t，伴生银 20.55 t，均达到小型金矿床规模。从成矿地质条件、地球化学异常特征、已知矿床（点）特征等因素分析，区内具有寻找与北西向韧性剪切带有关的金银多金属矿的潜力。

湖北省地质调查院在七尖峰杂岩体之三合店岩体东侧新发现了王家台金银钨多金属矿点，达小型矿产地规模，在三合店岩体南东侧新发现大陈家湾金矿点和大黄家湾金矿点，金矿化受北东向或北西向构造控制，金矿体延伸较长，厚度品位较稳定，化探异常套合较好，显示在三合店岩体周缘寻找石英脉型、蚀变岩型金多金属矿具有重大的找矿潜力（朱金 等，2019）。

区内伴随着七尖峰复合岩体形成所产生的强大热动力，既使围岩中原有断裂重新活动，并产生围绕花岗岩的新构造系统，形成有利于成矿的构造环境，同时岩浆侵位产生的大量热能使围岩中的成矿物质活化、萃取，并沿着有利的断裂构造运移和聚集（彭万俊 等，2004），形成环七尖峰杂岩体周缘分布的金银矿化带，自岩体向外显示出矿化类型由以石英脉型为主→以蚀变岩与石英脉复合型为→以蚀变岩型为主的分带性，通过元素组合分带及各地球化学指标推断，在环绕七尖峰花岗岩体附近，尤其在新-黄剪切带南西侧次级剪切带与顺层滑脱面交合部位具有寻找同类型金矿的前景。

第五节 湖北平林-烟店金多金属矿找矿远景区（III）

一、远景区地理位置

该区位于襄-广断裂北侧之随南大狼山复背斜中，行政区划隶属湖北省枣阳市、随州市、安陆市管辖，交通十分便利。面积约 1 167 km^2。

二、成矿地质背景

远景区位于秦岭-大别造山带，武当-大狼山构造亚带，夹持于襄-广断裂和十堰-耿集断裂之间。区内出露地层有中新元古界武当岩群、南华系耀岭河群、震旦系陡山沱组和灯影组、寒武系—奥陶系、志留系兰家畈组和雷公尖组等。其中耀岭河群细碧-石英角斑岩，属低绿片岩相变质（湖北省地质矿产局，1990），为该区贵多金属矿主要容矿层之一（图 6-7）。

大狼山复背斜横贯本区中部，背斜轴线为北西西向，受襄-广断裂多期活动所致，断裂构造发育，以北西西向为主，北东向次之。

早古生代辉长-辉绿岩，呈顺层或岩墙侵入到武当岩群和耀岭河群中，在黄羊山一带发育早古生代碱性系列的正长岩及镁铁质岩，呈岩墙或岩床产出。

三、物化遥异常特征

该区为负布格重力异常区，场值最低值约为-80×10^{-5} m/s^2，最高值约-8×10^{-5} m/s^2，从西至东背景值逐渐增高。等值线走向基本为北西向。区内磁异常呈北西向椭圆形或长条形正负相伴分布，为基性岩（含火山）、兰家畈组玄武岩引起。

区内地球化学场属随南铁族、多元素富集区（IV15），以 Cu 及铁族元素浓集显著及沿边缘断裂带发育 Pb、Zn 异常为特征，分布 5 处以 Cu、Pb、Zn 为主的异常。三里岗一带铁族、Au、K、Nb、La、Be、Th、Y、Cu、Ag、Mo、Zn 等元素异常遍布，其中 Au、Pb、Zn、Cu 等异常在三里岗-古城、洛阳店-柳林等地构成局部浓集，显示出热液型金、铜多金属矿产或蚀变岩型金矿的找矿前景。大洪山一带西段主要分布 Au 伴 As、Sb、Hg 的组合异常，东段异常以 Pb、Au、Ba 为主，所构成的异常带靠近青峰断裂带展布，Au 异常区可能找到成型的微细粒型金矿。耿集一带分布重叠的高强度 Pb、Zn、Ag 伴 Au 异常，反映碳酸盐岩中的热液银铅锌成矿作用（湖北省地质科学研究所，1993）。

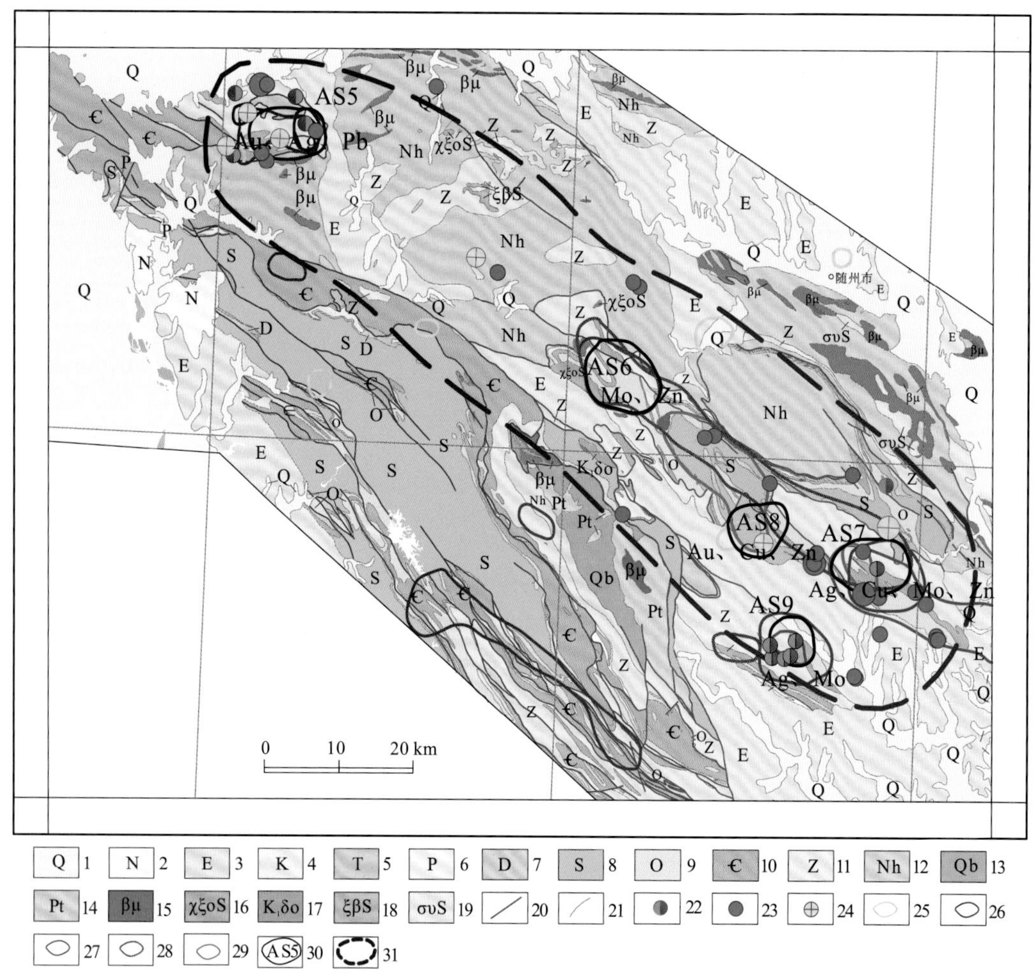

图 6-7　湖北平林－烟店金多金属矿找矿远景区综合成果图

1.第四系；2.新近系；3.古近系；4.白垩系；5.三叠系；6.二叠系；7.泥盆系；8.志留系；9.奥陶系；10.寒武系；11.震旦系；12.南华系；13.青白口系；14.元古宇；15.辉长辉绿岩；16.石英碱性正长岩；17.早白垩纪石英闪长岩；18.黑云母正长岩；19.辉橄岩；20.断层；21.地质界线；22.铅锌矿；23.铜矿；24.金矿；25.Au 元素异常；26.Pb 元素异常；27.Ag 元素异常；28.Zn 元素异常；29.Cu 元素异常；30.组合异常及编号；31.远景区范围

本区分布有随州市三里岗铜族、黄金、铅锌矿物异常，其中铜族 III 级异常 5 处 8 个异常点，铜族 I 级异常 6 处，伴重晶石 I 级异常 5 处及 II 级、III 级异常各 1 处。异常处于中元古界及震旦系—志留系，以大狼山周缘异常点较密集为特征。

遥感蚀变（羟基、铁染）异常主要为一级羟基、铁染异常，北西部以泥盆奥陶系分布为主，南东部主要分布处于奥陶系—寒武系中，铁染一级异常和少量二三级异常（同时有较强的羟基异常）分布较集中，异常受北西向构造控制明显，主要位于断裂构造附近的南华系—震旦系中，局部异常位于辉绿岩脉上。异常与构造热液活动引起的蚀变有关，对寻找构造热液型金属矿有一定指示意义。

四、矿产特征

本区分布主要有热液型金银、铜、铅锌矿，沉积型锰矿，沉积变质型钒矿。其中，热液型金银、铜、铅锌矿多为顺层式推覆断裂产出，多呈脉状、网脉状、透镜体和树枝状或团块状及浸染状。

区内金多金属矿以荞麦冲金矿、楼子沟金矿为代表，金矿体严格受北西向脆-韧性剪切带控制，绝大部分矿体产于剪切带内糜棱岩化岩石中，矿体产状与剪切带基本一致，金矿的形成与糜棱岩化及蚀变程度密切相关，地表氧化带，金矿有富集的趋势。

五、金银矿资源潜力与找矿方向

区内贵多金属矿源层即耀岭河群基性火山岩亚建造和含 V、P、Ba、Mn 等矿床的寒武系—奥陶系碳硅质页岩-碳酸盐岩，沿大狼山背斜两翼分布，且有基性—超基性侵入体及基性火山岩分布于次级向斜核部，为本区有利找矿地段。

据全国统一开展的矿产资源潜力评价成果预测，区内圈定出赵家湾、徐洞沟、段家湾的金矿、银矿共同的最小预测区共计 3 处，预测金资源量 6.5 t，银资源量 79 t。从成矿地质条件、地球化学异常特征、矿化蚀变等因素分析，在近东西向韧性剪切带中具有寻找金银多金属矿的潜力。

第六节　河南周党-湖北福田河金银多金属矿找矿远景区（Ⅳ）

一、远景区地理位置

本区位于大别山腹地，河南省南部与湖北省北部交界地区。行政区划隶属河南省信阳、新县、罗山，以及湖北省麻城、红安、大悟等管辖，交通一般。面积约 3 650 km^2。

二、成矿地质背景

远景区位于秦岭-大别造山带东段，跨 2 个二级构造单元（北淮阳构造带、桐柏-大别构造带）、3 个三级构造单元（周当-泼皮河构造亚带、卡房-大别构造亚带、桐柏构造亚带），桐柏-磨子潭断裂和龟山-梅山断裂、高桥-浠水断裂为其二级、三级构造单元边界（图 6-8）。

区内以龟山-梅山韧性剪切带为界，北侧北秦岭地层区主要有古元古界秦岭岩群、寒武系刘山岩组、下石炭统花园墙组、白垩系陆相中酸性火山岩和碎屑岩。南侧属南秦岭地层区，主要有太古宇大别山杂岩、古元古界定远组、中元古界龟山岩组、红安（岩）群天台山组、七角山组、中新元古界浒湾岩组、震旦系—下奥陶统肖家庙岩组、泥盆系南湾组。其中龟山岩组以富含 Au、Ag 为特征，为该区金、银矿床（点）的矿源层。

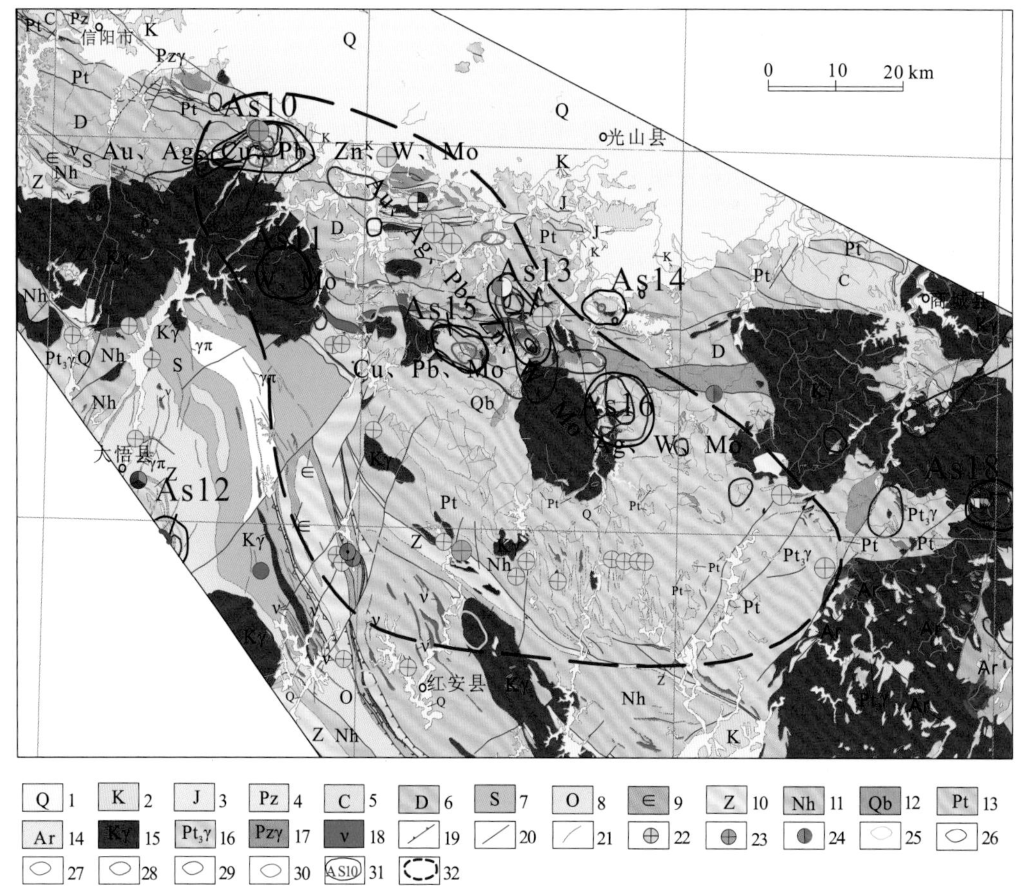

图 6-8　河南周党-湖北福田河金银多金属矿找矿远景区综合成果图

1. 第四系；2. 白垩系；3. 侏罗系；4. 古生代；5. 石炭系；6. 泥盆系；7. 志留系；8. 奥陶系；9. 寒武系；10. 震旦系；11. 南华系；12. 青白口系；13. 元古宇；14. 新太古界；15. 印支燕山期侵入岩；16. 晋宁期中酸性侵入岩；17. 加里东期中酸性侵入岩；18. 变辉长岩；19. 逆冲断层；20. 断层；21. 地质界线；22. 金矿；23. 银矿；24. 铅锌；25. Au 元素异常；26. Pb 元素异常；27. Ag 元素异常；28. Zn 元素异常；29. Mo 元素异常；30. Cu 元素异常；31. 组合异常及编号；32. 找矿远景区范围

区内大致相互平行的北西西—近东西向龟-梅断裂、桐-商韧性剪切带、七里坪-军师岭韧性剪切带切割深度大、连续性好，具长期活动性和继承性，它们控制了不同沉积建造、构造岩浆岩带及区域地球化学场、区域地球物理场的分布。随地壳进入刚性断块阶段后，形成以北东—近南北向断裂构造为主。北西西—近东西向断裂与北东—近南北向断裂为东南的网格状构造格架。

区内岩浆活动频繁，时代跨度大。南部主要发育晋宁期基性—超基性岩、燕山早期的酸性侵入岩基（自西向东依次有灵山、新县、商城等）及燕山晚期二长花岗岩脉；中部则以发育燕山晚期的中酸性小斑岩为特征；北部主要发育燕山晚期的中酸性火山岩。

区内金矿分布与断裂构造带和岩浆岩带的展布关系密切相关，具有构造-岩浆组合的主导控制特征。金矿成矿作用具多期性，燕山期中酸性岩浆活动为本区金矿成矿提供主要矿源和热源，脆性断裂是成矿溶液运移、聚集、赋存的主要通道和场所（王连庆 等，2002）。

三、物化遥异常特征

本区重力异常反映了在桐-商断裂带两侧分布两种密度不同的地质块体。本区重力场北部从信阳上天梯经光山罗陈店至商城北有三个近于椭圆形的正重力异常，呈串珠状组成一重力高值带，与区域地质构造线一致；中部从信阳董家河经光山薄刀岭至商城为一北西向展布的重力梯度带，反映了桐-商断裂的分布情况；南部为相对重力低值区，反映了灵山花岗岩体、新县花岗岩体的分布。

区内航磁大致以桐-商断裂为界，北侧为近东西向变化的正值异常区，自信阳上天梯至光山罗陈店一带为磁场局部相对高值区，与中基性岩浆岩有关；南侧以相对宽缓的负磁异常区为主，与宣化店、灵山、新县、福田河等花岗岩体有关，这些岩体的磁场强度一般较低，在航磁上处于 200～300 nT，航放为 12～18 nT，重力幅值低为 $-58\times10^{-5}\ m/s^2$～$-52\times10^{-5}\ m/s^2$。具有中等航磁、航放和低密度的特点。

本区为水系沉积物 Au 的正常背景区，沿南、北秦岭的构造边界分布串珠状 Au 异常，形成南湾-八里畈 Cu、Au、Mo、As、Sb、F、Cr、W 富集带与红安 Au、Y 富集区。在燕山期灵山花岗岩体出露地区有 Au、Pb、W、Mo 后期叠加。信阳南白垩系区的强 Ag-Au-As-Bi-Sb 异常指示了皇城山银矿床，但其南部的高 Ag-Pb-As 异常推测可能是寻找隐伏矿床的主要地区。新县一带紧靠断裂带南侧的 Au 异常，伴 Pb、Ag，具有找金的指示意义；新县幅北部涩港-母山一带发育有大面积 Pb-Ag 异常，显示多个浓集中心，虽已有小型铅多金属矿床产出，仍是进一步寻找铅银矿床的有利地区。南部宣化店-红安一带化探异常主要有 Au、Ag、Cu、Pb、Zn、Mo 等，这些异常主要分布在红安褶皱带与燕山期灵山花岗岩体区及南部接触带附近，异常展布方向与断裂构造方向一致。此外，还有万家畈、坞子铺和李园三个范围较大的黄金重砂异常，并与化探异常吻合较好。

遥感蚀变（羟基、铁染）异常展布与花岗斑岩体、二长花岗岩、玄武岩关系密切，反映岩体与围岩的蚀变，并与构造热液活动有关，对寻找构造热液型金属矿有一定指示意义。

四、矿产特征

区内矿床（点）众多，以金、银、铅锌、钼（钨）、铜为主的矿床（点）达 50 余处。区内近东西向断裂（韧性剪切带），控制了本区地层的展布和岩脉、金属矿床的产出。北部沿龟山-梅山、桐柏-商城断裂（韧性剪切带）分布的矿床有皇城山、薄刀岭、余冲、董家河、凉亭、金城等金银矿床（点），皇城山银矿产于强硅化蚀变带中，受陈棚组火山机构的枝杈状裂隙控制，火山活动中心稍外围枝杈状裂隙发育的地段是成矿和找矿有利地段；薄刀岭银金矿为韧脆性剪切带型金银矿床，近东西向展布的凉亭韧性剪切带及叠加的脆性断裂是含矿热液运移的通道和矿体赋存空间，区域总体构造特征是以规模巨大的凉亭韧性剪切带（凉亭断裂带）为格架的近东西向韧、脆性叠加构造为主，是区内最主要的导矿和储矿构造，凉亭银金矿段和孙堰金矿段的主要矿体受此方向构造控制。金城金矿处于桐柏-商城构造带附近，近东西向顺层韧性剪切带控制了矿体产出，见有石英闪长岩岩脉沿构造带充填，因此，该矿床属于受构造控制的岩浆热液型金矿床，成因上可能与白垩纪浅成高位岩浆活动关系密切。区域内老湾金矿床、薄刀岭银金矿床、金城金矿床均产在近东西向区域主干断裂带附近，这些特征均反映了区域金银矿化与近东西向构造-岩浆活动之间的密切联系，控矿断裂往往为高角度脆性破碎带。

中部燕山早期灵山岩体、新县岩体和商城岩体控制了包括母山、肖畈、千鹅冲、大银尖、宝安寨、汤家坪、亮山、墨斗关等一系列大、中、小型钼多金属矿床（点）的展布。

南部沿七里坪-军师岭韧性剪切带以北、团麻断裂以西地区，发育的东西向、北西向韧-脆性断裂构造及北西向断裂，多表现为石英脉型金矿，主要矿床点有七里坪金多金属矿、项家冲金矿、陡山坡金矿、东湾金矿、大河铺金矿、大河铺金矿、大松树岗金矿、熊家坳金矿、肖家凹金矿、香春树湾金矿等。特别是麻城双庙关金矿取得较大的找矿进展，资源量达到小型规模以上。

五、金银矿资源潜力与找矿方向

据全国统一开展的矿产资源潜力评价成果预测圈定出宣化店、黄站、华家河、七里坪、檀树岗、项家冲、胡家山、油籽冲、大旗山、火连畈、河南光山余冲、河南薄刀岭、河南邱庄的金矿最小预测区共计 13 处和河南罗山白石坡、罗山皇城山、光山县凉亭、罗山包大院、光山张湾的银矿最小预测区共计 5 处（河南省地质调查院，2011c）。

区内信阳董家河金银矿勘查区具备找中大型金银多金属矿的地质条件，灵山花岗岩体从内向外的接触带分布着高中温的 Cu、Mo，中低温的 Ag、Au，低温的含 Ag 多金属矿化系列，岩体从内向外分布着灵山寺铅锌矿、曾家山铅锌矿（含银）等，是寻找热液型铅锌（银）及可能的深部斑岩型铜钼矿的有利地区。

近东西向桐柏-商城断裂、七里坪-军师岭韧性剪切带与团麻断裂以西地区，具强烈变糜棱岩化、强片理化现象，且中酸性小岩体分布广，硅化蚀变强烈，黄铁矿化普遍，伴随大量金多金属重砂物化探异常，成矿条件十分优越，具有较大的找矿潜力，是寻找金银多金属矿的有利地段，建议下一步在该区加强工作，预期有望取得较大突破。

第七节　湖北大新-姚集金银多金属矿找矿远景区（V）

一、远景区地理位置

本区位于湖北境内，行政区划隶属湖北省广水市、大悟县、红安县、孝昌县等管辖，交通十分便利。面积约 2 051 km^2。

二、成矿地质背景

远景区位于秦岭-大别造山带东段，桐柏构造亚带，处于桐柏-浠水与团麻两条深大断裂汇合部位北东地带，岩浆活动频繁，构造作用强烈（图 6-9）。

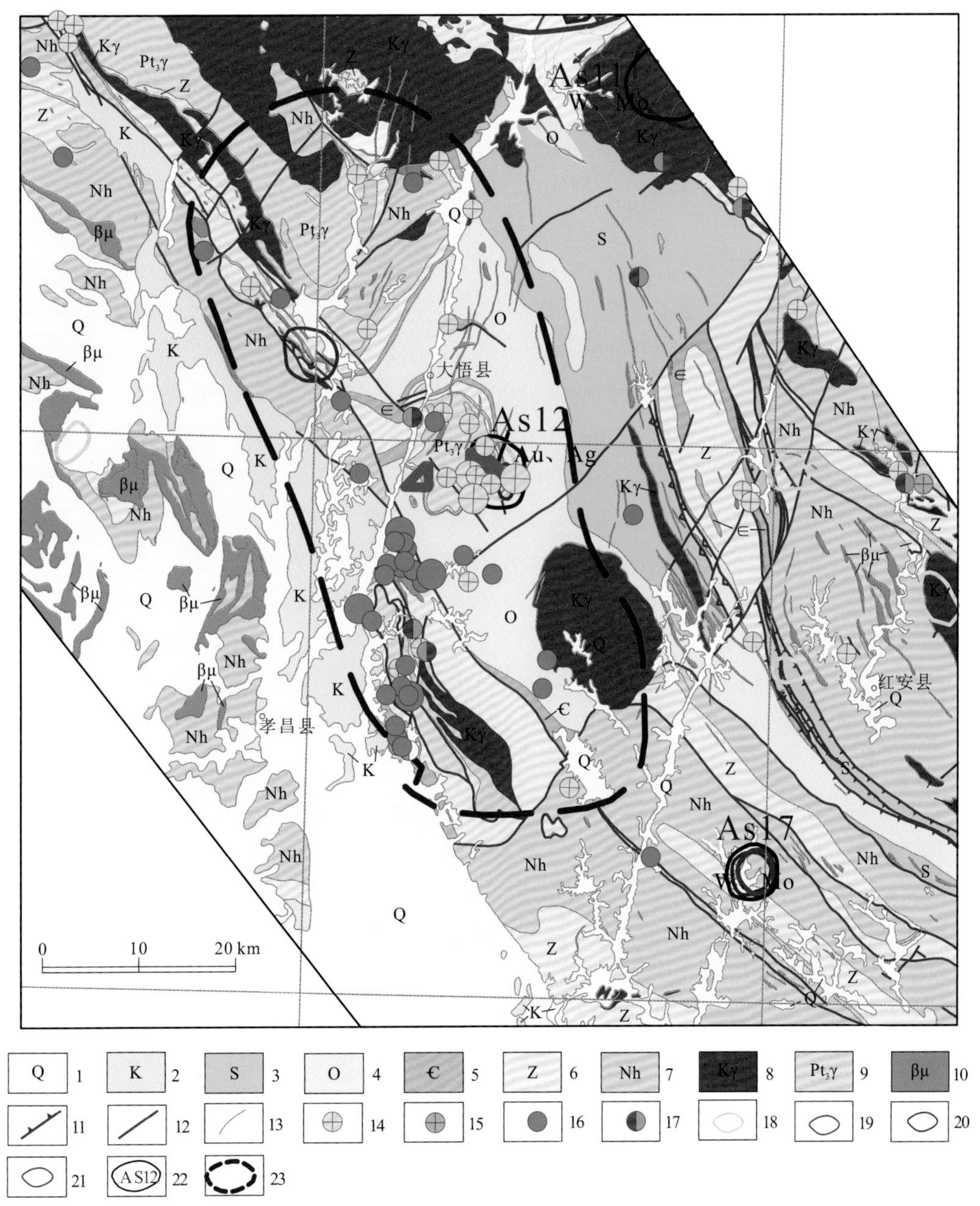

图 6-9　湖北大新-姚集金银多金属矿找矿远景区综合成果图

1.第四系；2.白垩系；3.志留系；4.奥陶系；5.寒武系；6.震旦系；7.南华系；8.印支燕山期侵入岩；9.晋宁期中酸性侵入岩；10.变基性岩；11.逆冲断层；12.断层；13.地质界线；14.金矿；15.银矿；16.铜矿；17.铅锌矿；18.Au 元素异常；19.Ag 元素异常；20.Mo 元素异常；21.W 元素异常；22.组合异常及编号；23.远景区范围

出露地层主要为红安（岩）群黄麦岭组和天台山组、南华系耀岭河群、震旦系灯影组。大磊山穹窿核部分布的大别山（岩）群和花岗质片麻岩组成的大别山杂岩体，是经受了中深程度的区域变质作用和强烈的混合岩化作用形成的一套古老变质岩系，含金丰度较高，是本区金银成矿的主要矿源层。穹窿核部的北西向断裂、环状断裂及次生断裂，是本区金银矿的主要导矿构造和容矿构造。

三、物化遥异常特征

对比 1∶50 万布伽重力异常，本区的北侧为桐柏-浠水重力异常梯级带，南侧为新城-黄陂重力异常梯级带，本区位于桐柏-浠水重力异常梯级带与新城-黄陂重力异常梯级带所夹的－28～－26 mgal 的椭圆状重力异常负值区。桐柏-广水重力异常梯级带，是桐柏-浠水断裂带的反映；新城-黄陂重力异常梯级带是新城-黄陂断裂带的反映。其间夹持的椭圆状重力低值区是大磊山穹窿低密度大别山变质杂岩的反映。1∶5 万航磁成果表明，本区北部分布着 0～250 nT 的升高正磁场，该磁场系属桐柏-大别升高正磁场的中段南缘；南部在芳畈一带分布着强度在 0～200 nT 的线状异常，系属岩子河-青山口线性异常带的中段。其内夹持有强度在-50～0 nT 的低负磁场区。北部升高的正磁场是地表一套中深变质岩系被不同期次岩浆岩侵入改造后的磁场特征；南部线状异常是由燕山期岩体与震旦系灯影组、中元古界武当群等地层接触带综合引起。-50～0 nT 的低弱负磁场是大别山群、红安群被北西向断裂改造后的反映。因此，区内航磁异常表现为区域性波动的磁力低值带，沿北西向呈菱形状展布，反映了构造岩浆活动带的磁场特征，推测是桐柏-浠水断裂的物理标志。

该区跨桐柏-大悟 Au、Cu、Mo、Cr、Zr、Ba、P 富集带及红安 Au、Y 富集区两个地球化学区。元素分异作用受南侧的桐柏-浠水韧性剪切带控制，分异元素 Au、Pb、Zn、Ag、Ti、Y、F 等在变质变形改造过程中加入热液中向北北东向或其他方向的应变带内集中，具成矿富集趋势。沿桐柏-浠水断裂带圈定了新城（AS43）Au、Ag 异常及姚家集南（AS44）W、Mo、Cu 异常。Au、Ag、Cu 异常大多分布于北西向与北东向断裂带部位，并与矿点吻合较好。1∶5 万岩石地球化学测量共圈定 Au、Pb、Cu、Zn 异常分别有 15 处、13 处、14 处、13 处。金异常主要分布于大磊山穹窿核部，少数在穹窿南东翼，基本上呈北西向长条状与本区含矿构造带展布完全吻合与地层关系不大。铅异常大多分布与金异常大致重叠。金铅组合异常，基本上反映了已知矿脉和金矿化石英脉、矿体，为矿上晕；北西向断裂带上的金独立异常，地表多为矿化，经浅部揭露即可发现矿体，表现为半隐伏矿体，为矿前晕；独立的铅元素异常均无矿化特征或者为矿后晕（杜登文，2008）。

重砂异常有铜（I 级）铅（II 级）金（I 级）各 1 个。这些异常均位于大山口倒转向斜核部，在英店-青山口断裂西南侧，构造岩浆活动强烈，矿床分布于破碎带中，并与后期矿液活动有关。

遥感蚀变（羟基、铁染）异常分布零散，异常总体上与二长花岗岩体、花岗斑岩体展布相关，反映异常与构造热液活动有关，对寻找构造热液型金属矿有一定指示意义。

四、矿产特征

目前区内已发现金银矿床4处，金银矿点36处，铜矿（床）点33处，大型磷矿1处，大型重稀土1处，小型磷锰矿床2处，金红石小型矿床1处，萤石矿点2处。

远景区北部新城-黄陂断裂（韧性剪切带）控制了银、金、萤石和重稀土等矿床（点）分布，代表性矿床点有龙须沟金矿、石子坡银矿等金银矿床点；中部大磊山隆起及周缘北西向、近东西向及北东向断裂构造发育，控制了金、银矿床的分布，多为石英脉型+蚀变岩型金矿，以白云金矿为代表；南部北西向殷店-青山口韧脆性断裂带与北北东向澴水断裂带是本区重要的控矿构造，控制了铜金的分布，与其近平行发育于武当群中的北西向次级断裂是主要的容矿和储矿构造，代表矿床有芳畈铜矿、公牧山金矿等。区内低温热液蚀变作用强烈，一般沿构造带裂隙发育，主要有硅化、钾长石化、绿泥石化、绿帘石化、绢云母化、碳酸盐化等，其中硅化、钾长石化与金矿化关系密切。

五、金银矿资源潜力与找矿方向

据全国统一开展的矿产资源潜力评价成果预测，区内圈定出杨寨金矿、白云、诸事万、棺材山、小悟、杨寨的金矿银矿共同的最小预测区共计6处（湖北省地质调查院，2013）。

新城-黄陂断裂纵贯全区，在其两侧有燕山期花岗岩出露，为金银多金属矿化提供了成矿物质来源及热源。沿北西向断裂带Au、Ag、Cu等元素异常富集趋势明显，在其北西和南东延伸方向发现了多处金、银、铜及萤石矿点，成矿条件极为有利，具有寻找热液型金银矿的潜力（杜登文 等，2008）。

大磊山穹窿核部花岗岩及围岩红安岩群在北西向深大剪切构造的作用下将Au、Ag、Cu、Pb、Zn、Mo等成矿元素活化、迁移、富集，为金银矿床的形成创造了有利条件，具有寻找中大型矿床的前景，建议重点在大磊山穹窿构造周缘及北西向与北东向剪切构造复合部位，寻找构造蚀变岩型、石英脉型金银多金属矿。

第八节　湖北白果-三里畈金银多金属矿找矿远景区（Ⅵ）

一、远景区地理位置

远景区位于大别山造山带中部，团麻断裂以东，主要包括湖北省麻城市、罗田县、团风区等。面积约1 804 km^2。

二、成矿地质背景

远景区位于秦岭-大别造山带东段南麓，卡房-大别构造亚带，团麻断裂以西区域，处于武汉幔隆-大别幔陷的转换部位（图 6-10）。

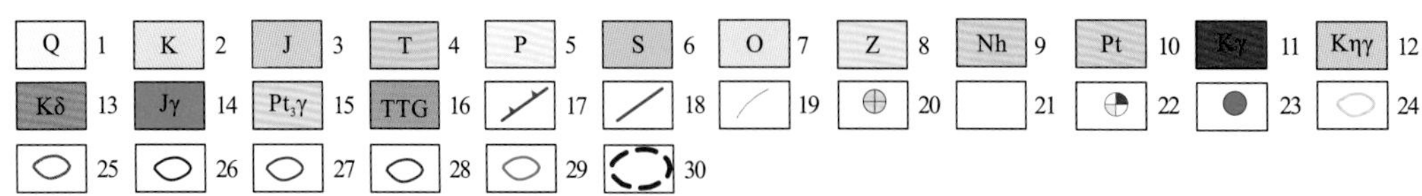

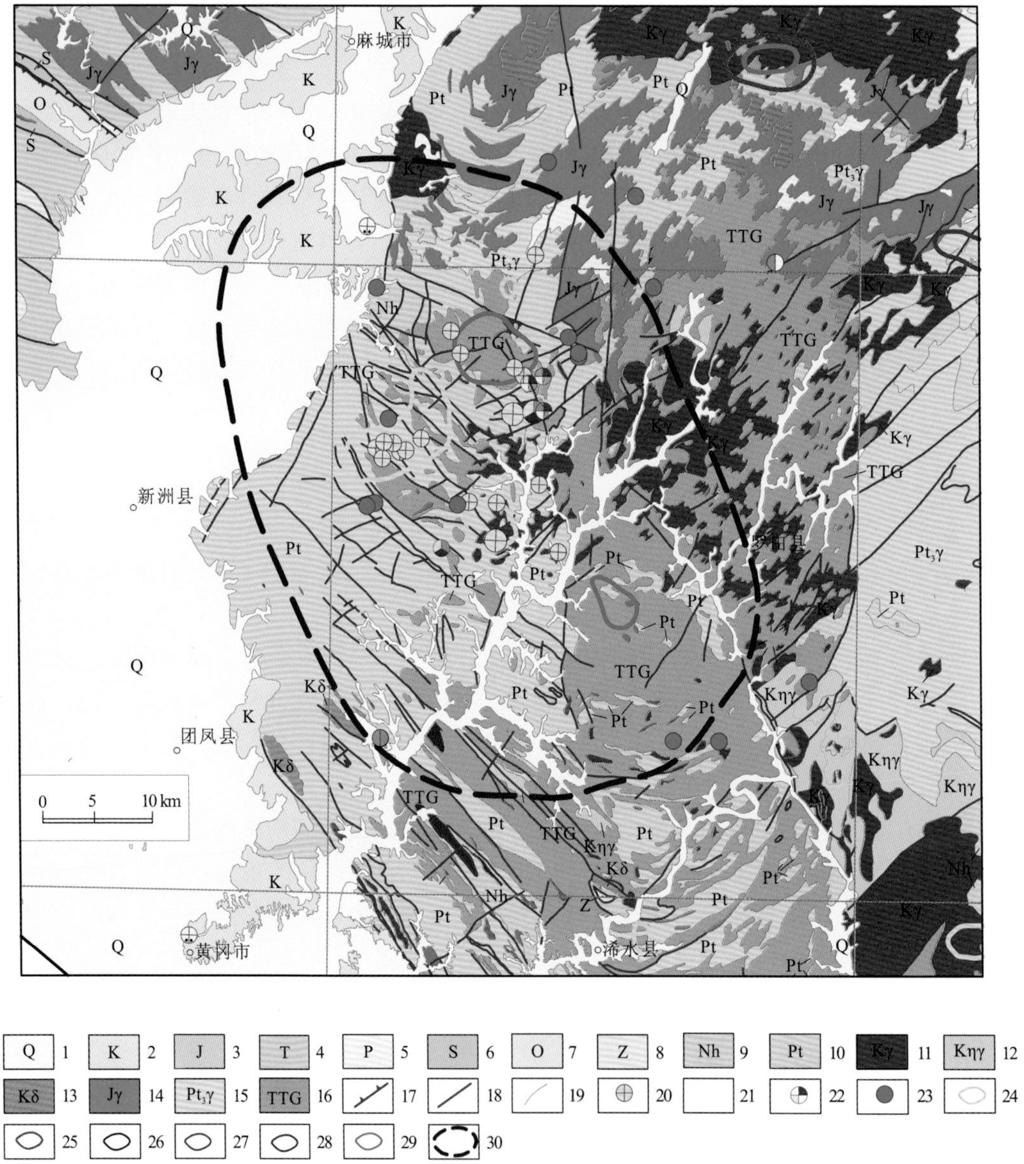

图 6-10　湖北白果-三里畈金多金属矿综合成果图

1. 第四系；2. 白垩系；3. 侏罗系；4. 三叠系；5. 二叠系；6. 志留系；7. 奥陶系；8. 震旦系；9. 南华系；10. 元古宇；11. 白垩纪花岗岩；12. 白垩纪二长花岗岩；13. 白垩纪闪长岩；14. 侏罗纪花岗岩；15. 晋宁期中酸性侵入岩；16. TTG 系列；17. 逆冲断层；18. 断层；19. 地质界线；20. 金矿；21. 银铅金矿；22. 金银矿；23. 铜矿；24. Au 元素异常；25. Zn 元素异常；26. Pb 元素异常；27. Ag 元素异常；28. Mo 元素异常；29. Cu 元素异常；30. 远景区范围

区内主要出露地层为大别岩群高级变质岩石组合，早期构造主要表现为一系列韧-脆韧性的变形作用，晚期构造主要表现为一系列的脆-韧脆性的构造改造作用。北西向牛车河断裂、望兵寨断裂、邓家山断裂（即桐柏-浠水断裂带地表反映）控制了金银多金属矿床点分布。区内岩浆岩活动频繁，分布面积较广。岩浆活动集中于两个时期，一期是晋宁期，岩性主要为片麻状二长-钾长花岗岩等；二期是燕山期，岩性主要为中细粒二长花岗岩，是区内金及多金属矿的主要成矿物质来源。区内岩浆岩脉类型多，分布普遍，以花岗斑岩脉、石英二长斑岩脉、钠长斑岩脉、花岗伟晶岩脉、石英脉为主，闪长玢岩脉、安山岩脉次之。

三、物化遥异常特征

桐柏-浠水重力梯级带斜穿本区，北东部为重力低值区，与北东部升高的正磁场较为吻合，推断深部有隐伏燕山期花岗岩体；南西部为重力梯级带，为低缓负磁场区对应桐柏-浠水断裂带。区内已知金、金银多金属矿床（点）、矿化点均集中分布在重力梯级带，以及航磁区域正负磁场改变带上及其两侧边缘。桐柏-浠水重力梯级带在本区北西角出现北东向同形扭曲带，并展现出较大的垂直差落，金鸡坳金矿田则位于重力梯级带，对应在0～50 nT的低弱负磁场区。彭家楼、陈林沟、吴家畈、郭云坳、槐树坳、八字门、姜家咀、程家山、熊家沟等金、金银多金属矿（床）点、矿化点，展布在升高正磁场边缘或磁场梯度带上，对应磁场强度在0～75 nT。陈林沟、吴家畈金银多金属矿床，具有明显的激电异常反映。异常反映低弱狭窄，强度在2.5%～3.0%。在矿体宽大部位具有低阻高极化的特征。在矿体狭窄部位具有高阻高极化的特征。区内区域化探异常元素组合为Cu-Au-Mo-U-Ni-Cr-La-Zn，呈现出一种明显的分带性，北东部主要是Cu、Au元素分布；中部是Au、Pb伴有Cu、Zn、As等元素分布；南西部是Cu、Pb元素分布；南东部是Au伴有Cu、Pb元素分布。圈定综合异常区42处，异常大多沿近南北向、北西向断裂构造分布，已发现了11处金、多金属矿（床）点、矿化点，成矿条件优越，是寻找金、多金属矿远景有利的地带（刘武 等，1988）。

区内圈定各类有用矿物重砂异常区40余处，黄金及其含黄金的异常区有13处。在大崎山-金鸡黄金I级异常区圈定了魏家上湾、祝家冲、何家畈、熊家湾4个异常富集区，经查证，异常主要是由含金矿化破碎带及含金石英脉引起。

遥感蚀变（羟基、铁染）异常集中分布在大崎山及其周围，区内铁染异常4处，羟基异常5处，总体上反映异常与构造热液活动有关，对寻找构造热液型金属矿有一定指示意义。

四、矿产特征

区域上断裂构造极为发育，以一系列相互平行的北西向脆性大断裂为主，各断裂带之间次级断裂相互配套，形成了较复杂的构造格架。而芦家河构造穹窿使其内部发育放射状断裂，在穹窿外缘则发育网格状的断裂构造，特别是北东东—东西向与北北西二组共轭的断裂带中形成了众多的金及金多金属矿（床）点。这两组断裂在空间上相间排列形成了本区网格状构造格架，在近东西向的陈林沟断裂带、侯家山断裂、抗家边断裂及北北西向姜家嘴-八字门、双河口及郭云坳等其他断裂带中发现了一定规模的矿（化）体（刘兴平和周文平，2013）。

区内已发现金及金银多金属矿（化）点 25 处，铅矿点 2 处，铜矿（化）点 4 处。受北西向、北西西向及近南北向断裂构造控制，并与燕山期花岗岩有一定的联系（杜建国 等，2001），矿床成因以石英脉型金矿为主，次为蚀变岩型金矿，集中分布于瓜子岩-程家山地区、金鸡-贾庙地区、陈林沟-雷氏祠等，代表性矿床有程家山金矿、陈林沟金矿、彭家楼金矿、魏家上湾金银矿、响水潭铜金矿。

五、金银矿资源潜力与找矿方向

本区断裂构造发育，岩浆岩分布广泛，特别是燕山期中酸性花岗岩岩浆，为金及多金属矿提供了成矿物源及热源，北西向断裂为成矿物质运移提供了有利通道；化探异常沿断裂破碎带展布，金多金属矿（床）点沿构造岩浆带密集分布，表明具有较大的找矿潜力。据全国统一开展的矿产资源潜力评价成果预测，区内圈定出响水潭、大崎山、但店、程家山、上巴河的最小预测区共计 5 处。

区域重力资料表明，研究区位于武汉幔隆-大别幔陷的转换部位，通过本区的桐柏-浠水断裂带是本区主要的导矿构造。区内矿床、矿点、矿化点大多分布于这个带内，因此本区一系列北西向大断裂是金银多金属矿成矿的主要导矿构造，一系列北西向脆性断裂是桐柏-浠水深大断裂的地表反映，它的存在既为地幔物质熔融和部分熔融物质提供了有利通道，又为成矿气液上升到地表以及沉淀提供了空间。根据本区各类矿床与构造关系可归纳为北西向、北东向断裂构造与大崎山穹窿联合控矿，大崎山穹窿在岩浆顶托隆升过程中形成的各方向构造及其与北西向、北北东向次级构造的交汇部位是金银多金属矿的富集区。金矿化多出现在北西向大断裂旁的北西西向次级断裂的产状变化部位，北西向断裂带与次级北北西、南北向断裂交汇部位，北西向大断裂带派生的北北西向羽状断裂的收敛部位，羽状东西向断裂的岩桥部位，南北向断裂与北东东向断裂、南北向断裂与东西向断裂的交汇部位。

区内岩浆活动频繁，燕山期岩浆活动挟带着大量的金、银等成矿物质，构成金成矿的主要物质来源；岩浆期后热液是金矿成矿热液的主体，成矿物质迁移的介质；岩浆及岩浆期后热液是激发、活化围岩中成矿物质的主要热源。因此，本区燕山期花岗岩或隐伏的花岗岩体的外带几千米范围内，都是金银矿形成的有利空间。北部贾庙-大崎山一带的金矿（床）点分布于大崎山隐伏岩体范围内，并在其范围中部分布有 Au、As 等水系沉积物异常，边部分布有 Au、Ag、Pb、Cu 等元素异常，在其范围内黄金重砂异常成群出现。程家山-黄土岭一带有北西向隐伏岩体呈串珠状分布，这个隐伏岩体与地表出露的龙井脑岩体为一个整体，其分布正好与程家山-瓜子岩-姜家咀-槐树坳-八字门的矿点、矿化点位置相吻合，因此这一带的银金矿点、矿化点与这一带的隐伏岩体关系密切。南部龙井脑、祷雨山岩体群的岩体，与陈林沟、吴家畈、郭云坳、双河口、彭家楼等金矿在时空上有密切联系（毛雪生 等，2013）。

区域资料显示在桐柏-浠水深大断裂带及其附近 Au、Ag、Cu 等成矿元素较为丰富，区内金银多金属水系沉积物异常以及黄金、铅族矿物、铜族矿物重砂异常普遍，大部分异常区发现有金银多金属矿体或矿化体。区内有金及金银多金属矿（化）点 25 处，围绕大崎山穹窿密集分布，说明该区寻找金矿的潜力巨大。

参 考 文 献

安徽省地质调查院, 1999. 安徽省大别山地区片区地质图说明书(1∶250000)[R]. 合肥: 安徽省自然资源厅地质资料馆.

安徽省地质调查院, 2011. 安徽省矿产资源潜力评价报告[R]. 合肥: 安徽省地质调查院.

蔡光耀, 安芳, 2018. 造山型金矿床地质背景、地球化学特征和成矿模型研究综述[J]. 地质科技情报, 37(6): 163-172.

蔡锦辉, 韦昌山, 李铭, 等, 2009. 刘山岩铜锌矿床成矿地质特征及成矿预测[J]. 华南地质与矿产, 25(1): 20-25.

蔡学林, 傅昭仁, 1996. 变质岩区构造地质学[M]. 北京: 地质出版社: 1.

曹正琦, 2016. 湖北大悟地区晚中生代脉岩及控矿构造研究[D]. 武汉: 中国地质大学(武汉): 1-138.

曹正琦, 蔡逸涛, 曾佐勋, 等, 2017. 扬子克拉通北缘新元古代A型花岗岩的发现及大地构造意义[J]. 地球科学, 42(6): 957-973.

陈超, 毛新武, 彭少南等, 2018. 鄂北七尖峰岩体LA-ICP-MS锆石U-Pb测年及其岩石成因、成矿意义[J]. 资源环境与工程, 32(6): 167-172.

陈丹玲, 刘良, 孙勇, 等, 2004. 北秦岭松树沟高压基性麻粒岩锆石的LA-ICP-MSU-Pb定年及其地质意义[J]. 科学通报, 49(18): 1901-1908.

陈公信, 金经炜, 彭少南, 等, 1996. 全国地层多重划分对比研究: 湖北省岩石地层[M]. 武汉: 中国地质大学出版社: 1.

陈红瑾, 陈衍景, 张静, 等, 2013. 安徽省金寨县沙坪沟钼矿含矿岩体锆石U-Pb年龄和Hf同位素特征及其地质意义[J]. 岩石学报, 29(1): 131-145.

陈加伟, 2010. 河南省光山县薄刀岭银金矿控矿条件及成矿模式浅析[J]. 四川地质学报, 30(1): 28-30.

陈建立, 2018. 老湾花岗岩体与金成矿关系新认识及其找矿意义[J]. 地质找矿论丛, 33(3): 351-359.

陈建立, 2019. 桐柏老湾金矿带成矿构造体系演化研究及其地质意义[J]. 地质找矿论丛, 34(1): 39-49.

陈建立, 陈金铎, 胡国闯, 等, 2019. 河南省桐柏县老湾金矿深部及外围预普查[R]. 郑州: 河南省自然资源厅地质资料馆.

陈磊, 邹海洋, 杨牧, 2013. 浅成低温热液型金矿的研究现状[J]. 国土资源导刊, 10(10): 78-80.

陈良, 戴立军, 王铁军, 等, 2009. 河南省老湾金矿床地球化学特征及矿床成因[J]. 现代地质, 23(2): 277-284.

陈璘, 左文超, 徐春燕, 等, 2011. 东秦岭-大别造山带及两侧综合地层分区[J]. 资源环境与工程, 25(6): 569-576.

陈玲, 马昌前, 张金阳, 等, 2012. 首编大别造山带侵入岩地质图 1∶50 万及其说明[J]. 地质通报, 31(1):

13-19.

陈伟, 徐兆文, 李超红, 等, 2013. 河南新县花岗岩岩基的岩石成因、来源及对西大别构造演化的启示[J]. 地质学报, 87(10): 1510-1524.

陈衍景, 2006. 造山型矿床、成矿模式及找矿潜力[J]. 中国地质, 33(6): 1182-1196.

陈衍景, 2010. 初论浅成作用和热液矿床成因分类[J]. 地学前缘, 17(2): 27-34.

陈毓川, 1999. 中国主要成矿区带矿产资源远景评价: 全国成矿远景区划综合研究[M]. 北京: 地质出版社: 1.

陈毓川, 裴荣富, 宋天锐, 等, 1998. 中国矿床成矿系列初论[M]. 北京: 地质出版社: 1.

陈毓川, 朱裕生, 朱明玉, 等, 1999. 中国矿床成矿系列图说明书[M]. 北京: 地质出版社: 1.

程万强, 2012. 桐柏-大别造山带南缘边界断裂中生代变形特征及其对碰撞造山过程的启示[D]. 北京: 中国地质大学(北京).

戴圣潜, 邓晋福, 吴宗絮, 等, 2003. 大别造山带燕山期造山作用的岩浆岩石学证据[J]. 中国地质, 30(2): 159-165.

代元平, 2010. 河南桐柏刘山岩铜锌矿带深部找矿前景分析[J]. 矿产与地质, 24(1): 20-28.

邓乾忠, 彭练红, 陈林, 2004. 襄樊-广济断裂构造地质特征及发展演化[J]. 资源环境与工程, 18(增刊): 17-22.

第五春荣, 孙勇, 刘良, 等, 2010. 北秦岭宽坪岩群的解体及新元古代 N-MORB[J]. 岩石学报, 26(7): 2025-2038.

董树文, 胡健民, 李三忠, 等, 2005. 大别山侏罗纪变形及其构造意义[J]. 岩石学报, 21(4): 1189-1194.

杜登文, 2008. 湖北大悟大坡顶金矿床金矿物特征及其成因意义[D]. 武汉: 中国地质大学(武汉).

杜登文, 洪汉烈, 徐志强, 等, 2008. 湖北大悟大坡顶金矿床金矿物特征[J]. 地质科技情报, 27(4): 55-60.

杜建国, 徐晓春, 2000. 大别造山带核部罗田陈林沟金矿成矿时代[J]. 地质与资源(2): 91-94.

杜建国, 刘文灿, 孙先如, 等, 2000. 安徽北淮阳构造带基底变质岩的构造属性[J]. 现代地质(4): 401-407.

杜建国, 常丹燕, 戴圣潜, 等, 2001. 大别山区域成矿体系与成矿规律的初步研究[J]. 安徽地质, 11(2): 140-149.

方国松, 侯海燕, 2004. 河南桐柏老湾金矿床地球化学特征[J]. 湖北地矿(2): 23-29.

冯庆来, 杜远生, 张宗恒, 等, 1994. 河南桐柏地区三叠纪早期放射虫动物群及其地质意义[J]. 地球科学: 中国地质大学学报, 19(6): 787-794.

高联达, 刘志刚, 1988. 河南信阳群南湾组微体化石的发现及其地质意义[J]. 地质评论, 34(5): 421.

郭春影, 张文钊, 葛良胜, 等, 2011. 中国造山型金矿床时空分布及找矿前景[J]. 矿物学报(A1): 340-341.

韩建军, 宋传中, 李加好, 等, 2014. 桐柏-大别南缘殷店-马垅韧性剪切带的变形及年代学分析[J]. 地质科学, 49(4): 1035-1044.

韩吟文, 马振东, 张宏飞, 等, 2003. 地球化学[M]. 北京: 地质出版社: 1.

韩振林, 曲锦, 2009. 河南桐柏地区刘山岩铜锌块状硫化物矿床地质特征研究[J]. 贵州大学学报(自然科学版), 26(3): 67-71.

河南省地质调查院, 2006. 1∶25 万枣阳市幅区域地质调查报告[R]. 郑州: 河南省自然资源厅地质资料馆.
河南省地质调查院, 2007. 豫西南地区铅锌银成矿规律研究报告[R]. 郑州: 河南省地质调查院.
河南省地质调查院, 2011a. 河南省航磁成果报告[R]. 郑州: 河南省地质调查院.
河南省地质调查院, 2011b. 河南省化探成果报告[R]. 郑州: 河南省地质调查院.
河南省地质调查院, 2011c. 河南省金矿资源潜力评价成果报告[R]. 郑州: 河南省地质调查院.
河南省地质调查院, 2011d. 河南省铜铅锌银矿资源潜力评价成果报告[R]. 郑州: 河南省地质调查院.
河南省地质调查院, 2011e. 河南省铜铅锌银矿资源潜力评价成果报告[R]. 郑州: 河南省地质调查院.
河南省地质矿产局, 1989. 河南省区域地质志[M]. 北京: 地质出版社: 1.
河南省地质矿产勘查开发局, 2005a. 河南省地质矿产勘查“十一五”规划调研报告[R]. 郑州: 河南省自然资源厅地质资料馆.
河南省地质矿产勘查开发局, 2005b. 河南省桐柏县上上河矿区金矿资源储量核查报告[R]. 郑州: 河南省自然资源厅地质资料馆.
河南省地质矿产厅, 1996. 河南省岩石地层[M]. 武汉: 中国地质大学出版社: 1.
河南省地质矿产厅第三地质调查队, 1990. 河南省桐柏县上老湾金矿详查地质报告[R]. 郑州: 河南省自然资源厅地质资料馆.
湖北省地质矿产局, 1984. 武当山-桐柏山-大别山金银及多金属成矿带成矿远景区划[R]. 武汉: 湖北省自然资源厅地质资料馆.
湖北省地质矿产局, 1990. 湖北省区域地质志[M]. 北京: 地质出版社: 1.
湖北省地质矿产局, 1996. 湖北省岩石地层[M]. 武汉: 中国地质大学出版社: 1.
湖北省地质调查院, 2003. 湖北随州-枣阳北部地区银金矿评价报告[R]. 武汉: 湖北省地质调查院.
湖北省地质调查院, 2011a. 湖北省航磁成果报告[R]. 武汉: 湖北省地质调查院.
湖北省地质调查院, 2011b. 湖北省化探成果报告[R]. 武汉: 湖北省地质调查院.
湖北省地质调查院, 2011c. 湖北省重力成果报告[R]. 武汉: 湖北省地质调查院.
湖北省地质调查院, 2013. 湖北省矿产资源潜力评价报告[R]. 武汉: 湖北省地质调查院.
湖北省地质调查院, 2016. 湖北随州-枣阳北部七尖峰地区矿产地质调查报告[R]. 武汉: 湖北省地质调查院.
湖北省地质调查院, 2017. 湖北省麻城市西张店地区金多金属矿调查评价[R]. 武汉: 湖北省地质调查院.
湖北省地质局第六地质大队, 2019. 湖北省黄冈市大崎山地区金银多金属矿调查评价[R]. 武汉: 湖北省自然资源厅地质资料馆.
湖北省第八地质大队, 1993. 随州淮河-小林地区金银成矿条件研究及成矿预测研究[R]. 武汉: 湖北省自然资源厅地质资料馆.
湖北省第八地质大队, 1987. 1∶5 万新集南半幅、三合店幅、唐王店幅地质图说明书[R]. 武汉: 湖北省自然资源厅地质资料馆.
湖北省第八地质大队, 1990. 湖北省随枣北部地区地球化学特征及成矿预测研究[R]. 武汉: 湖北省自然资源厅地质资料馆.
湖北省地质科学研究所, 1993. 湖北省随州市北部金(银)矿成矿地质条件及找矿方向研究[R]. 武汉: 湖北省自然资源厅地质资料馆.

胡起生, 2001. 随枣北部地区构造类型及控矿特征[J]. 湖北地矿, 15(4): 38-44.

胡起生, 许天良, 黄国平, 等, 2003. 湖北黑龙潭金矿矿床成因及成矿模式[J]. 湖北地矿, 17(1): 9-13.

胡中岳, 胡起生, 黄国平, 等, 2004. 湖北随州市七尖峰地区伸展构造与成矿[J]. 资源环境与工程, 18(4): 9-16.

洪吉安, 马斌, 黄琦, 2009. 湖北枣阳大阜山镁铁/超镁铁杂岩体与金红石矿床成因[J]. 地质科学, 44(1): 231-244.

黄丹峰, 罗照华, 卢欣祥, 2010. 大别山北缘金刚台火山岩SHRIMP锆石U-Pb 年龄及构造意义[J]. 地学前缘, 17(1): 1-10.

黄凡, 王登红, 陆三明, 等, 2011. 安徽省金寨县沙坪沟钼矿辉钼矿 Re-Os 年龄: 兼论东秦岭-大别山中生代钼成矿作用期次划分[J]. 矿床地质, 30(6): 1039-1057.

黄皓, 薛怀民, 2012. 北淮阳早白垩世金刚台组火山岩 LA-ICP-MS 锆石 U- Pb 年龄及其地质意义[J]. 岩石矿物学杂志, 31(3): 371-381.

简平, 杨巍然, 1997. 大别山西部熊店加里东期榴辉岩: 同位素地质年代学的证据[J]. 地质学报, 71(2): 133-141.

简平, 叶伯舟, 李志昌, 等, 1994. 大别造山带榴辉岩同位素年代学、Pn 轨迹及其构造意义[M]// 陈好寿. 同位素地球化学研究. 杭州: 浙江大学出版社: 205-213.

简平, 刘敦一, 杨巍然, 等, 2000. 大别山西部河南罗山熊店加里东期榴辉岩锆石特征及 SHRIMP 分析结果[J]. 地质学报, 74(3): 259 -264.

江思宏, 聂凤军, 张义, 等, 2004. 浅成低温热液型金矿床研究最新进展[J]. 地学前缘, 11(2): 401-411.

江思宏, 聂凤军, 方东会, 等, 2009a. 河南桐柏围山城地区主要金银矿床的成矿年代学研究[J]. 矿床地质, 28(1): 63-72.

江思宏, 聂凤军, 方东会, 等, 2009b. 河南桐柏围山城地区侵入岩年代学与地球化学研究[J]. 地质学报, 83(7): 1011-1029.

靳永兵, 支霞臣, 2003. 大别山北部饶钹寨超镁铁岩体的形成年代: Re-Os 同位素定年法[J]. 科学通报, 48 (24): 2560-2565.

寇少磊, 杜杨松, 曹毅, 等, 2016. 河南老湾金矿床上上河矿段矿床地质和成矿流体地球化学[J]. 矿床地质, 35(2): 245-260.

匡华, 谭超, 冷双梁, 等, 2016. 湖北随州-枣阳北部七尖峰地区矿产地质调查[R]. 武汉: 湖北省自然资源厅地质资料馆.

冷双梁, 匡华, 谭超, 等, 2015. 随-枣七尖峰岩体周缘金矿床特征对比及成矿过程初探[J]. 资源环境与工程, 29(3): 275-279.

李红梅, 魏俊浩, 黄祥芝, 2008. 河南桐柏县破山银矿和银洞坡金矿的硫同位素研究[J]. 现代地质, 22(1): 18-23.

李红梅, 魏俊浩, 王洪黎, 等, 2009. 河南桐柏围山城金银成矿带成矿物质来源: 铅同位素证据[J]. 地质与勘探, (4): 374-384.

李厚民, 陈毓川, 叶会寿, 等, 2008. 东秦岭-大别地区中生代与岩浆活动有关钼(钨)金银铅锌矿床成矿系列[J]. 地质学报, 82(11): 1469-1477.

李晶, 陈衍景, 李强之, 等, 2007. 甘肃阳山金矿流体包裹体地球化学和矿床成因类型[J]. 岩石学报, 23(9): 2144-2154.

李书涛, 1996. 湖北随枣地区黑龙潭-封江金矿田成矿特征及控矿因素研究[J]. 国外前寒武纪地质, 76(4): 43-56.

李鑫浩, 高昕宇, 张忠慧, 等, 2015. 北淮阳早白垩世金刚台组火山岩LA-ICP-MS锆石U-Pb年龄及地层对比[J]. 大地构造与成矿学, 39(4): 718-728.

李晔, 周汉文, 钟增球, 等, 2012. 北秦岭早古生代两期变质作用: 来自松树沟基性岩岩石学及锆石U-Pb年代学的记录[J]. 地球科学(中国地质大学学报), 37(C1): 111-124.

李源, 杨经绥, 裴先治, 等, 2012. 秦岭造山带早古生代蛇绿岩的多阶段演化: 从岛弧到弧间盆地[J]. 岩石学报, 28(6): 1896-1914.

李兆鼐, 毋瑞身, 林宝钦, 等, 2004. 中国火山岩地区金矿床[M]. 北京: 地质出版社: 1-233.

林锐华, 王铁军, 史革武, 等, 2010. 河南老湾金矿的构造控矿特征及矿床成因[J]. 地质找矿论丛, 25(4): 342-346.

刘国惠, 张寿广, 游振东, 等, 1993. 秦岭造山带主要变质岩群及变质演化[M]. 北京: 地质出版社: 1.

刘洪, 2012. 河南罗山金城金矿床成因与深部外围预测[D]. 武汉: 中国地质大学(武汉).

刘洪, 吕新彪, 刘阁, 等, 2012. 金城金矿同位素地球化学特征、物质来源及成因探讨[J]. 矿床地质(A1): 577-578.

刘洪, 吕新彪, 尚世超, 等, 2013. 河南罗山金城金矿床成矿物质来源探讨[J]. 现代地质, (4): 869-878.

刘腾飞, 1997. 鄂东北白云金矿床地质特征及成因初探[J]. 黄金地质, 3(1): 31-37.

刘文灿, 杜建国, 张达, 等, 2003. 北淮阳构造带老湾金矿区构造与成矿作用的关系[J]. 现代地质, 17(1): 9-10.

刘武, 朱宝康, 索书田, 等, 1988. 1: 5万夫子河幅、总路咀幅区域地质调查报告[R]. 武汉: 湖北省自然资源厅地质资料馆.

刘晓春, 康维国, 周高志, 等, 1989. 桐柏山-大别山南缘蓝片岩主要矿物研究及变质作用演化[J]. 长春地质学院学报(鄂皖蓝片岩带地质专辑): 41-56.

刘晓春, 董树文, 李三忠, 等, 2005. 湖北红安群的时代: 变质花岗质侵入体 U-Pb 定年提供的制约[J]. 中国地质, 32(1): 75-81.

刘晓春, 江博明, 李三忠, 2011. 桐柏高压变质地体: 对桐柏-大别-苏鲁高压/超高压变质带构造框架和俯冲/折返机制的制约[J]. 岩石学报, 27(4): 1152-1159.

刘兴平, 周文平, 2013. 桐柏-大别地区银金贵多金属成矿带矿产勘查工作探讨[J]. 资源环境与工程, 27(增刊): 13-15.

刘贻灿, 徐树桐, 李曙光, 等, 2005. "罗田穹隆"中的下地壳俯冲成因榴辉岩及其地质意义[J]. 地球科学(中国地质大学学报), 30(1): 71-77.

刘贻灿, 李曙光, 徐树桐, 等, 2006. 北大别片麻岩的超高压变质证据: 来自锆石提供的信息[J]. 岩石学报, 22(7): 1827-1832.

刘翼飞, 江思宏, 方东会, 等, 2008. 河南桐柏老湾花岗岩体锆石 SHRIMP U-Pb 年龄及其地质意义[J]. 矿物岩石学杂志, 27(6): 519-523.

刘印怀, 杜凤军, 刘振宏, 等, 1995. 河南省“商城群”中晚奥陶世化石的发现及其意义[J]. 中国区域地质(2): 189.

刘忠明, 谭秋明, 1999. 新城-黄陂断裂合河-殷店段韧性剪切带的基本特征[J]. 华南地质与矿产(1): 23-26.

娄玉行, 2005. 桐柏山地区榴辉岩与石榴角闪岩的变质作用研究[D]. 北京: 中国地质科学院.

罗正传, 李永峰, 王义天, 等, 2010. 大别山北麓河南新县地区大银尖钼矿床辉钼矿 Re-Os 同位素年龄及其意义[J]. 地质通报, 29(9): 1349-1354.

马昌前, 杨坤光, 李增田, 等, 1992. 基于花岗岩类形成的岩浆动力学过程的分析判别其形成的构造背景: 以大别碰撞带大王寨岩体为例[J]. 地球科学, 17(增刊): 103-112.

马昌前, 杨坤光, 许长海, 等, 1999. 大别山中生代钾质岩浆作用与超高压变质地体的剥露机理[J]. 岩石学报, 15(3): 379-395.

马昌前, 杨坤光, 明厚利, 等, 2003. 大别山中生代地壳从挤压转向伸展的时间: 花岗岩的证据[J]. 中国科学, 33(9): 817-827.

马昌前, 明厚利, 杨坤光, 2004a. 大别山北麓的奥陶纪岩浆弧: 侵入岩年代学和地球化学证据[J]. 岩石学报, 20(3): 393-402.

马昌前, 佘振兵, 许聘, 等, 2004b. 桐柏-大别山南缘的志留纪 A 型花岗岩类: SHRIMP 锆石年代学和地球化学证据[J]. 中国科学(D 辑), 34(12): 1100-1110.

马昌前, 佘振兵, 张金阳, 等, 2006. 地壳根、造山热与岩浆作用[J]. 地学前缘, 13(2): 130-139.

马启波, 庞庆邦, 朱德茂, 等, 1996. 桐柏-大别地区金矿成矿条件及成矿预测[M]. 武汉: 中国地质大学出版社: 1-174.

毛景文, 李晓峰, 张作横, 等, 2003a. 中国东部中生代浅成热液金矿的类型、特征及其地球动力学背景[J]. 高校地质学报, 9(4): 620-637.

毛景文, 张作横, 余金杰, 等, 2003b. 华北及邻区中生代大规模成矿的地球动力学背景: 从金属矿床年龄精测得到启示[J]. 中国科学(D 辑), 9(4): 289-299.

毛雪生, 1990. 湖北省大崎山地区构造-热事件特征及序列初析[C]. 武汉: 湖北省地质学会.

毛雪生, 刘兴平, 夏天齐, 等, 2013. 湖北省罗田县响水潭地区金多金属矿普查-详查地质报告[R]. 武汉: 湖北省自然资源厅地质资料馆.

孟芳, 毛景文, 叶会寿, 等, 2013. 大别山北麓灵山岩体的成岩成矿作用研究[D]. 北京: 中国地质大学(北京).

年平国, 简新玲, 1999. 桐柏县老湾金矿带地质物化探特征及找矿模型[J]. 河南地质, 17(4): 257-259.

潘成荣, 岳书仓, 2002. 河南老湾金矿床 $^{40}Ar/^{39}Ar$ 定年及铅同位素研究[J]. 合肥工业大学学报: 自然科学版, 25(1): 13-17.

彭三国, 蔺志永, 胡俊良, 等, 2012a. 武当-桐柏-大别成矿带区域成矿特征与找矿前景展望[J]. 华南地质与矿产年, 28(3): 237-242.

彭三国, 蔺志永, 胡俊良, 等, 2012b. 关于武当-桐柏-大别成矿带的几个问题[J]. 矿床地质, 31(增刊): 27-29.

彭三国, 龙宝林, 李书涛, 等, 2013. 武当-桐柏-大别成矿带成矿特征与找矿方向[M]. 武汉: 中国地质大学出版社: 1-215.

彭三国, 胡俊良, 刘劲松, 等, 2017. 湖北随州黑龙潭金矿石英 Rb-Sr 同位素年龄及其地质意义[J]. 地质通报, 36(5): 867-874.

彭三国, 彭练红, 朱江, 等, 2018. 武当-桐柏-大别成矿带地质矿产调查“十二五”进展与成果集成[M]. 武汉: 中国地质大学出版社: 1-300.

彭万俊, 胡起生, 黄国平, 等, 2004. 湖北省随枣北部地区银金矿成矿条件及找矿前景[J]. 资源环境与工程, 18: 48-53.

彭翼, 1988. 河南罗山县皇城山银矿床成矿作用初探[J]. 河南地质, 6(4): 1-7.

彭翼, 万守全, 2002. 桐柏地区银多金属矿成矿地质特征及成矿规律[J]. 前寒武纪研究进展, 25(3/4): 176.

彭翼, 燕长海, 万守全, 等, 2005. 东秦岭刘山岩块状硫化物矿床地质地球化学特征[J]. 地质论评, 51(5): 550-556.

秦正永, 刘波, 王长尧, 等, 1997. 武当地区构造解析及成矿规律[M]. 北京: 地质出版社: 1-159.

邱正杰, 范宏瑞, 丛培章, 等, 2015. 造山型金矿床成矿过程研究进展[J]. 矿床地质(1): 21-38.

任爱琴, 2006. 河南省皇城山银矿床地球化学特征及成矿模式[J]. 物探与化探, 30(2): 133-140.

任爱琴, 2013. 河南省罗山县皇城山银矿床矿化特征和成矿作用[J]. 华南地质与矿产, 29(3): 217-226.

任志, 周涛发, 袁峰, 等, 2014. 安徽沙坪沟钼矿区中酸性侵入岩期次研究: 年代学及岩石化学约束[J]. 岩石学报, 30(4): 1097-1116.

商庆芳, 薛松鹤, 1992. 河南西峡信阳群龟山组化石碎屑的发现及其意义[J]. 河南地质(1): 40-46.

孙洋, 马昌前, 张超, 2011. 大别山鲁家寨花岗岩地球化学、锆石年代学和 Hf 同位素特征: 扬子克拉通北东缘新元古代岩浆活动证据[J]. 地学前缘, 18(2): 85-99.

索书田, 钟增球, 张宏飞, 等, 2001. 桐柏山高压变质带及其区域构造型式[J]. 地球科学(中国地质大学学报), 26(6): 551-558.

谭秋明, 1993. 湖北随北地区金银成矿地质条件分析[J]. 湖北地质, 8(2): 51-58.

汤加富, 周存亭, 侯明金, 等, 2003. 大别山及邻区地质构造特征与形成演化[M]. 北京: 地质出版社: 1.

汤清龙, 王瑞良, 刘勤安, 等, 2010. 河南省桐柏县银洞坡金矿床深部及外围找矿前景分析[J]. 华南地质与矿产(3): 45-46.

王连庆, 徐刚, 郑达兴, 2002. 桐柏大别山地区金矿成矿条件分析[J]. 矿床地质, 21(增刊): 682-684.

王梦玺, 王焰, 2012. 扬子地块北缘周庵超镁铁质岩体矿物学特征及其对铜镍矿化的启示[J]. 矿床地质, 31(2): 179-194.

王世明, 2007. 大别造山带及周缘中新生代火山岩时空格架及幔源岩浆演化[D]. 武汉: 中国地质大学(武汉).

王世明, 马昌前, 王琳燕, 等, 2010. 大别山早白垩世基性岩脉SHRIMP锆石U-Pb定年、地球化学特征及成因[J]. 地球科学(中国地质大学学报), 35(4): 572-584.

王世明, 2011. 大别山造山带及周缘中新代火山岩时空格架及幔源岩浆演化[D]. 武汉: 中国地质大学(武汉).

王莹, 2018. 河南省光山县薄刀岭银金矿地球化学特征与控矿因素研究[D]. 北京: 中国地质大学(北京).

韦昌山, 付建明, 余凤鸣, 等, 2001. 关于武当群的几点思考[J]. 华南地质与矿产, 17(1): 36-39.

韦昌山, 杨振强, 战明国, 2002. 河南刘山岩铜锌型块状硫化物矿床流体包裹体研究[J]. 华南地质与矿产, 18(2): 47-53.

韦昌山, 杨振强, 付建明, 等, 2003. 河南刘山岩铜锌矿区细碧-石英角斑质含矿火山岩系的构造环境[J]. 华南地质与矿产, 19(4): 31-38.

韦昌山, 杨振强, 黄惠兰, 等, 2004. 河南刘山岩铜锌矿床石英中流体包裹体类型及FIP新资料[J]. 华南地质与矿产, 20(4): 15-21.

吴昌雄, 刘永生, 刘兴平, 等, 2019a. 鄂东北金鸡坳金矿成矿流体性质及物质来源: 来自矿床地质、流体包裹体及S同位素证据[J]. 矿产勘查, 10(8): 2061-2071.

吴昌雄, 邹院兵, 刘永生, 陈松, 等, 2019b. 湖北省团风县彭家楼金矿床地质特征及成矿时代[J]. 资源环境与工程, 40(4): 9-18.

吴冲龙, 王根发, 袁艳斌, 2008. 银洞坡大型层控金矿床矿源层原生沉积条件分析[J]. 矿床地质, 23(1): 85-91.

吴德宽, 刘兴义, 2002. 武当隆起西缘顺层滑脱构造特征及其控矿作用[J]. 湖北地矿, 16(2): 7-13.

吴宏伟, 任爱琴, 2005. 河南银洞岭银矿床原生地球化学异常特征及找矿模型[J]. 地质与勘探(1): 62-67.

吴元保, 郑永飞, 2004. 锆石成因矿物学研究及其对U-Pb年龄解释的制约[J]. 科学通报, 49(16): 1589-1604.

吴元保, 郑永飞, 2013. 华北陆块古生代南向增生与秦岭-桐柏-红安造山带构造演化[J]. 科学通报, 58(23): 2246-2250.

肖从辉, 1991. 皇城山银矿床成因探讨[J]. 河南地质, 9(3): 6-9.

谢巧勤, 徐晓春, 岳书仓, 等, 1999. 河南桐柏龟山组地质地球化学特征及成岩环境[J]. 合肥工业大学学报: 自然科学版, 22(5): 29-33.

谢巧勤, 潘成荣, 徐晓春, 等, 2003. 河南老湾金矿床流体包裹体及稀土元素地球化学研究[J]. 合肥工业大学学报(自然科学版)(1): 47-52.

谢巧勤, 徐晓春, 李晓萱, 等, 2005. 河南老湾金矿床稀土元素地球化学对成矿物质来源的示踪[J]. 中国稀土学报, 23(5): 636-640.

许长海, 周祖翼, 马昌前, 等, 2001. 大别造山带140～85 Ma热窿伸展作用: 年代学约束[J]. 中国科学: D辑 地球科学, 31(11): 925-937.

徐国风, 邵洁涟, 张慧珠, 等, 1989. 皇城山银矿床矿物找矿标型性研究[J]. 现代地质(4): 432-437.

徐树桐, 刘贻灿, 江来利, 等, 1994. 大别山的构造格局和演化[M]. 北京: 科学出版社: 1.

徐树桐, 吴维平, 苏文, 等, 1998. 大别山东部榴辉岩带中的变质花岗岩及其大地构造意义[J]. 岩石学报,

14(1): 42-59.

徐树桐, 索田书, 钟增球, 等, 2005. 大别山超高压变质作用与碰撞造山动力学[M]. 北京: 科学出版社: 1.

徐树桐, 吴维平, 陆益群, 等, 2010. 大别山低级变质岩的构造背景[J]. 地质通报, 29(6): 795-810.

徐晓春, 岳书仓, 潘成荣, 等, 2001. 河南桐柏老湾花岗岩岩浆动力学与成矿[J]. 岩石学报, 17(2): 245-253.

徐志刚, 陈毓川, 王登红, 等, 2008. 中国成矿区带划分方案[M]. 北京: 地质出版社: 1.

续海金, 叶凯, 马昌前, 2008. 北大别早白垩纪花岗岩类 Sm-Nd 和锆石 Hf 同位素及其构造意义[J]. 岩石学报, 24: 87-103.

薛怀民, 马芳, 宋永勤, 2011. 扬子克拉通北缘随(州)-枣(阳)地区新元古代变质岩浆岩的地球化学和 SHRIMP 锆石 U-Pb 年代学研究[J]. 岩石学报, 27(4): 1116-1130.

薛梦菲, 张渐渐, 潘鹤, 等, 2017. 河南老湾金矿床地质特征和深边部找矿预测[J]. 黄金, 38(1): 22-26.

燕长海, 2004. 东秦岭铅锌银成矿系统内部结构[M]. 北京: 地质出版社: 1.

闫海卿, 汤中立, 钱壮志, 等, 2011. 河南周庵铜镍矿锆石 U-Pb 年龄及地质意义[J]. 兰州大学学报(自然科学报), 47(6): 23-32.

杨坤光, 谢建磊, 刘强, 等, 2009. 西大别浒湾面理化含榴花岗岩变形特征与锆石 SHRIMP 定年[J]. 中国科学(D 辑)(4): 464-473.

杨梅珍, 曾键年, 覃永军, 等, 2010. 大别山北缘千鹅冲斑岩型钼矿床锆石 U-Pb 和辉钼矿 Re-Os 年代学及其地质意义[J]. 地质科技情报, 29(5): 35-45.

杨梅珍, 曾键年, 任爱琴, 等, 2011. 河南省皇城山高硫化型浅成低温热液型银矿床识别特征及其找矿意义[J]. 地质与勘探, 47(6): 1059-1066.

杨梅珍, 陆建培, 付静静, 等, 2014. 桐柏山老湾金矿带与燕山期岩浆作用有关的岩浆热液金多金属矿床成矿作用: 来自地球化学、年代学证据及控矿构造地质约束[J]. 矿床地质, 33(3): 651-666.

杨荣兴, 周珣若, 邱家骧, 等, 1999. 大别山南北缘中-新元古代火山岩系列、类型、组合及意义[J]. 地质评论, 45(A1): 655-659.

杨巍然, 王国灿, 简平, 2000. 大别造山带构造年代学[M]. 武汉: 中国地质大学出版社: 533.

杨泽强, 2007a. 河南商城县汤家坪钼矿辉钼矿铼-锇同位素年龄及地质意义[J]. 矿床地质, 26(3): 289-295.

杨泽强, 2007b. 桐柏县老和尚帽地区银多金属成矿带地质特征及成矿预测[J]. 矿产与地质, 21(1): 75-79.

杨志华, 郭俊峰, 苏生瑞, 等, 2002. 秦岭造山带基础地质研究新进展[J]. 中国地质, 29(3): 243-256.

姚晓东, 2008. 河南省桐柏县围山城成矿带原、次生晕地球化学特征对比分析[J]. 华南地质与矿产(3): 18-19.

曾威, 段明, 万多, 等, 2016. 河南银洞坡金矿成矿流体与矿床成因研究[J]. 现代地质, 30(4): 781-791.

翟裕生, 1996. 成矿系列研究[M]. 武汉: 中国地质大学出版社: 1.

张超, 马昌前, 2008. 大别山晚中生代巨量岩浆活动的启动: 花岗岩锆石 U-Pb 年龄和 Hf 同位素制约[J]. 矿物岩石, 28(4): 71-79.

张成立, 刘良, 王涛, 等, 2013. 北秦岭早古生代大陆碰撞过程中的花岗岩浆作用[J]. 科学通报, 58(23): 2323-2329.

张定源, 王爱国, 张晓东, 等, 2014. 安徽省霍山县东溪-南关岭金矿地质特征与成矿条件[J]. 资源调查与环境, 35(3): 202-210.

张冠, 李厚民, 王成辉, 等, 2008a. 河南桐柏老湾金矿白云母氩-氩年龄及其地质意义[J]. 地球学报, 29(1): 45-50.

张冠, 王登红, 李法岭, 2008b. 秦岭东段老湾花岗岩体与老湾金矿的成因联系[J]. 地质与勘探, 44(4): 50-54.

张国伟, 等, 1988. 秦岭造山带的形成及其演化[M]. 西安: 西北大学出版社: 1-192.

张国伟, 张宗清, 董云鹏, 等, 1995. 秦岭造山带主要构造岩石地层单元的构造性质及其大地构造意义[J]. 岩石学报, 11(2): 101-114.

张国伟, 孟庆仁, 于在平, 等, 1996. 秦岭造山带的造山过程及其动力学特征[J]. 中国科学: D 辑, 26(3): 193-200.

张国伟, 董云鹏, 姚安平, 1997. 秦岭造山带基本组成与结构及其构造演化[J]. 陕西地质(2X): 1-14.

张国伟, 于在平, 董云鹏, 等, 2000. 秦岭区前寒武纪构造格局与演化问题探讨[J]. 岩石学报, 16(1): 11-21.

张国伟, 张本仁, 袁学诚, 等, 2001. 秦岭造山带与大陆动力学[M]. 北京: 科学出版社: 1-855.

张金阳, 马昌前, 佘振兵, 等, 2007. 大别造山带北部铁佛寺早古生代同碰撞型花岗岩: 地球化学和年代学证据[J]. 中国科学: D 辑, 37(1): 1-9.

张静, 陈衍景, 陈华勇, 等, 2006. 河南省桐柏县银洞坡金矿床同位素地球化学[J]. 岩石学报(10): 2551-2560.

张静, 杨艳, 鲁颖怀, 等, 2008a. 河南破山银矿床地质地球化学特征及成因研究[J]. 中国地质, 35(6): 1220-1229.

张静, 陈衍景, 陈华勇, 等, 2008b. 河南桐柏围山城层控金银成矿带同位素地球化学[J]. 地学前缘, 15(4): 108-124.

张静, 陈衍景, 尤世娜, 等, 2008c. 桐柏-东秦岭北坡典型成矿系统对比研究及有关问题讨论[J]. 矿物岩石地球化学通报, 26(增刊): 350-352.

张利, 王林森, 周炼, 2001. 北秦岭弧后盆地俯冲消减与陆壳物质再循环[J]. 地球科学(中国地质大学学报), 26(1): 18-24.

张利, 王林森, 周炼, 等, 2002. 桐柏北部黄岗侵入杂岩地球化学特征及地质意义[J]. 地质论评(A1): 53-58.

张理刚, 1985. 稳定同位素在地质科学中的应用[M]. 西安: 陕西科学技术出版社: 1.

张鹏, 1998. 北淮阳地区中生代火山活动及其构造背景[J]. 安徽地质(3): 12-17.

张宗恒, 方国松, 侯海燕, 等, 2002a. 河南桐柏老湾金矿床地质特征及成因探讨[J]. 黄金地质(3): 20-26.

张宗恒, 侯海燕, 侯万荣, 等, 2002b. 河南桐柏围山城金银成矿系统矿床地球化学特征[J]. 现代地质, 16(3): 263-269.

赵新福, 李建威, 马昌前, 等, 2007. 北淮阳古碑花岗闪长岩侵位时代及地球化学特征: 对大别山中生代构造体制转换的启示[J]. 岩石学报, 23(6): 1392-1402.

赵子福, 郑永飞, 2009. 俯冲大陆岩石圈重熔: 大别-苏鲁造山带中生代岩浆岩成因[J]. 中国科学: D 辑 地球科学, 39(7): 888-909.

钟增球, 索书田, 张宏飞, 等, 2001. 桐柏-大别碰撞造山带的基本组成与结构[J]. 地球科学, 26(6): 560-567.

周豹, 2018. 湖北随县王家台金银钨多金属矿地质特征、矿床成因及找矿方向浅析[J]. 资源环境与工程, 32(3): 358-361.

周存亭, 高天山, 沈荷生, 等, 1998. 大别山腹地桃园寨中生代火山机构的厘定及其地质意义[J]. 中国区域地质, 17(3): 13-15, 17.

周锦科, 2015. 浅成低温热液金矿床的研究现状[J]. 大科技, (15): 161-162.

朱光, 王薇, 顾承串, 等, 2016. 郯庐断裂带晚中生代演化历史及其对华北克拉通破坏过程的指示[J]. 岩石学报, 32(4): 935-949.

朱江, 彭三国, 彭练红, 等, 2017. 安徽东溪浅成低温热液型金矿床成矿流体特征和形成时代: 流体包裹体和赋矿安山岩 U-Pb 年代学约束[J]. 岩石矿物学杂志, 36(5): 593-604.

朱江, 吴昌雄, 彭三国, 等, 2018. 大别山皇城山银矿区及外围陈棚组火山岩 U-Pb 年代学、地球化学和成矿构造背景[J]. 地球科学, 43(7): 2404-2419.

朱江, 陕亮, 吴越, 等, 2019. 大别山北麓白石坡银矿区花岗斑岩锆石 U-Pb 年龄、地球化学和 Sr-Nd-Hf 同位素组成及其地质意义[J]. 地学前缘, 26(5): 317-329.

朱金, 周豹, 刘文文, 等, 2019. 湖北随州天河口-历山地区 1∶5 万矿产地质调查[R]. 武汉: 湖北省自然资源厅地质资料馆.

邹院兵, 刘兴平, 范玮, 等, 2018. 湖北省罗田县陈林沟金矿床地质特征及矿床成因[J]. 地质找矿论丛, 33(4): 527-533.

邹院兵, 叶学峰, 吴昌雄, 等, 2019. 湖北省黄冈市大崎山地区金银多金属矿调查评价报告[R]. 孝感: 湖北省地质局第六地质大队.

ANTONY E, WILLIAMS-JONES A E, HEINRICH C A, 2005. Vapor transport of metals and the formation of magmatic-hydrothermal ore deposits[J]. Economic geology, 100(7): 1287-1312.

BARLEY M, GROVES D, 1992. Supercontinental cycles and the distribution of metal deposits through time[J]. Geology, 20(4): 291-294.

BURROWS DR, WOOD PC, SPOONER E, 1986. Carbon isotope evidence for a magmatic origin for Archaean gold-quartz vein ore deposits[J]. Nature, 321: 851-854.

CHEN Y J, ZAI M G, JIANG S Y, et al., 2009a. Significant achievements and open issues in study of orogenesis and metallogenesis surrounding the North China continent[J]. Acta petrologica sinica, 25(11): 2695-2726.

CHEN Y J, PIRAJNO F, LI N, et al., 2009b. Isotope systematics and fluid inclusion studies of the Qiyugou breccia pipe-hosted gold deposit, Qinling Orogen, Henan province, China: implications for ore genesis[J].

Ore geology reviews, 35: 245-261.

CIOBANU C L, COOK N J, PRING A, et al., 2009. 'Invisible gold' in bismuth chalcogenides[J]. Geochimica et cosmochimica acta, 73(7): 1970-1999.

COLVINE A C, FYON J A, HEATHER K B, et al., 1988. Archean lode gold deposits in Ontario[J]. Ontario ministry of northern development and mines: 136.

COOK N J, CIOBANU C L, MAO J W, 2009. Textural control on gold distribution in As-free pyrite from the Dongping, Huangtuliang and Hougou gold deposits, North China Craton (Hebei Province, China)[J]. Chemical geology, 264(1-4): 101-121.

COOK N J, CIOBANU C L, DANYUSHEVSKY L V, et al., 2011. Minor and trace elements in bornite and associated Cu-(Fe)-sulfides: a LA-ICP-MS study[J]. Geochimica et cosmochimica acta, 75(21): 6473-6496.

DONG Y P, ZHANG G W, NEUBAUER F, et al., 2011. Tectonic evolution of the Qinling orogen, China: review and synthesis[J]. Journal of Asian earth sciences, 41: 213-237.

EIDE E A, LIOU J G, 2000. High-pressure blue schists and eclogites in Hong'an: a framework for addressing the evolution of high- and ultrahigh-pressure rocks in central China[J]. Lithos, 52: 1-22

GOLDFARB RJ, BAKER T, DUBE B, et al., 2005. Distribution, character, and genesis of gold deposits in metamorphic terranes[J]. Economic geology, 100th Anniversary Volume: 407-450.

GOLDFARB R J, GROVES D I, GARDOLL S, et al, 2001. Orogenic gold and geologic time: a globalsynthesis [J]. Ore geology reviews, l: l-75.

GROVES D, COLDFARB R, ROBERT F, 2003. Gold Deposits in Metamorphic Belts: overview of Current Understanding, Outstanding Problems, Future Research, and Exploration Significance[J]. Economic geology, 98(1): 1-29.

HACKER R B, RATSEHBACHER L, WEBB L, 1998. U-Pb zircon ages constrain the architecture of the ultrahigh-pressure Qinling-Dabie Orogen, China[J]. Earth and planetary science letters, 161: 215-230.

HACKER R B, RATSCHBACHER L, WEBB L E, et al., 2000. Exhumation of ultrahigh-pressure continentalcrust in east central China: Late Triassic-Early Jurassic tectonic unroofing[J]. Journal of geophysical research, 105: 13339-13364.

HAN J J, SONG C Z, REN S L, et al., 2013. Metamorphic and deformational features of the metamorphic fluid at the southern fringe of the Tongbai-Dabie Mt[J]. Chinese science bulletin, 23(3): 161-167.

HARRIS A C, KAMENETSKY V S, WHITE N C, et al., 2003. Melt inclusions in veins: linking magmas and porphyry Cu deposits[J]. Science, 302: 2109-2111.

HEDENQUIST J W, LOWENSTERN J B, 1994. The role of magmas in the formation of hydrothermal ore deposits[J]. Nature, 370(6490): 519-527.

HODKIEWICZ P F, GROVES D I, DAVIDSON G J, et al., 2009. Influence of structural setting on sulphur isotopes in Archean orogenic gold deposits, Eastern Goldfields Province, Yilgarn, Western Australia[J]. Mineralium deposita, 44: 129-150.

HUANG J P, FU R S, ZHENG Y, et al., 2008. The inlfuence of mantle convection to the lithosphere deformation of China mainland[J]. Acta geophysica sinica, 51(4): 1048-1057.

JAHN B M, WU F Y, et al., 1999. Crust-mantle interaction induced by deep subduction of the continental crust: geochemical and Sr-Nd isotopic evidence from post-collisional mafic-ultramafic intrusions of the northern Dabie complex, central China[J]. Chemical geology, 157: 119-146.

JEFFEY H, JACOB B L, 1994. The role magmas in the fromation of hydrothermal ore deposits[J]. Nature, 370(6490): 519-527.

KERRICH R, GOLDFARB R, GROVES D, et al., 2000. The characteristics, origins, and geodynamic settings of supergiant gold metallogenic provinces[J]. Science China, 43: 1-68.

KERRICH R, GOLDFARB R J, RICHARDS J, et al., 2005. Metallogenic provinces in an evolvinggeodynamic frame work[J]. Economic geology, 100: 1097-1136.

LI J H, QIAN X L, ZAI M G, et al., 1996. Tectonic division of high grade metamorphic terrain and late Archaean tectonc evolution in north central part of North China Carton[J]. Acta petrologica sinica, 12(2): 179-192.

LI Z K, LI J W, ZHAO X F, et al., 2013. Crustal-Extension Ag-Pb-Zn Veins in the Xiong'ershan District, Southern North China Craton: constraints from the Shagou Deposit[J]. Economic geology, 108(7): 1703-1729.

LIU F L, XU Z Q, 2004. Fluid inclusions hidden in coesite-bearing zircons in ultrahigh-pressure metamorphic rocks from southwestern Sulu terrane in eastern China[J]. Chinese science bulletin, 49(7): 396-404.

LIU X C, JAHN B M, LIU D Y, et al., 2004. SHRIMP U-Pb zircon dating of a metagabbro and eclogites from western Dabieshan (Hong'an Block), China, and its tectonic implications[J]. Tectonophysics, 394(3/4): 171-192.

LIU X C, JAHN B M, LOU Y X, et al., 2008. The age of Tongbaishan high-pressure metamorphism and the time-lapse subduction and uplift of high-pressure and ultrahigh-pressure rocks[J]. Bulletin of mineralogy, petrology and geochemistry, 27(Z1): 381-382.

LIU Y S, GAO S, HU Z C, et al., 2010. Continental and oceanic crust recycling-induced melt-peridotite interactions in the Trans-North China Orogen: U-Pb dating, Hf isotopes and trace elements in zircons of mantle xenoliths[J]. Journal of petrology, 51: 537-571.

LIU X C, JAHN B M, HU J, et al., 2011a. Metamorphic patterns and SHRIMP zircon ages of medium-to high-grade rocks from the Tongbai orogen, central China: implications for multiple accretion/collision processes prior to terminal continental collision[J]. Journal of metamorphic geology, 29: 979-1002.

LIU X C, JAHN B M, LI S Z, et al., 2011b. The Tongbai HP metamorphic terrane: constraints on the architecture and subduction/exhumation of the Tongbai-Dabie-Sulu HP/UHP metamorphic belt[J]. Acta petrologica sinica, 27(4): 1151-1162.

LIU X C, JAHN B M, LI S Z, et al., 2013. U-Pb zircon age and geochemical constraints on tectonic evolution of the Paleozoic accretionary orogenic system in the Tongbai orogen, central China[J]. Tectonophysics, 599: 67-88.

MA C Q, LI Z C, EHLERS C, et al., 1998. A post-collisional magmatic plumbing system: mesozoic granitoid plutons from the Dabieshan high-pressure and ultrahigh-pressure metamorphic zone, east-central China[J]. Lithos, 45(1/4): 431-456.

MENG Q R, ZHANG G W, 1997. Timing of collision of North and South China blocks: controversy and creconliation[J]. Geology, 27(2): 123-126.

MCDONOUGH W F, SUN S S, 1995. The composition of the Earth[J]. Chemical geology, 120: 223-253.

MUNTEAN J L, EINAUDI M T, 2000. Porphyry gold deposits of the Refugio district, Maricunga belt, northern Chile[J]. Economic geology, 95: 1445-1473.

REN Z, ZHOU T F, HOLLINGS P, et al., 2018a. Magmatism in the Shapinggou district of the Dabie orogen, China: implications for the formation of porphyry Mo deposits in a collisional orogenic belt[J]. Lithos, 308: 346-363.

REN Z, ZHOU T F, HOLLINGS P, et al., 2018b. Trace element geochemistry of molybdenite from the Shapinggou super-large porphyry Mo deposit, China[J]. Ore geology reviews, 95: 1049-1065.

SEWARD T M, 1976. The stability of chloride complexes of silver in hydrothermal solutions up to 350℃[J]. Geochimica et cosmochimica acta, 40(11): 1329-1341.

SHEPHERD T J, RANKIN A H, ALERTON D H M, 1985. A practical guide to fluid inclusion studies[M]. London: Chapman & Hall: 1-154.

ŠTEMPROK M, DOLEJŠ D, MÜLLER A, et al., 2008. Textural evidence of magma decompression, devolatilization and disequilibrium quenching: an example from the Western Krušné hory/Erzgebirge granite pluton[J]. Contributions to mineralogy and petrology, 155(1): 93-109.

SILLITOE R H, 1997. Characteristics and controls of the largest porphyry copper-gold and epithermal gold deposits in the circum-Pacific region[J]. Australian journal of earth sciences, 44: 373-388.

SILLITOE R H, 2010. Porphyry copper systems[J]. Economic geology, 105: 3-41.

SPOONER E, 1993. Magmatic sulphide/volatile interaction as a mechanism for producing chalcophile element enriched, Archean Au-quartz, epithermal Au, Ag and Au skarn hydrothermal ore fluids[J]. Ore geology reviews, 7(5): 359-379.

WANG X, YAO X J, WANG C S, et al., 2006. Characteristic mineralogy of the Zhutishi granite: implication for petrogenesis of the late intrusive granite[J]. Science In China(Earth Sciences), 49(6): 573-583.

WANG H, WU Y B, GAO S, et al., 2011. Silurian granulite-facies metamorphism, and coeval magmatism and crustal growth in the Tongbai orogen, central China[J]. Lithos, 125: 249-271.

WILLIAMS-JONES A E, HEINRICH C H, 2005. Vapor transport of metals and the formation of magmatic-hydrothermal ore deposits[J]. Economic geology, 100(7): 1287-1312.

WU Y B, ZHENG Y F, 2013. Tectonic evolution of a composite collision orogen: An overview on the Qinling-Tongbai-Hong'an-Dabie-Sulu orogenic belt in central China[J]. Gondwana research, 23(4): 1402-1428.

XU H J, MA C Q, YE K, 2007. Early Cretaceous Granitoids and Their Implications for the Collapse of the

Dabie Orogen, Eastern China: SHRIMP Zircon U-Pb Dating and Geochemistry[J]. Chemical geology, 240(3): 238-259.

XU S T, WU W P, LIU Y C, et al., 2012. Tectonic setting of the low-grade metamorphic rocks of the Dabie Orogen, central eastern China[J]. Journal of structural geology, 37: 134-149.

XU H J, MA C Q, ZHANG J F, et al., 2013. Early Cretaceous low-Mg adakitic granites from the Dabie orogen, eastern China: petrogenesis and implications for destruction of the over-thickened lower continental crust[J]. Gondwana research, 23(1): 190-207.

ZHANG J, CHEN Y J, PIRAJNO F, et al., 2013. Geology, C-H-O-S-Pb isotope systematics and geochronology of the Yindongpo gold deposit, Tongbai Mountains, central China: implication for ore genesis[J]. Ore geology reviews, 53: 343-356.

ZHENG Y F, 2008. A perspective view on ultrahigh pressure metamorphism and continental collision in the Dabie-Sulu orogenic belt[J]. Chinese science bulletin, 53: 3081-3104.

ZHENG Y, ZHANG L, CHEN Y, et al., 2013. Metamorphosed Pb-Zn-(Ag)ores of the Keketale VMS deposit, NW China: evidence from ore textures, fluid inclusions, geochronology and pyrite compositions[J]. Ore geology reviews, 54: 167-180.

ZHU Z Y, COOK N J, YANG T, et al., 2016. Mapping of sulfur isotopes and trace elements in sulfides by LA-(MC)-ICP-MS: potential analytical problems, improvements and implications[J]. Minerals, 6(4): 110.